프렌즈 시리즈 38

프렌즈
하노이

안진헌 지음

Hanoi

중앙books

Prologue
저자의 말

하나,

내게 하노이는 익숙하고 자연스러운 도시이지만,

새로운 정보를 담기 위해 노력했다.

둘,

대책 없이 걸었다.

그리고 하염없이 글을 썼다.

셋,

길거리 카페에 앉아

바라보는 하노이의 일상이 좋다.

당신도 그 거리와 소리에 익숙해졌으면 좋겠다.

2025년 11월 베트남에서,

안진헌

Thanks to

Tran Thu Huong, Long Hoang Bui, Foo Chik Aun, Tran Bi Lot Tran, Nguyen Quy Anh, Frankie Seo, Nguyen Thi Quyen, Trung Trinh Tien, Nguyen Anh Hong, Denis Vincent Bissonnette, Lune Production, 김슬기, 권형근, 박영근, 안네 최수진, 정재현, 툭툭형, 김도균, 김우열, 양영지, 김현철, 남지현, 김재민, 옐로형, 쑤기쒸, 안효숙, 안수영, 찬찬, 구자호, 소방, 이지상, 강신계, 재키 배훈, 이현석, 성남용, 정창숙, 류동식, 이국환, 유환수, 김난희, 마미숙, 안명순, 강문근, 박영심, 류호선, 김경희, 권지현, 트래블게릴라, 올림푸스 카메라, 트래블메이트

Special thanks to

베트남의 기억을 진하게 만들어 준 베트남 친구들, 하노이 여행길을 동행해 주었던 수많은 사람들, 가이드북 공작단 동지 노커팅 조현숙, 디자인 작업을 해주신 김성은 님, 김미연 님, 변바희 님, 지도 작업을 해주신 정수경 님 감사합니다. 그리고 한 팀이 되어 책 작업을 함께 해준 중앙북스 장여진 님, 허진 님, 이정아 님, 문주미 님, 박수민 님, 또 한번 진심으로 감사드립니다.

How to Use
일러두기

이 책에 실린 정보는 2025년 11월까지 수집한 정보를 바탕으로 하고 있습니다. 현지 명소·식당· 쇼핑센터의 요금과 운영 시간, 교통 요금과 운행 시각, 숙소 정보 등이 수시로 바뀔 수 있음을 말씀드립니다.

때로는 공사 중이라 입장이 불가하거나 출구가 막히는 경우도 있습니다. 저자가 발빠르게 움직이며 바뀐 정보를 수집해 반영하고 있지만 예고 없이 현지 요금이 인상되는 경우가 비일비재합니다. 이 점을 감안하여 여행 계획을 세우시기 바랍니다. 혹여 여행의 불편이 있더라도 양해 부탁드립니다. 새로운 정보나 변경된 정보가 있다면 아래로 연락주시기 바랍니다.

저자 이메일 bkksel@gmail.com

1. 이것만은 꼭 해보자! 하노이 Must & Best

하노이가 처음인 초보 여행자를 위해 하노이에서 꼭 해봐야 할 것(Must Do), 꼭 먹어봐야 할 것(Must Eat), 꼭 사야 할 것(Must Buy)을 키워드로 소개했다. 또한 베트남 상주 여행자인 저자가 엄선한 하노이 베스트 레스토랑, 카페, 나이트라이프, 스파 정보도 알차게 담았다.

2. 취향에 따라 고르는, 추천 여행 코스

뚜벅이 여행자를 위한 도보 여행 코스, 역사 마니아들을 위한 박물관 탐방 코스, 여행 일정이 짧은 이들을 위한 볼거리 위주의 코스, 여유를 즐기고 싶은 여행자를 위한 근교 여행 코스 등 기간별·테마별 추천 코스를 소개한다. 하노이 지역별로 소개된 당일 추천 코스와 투 두 리스트(To Do List)를 활용하면 더욱 알차게 하노이를 즐길 수 있다.

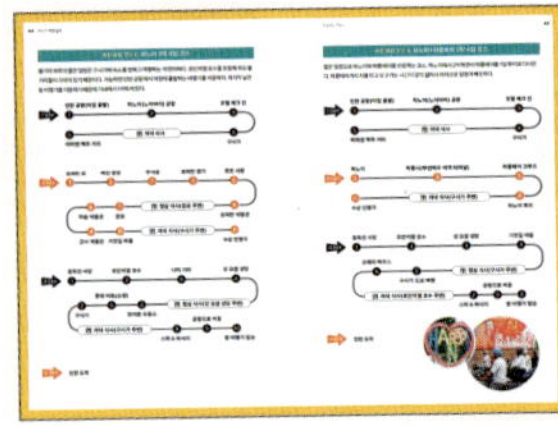

3. 길을 찾을 때 현지인에게 보여주는, 베트남어 표기

명소·식당·숙소의 이름은 영어와 베트남어를 이중 병기했다. 같은 글자여도 성조에 따라 전혀 다른 뜻이 되므로 베트남어 표기가 중요하다. 현지인에게 길을 물어보거나 택시 기사에게 목적지를 설명할 때, 유용한 자료가 된다.

4. 인기 스폿을 엄선한, 볼거리·먹거리·나이트라이프·쇼핑·스파

지역별 세부 볼거리와 그에 얽힌 친절한 문화·역사 이야기, 길거리 맛집과 카페, 쇼핑센터, 인기 스파 등 베트남 여행을 더 풍성하게 해 줄 최신 여행 정보와 다양한 즐길 거리를 소개한다. 스폿마다 저자가 매긴 별점을 참고하여 실패 없는 하노이 여행을 즐겨보자.

5. 휴대전화 배터리가 나가도 안심되는, 도시별 최신 지도

본문에 소개한 명소·식당·쇼핑·숙소 등의 위치를 지도에 표시했다. 본문 상세 정보에 표시된 지도 P.000-00 은 해당 스폿의 위치가 표시된 지도가 있는 페이지와 구역 번호다. 참고해 지도와 연계해 보면 찾기 쉽다. 각 도시별로 교통수단과 이동 방법노 친절하게 소개한디.

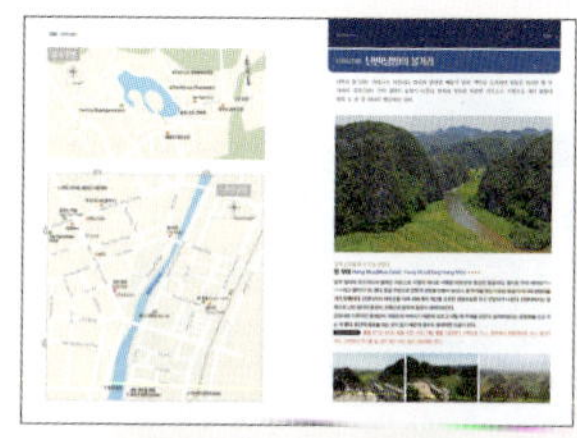

지도에 사용된 기호

관광	식당	쇼핑	숙소	나이트라이프	마사지
공항	학교	우체국	은행	기차	철도
버스정류장	보트	사원	해변	병원	교회

Contents
하노이

하노이 미리보기
Hanoi Preview

하노이 여행 설계
Travel Plan

하노이 여행 실전
Trip to Hanoi

하노이 주변 도시
Cities near Hanoi

하노이 여행 준비
Trip Preparation

Must Do List

이것만은 꼭 해보자

❶ **호안끼엠 호수 산책하기** 하노이 시민들의 휴식 공간으로 사랑받는 호안끼엠 호수를 산책해보자.
❷ **쌀국수 한 그릇 즐기기** 베트남에 왔으면 쌀국수 한 그릇은 기본이다.

하노이 구시가 둘러보기
좁은 골목을 거닐며 전통을 간직한 구시가를 만나보자.

❸ **따히엔 맥주 거리 다녀오기** 비아허이(생맥주)를 마시며 하노이의 밤을 즐겨보자.
❹ **수상 인형극 관람하기** 10세기부터 시작된 베트남의 전통 공연인 수상 인형극을 관람해보자.

Must Do List
이것만은 꼭 해보자

⑤ **호찌민 묘 참배하기** 경건한 마음으로 민족의 영웅으로 칭송받는 호찌민 묘를 참배해보자.

⑥ **성 요셉 성당 앞에서 기념사진 찍기** 프랑스 식민 정부에서 건설한 대표적인 성당 앞에서 기념사진을 찍어보자.

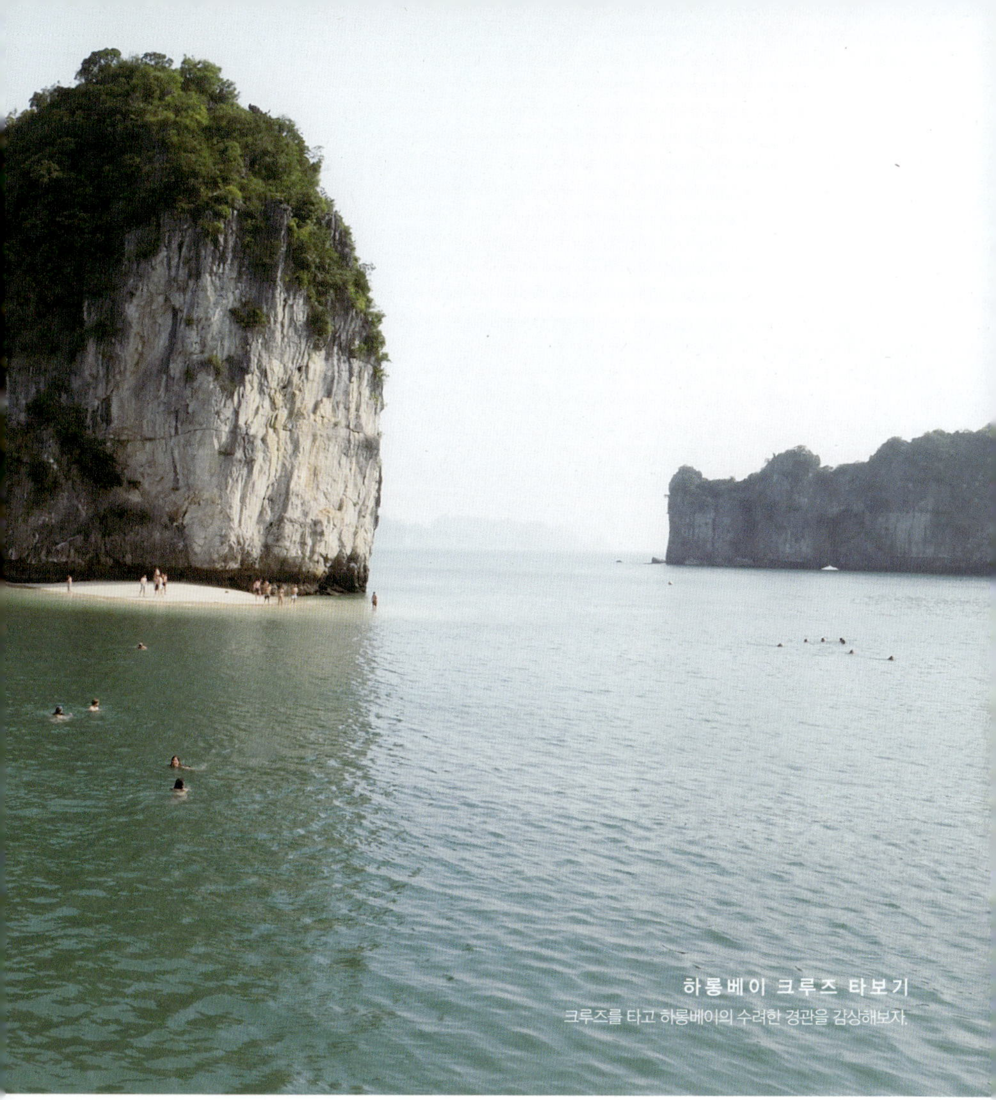

하롱베이 크루즈 타보기
크루즈를 타고 하롱베이의 수려한 경관을 감상해보자.

❼ 숨겨진 로컬 카페 찾아가기 좁은 골목에 숨겨진 로컬 카페를 찾아 베트남 커피를 즐겨보자.
❽ 1일 1마사지 받기 더위에 지친 심신을 달래고 싶을 땐, 마사지를 받아보자.

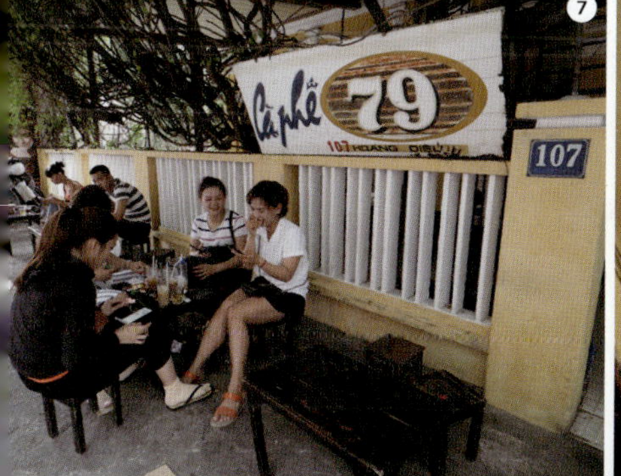

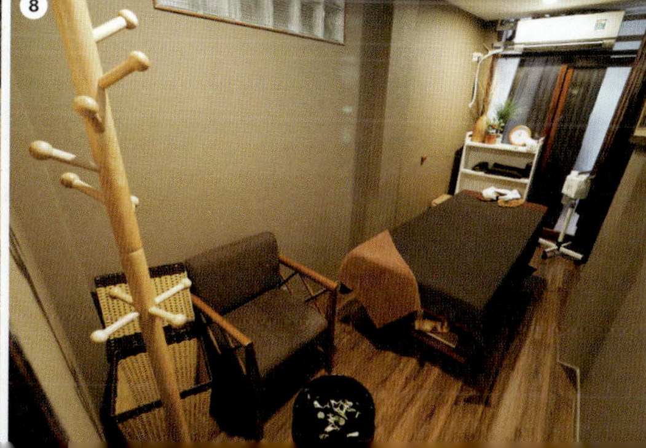

Must Do List
이것만은 꼭 해보자

루프톱에서 야경 감상하기
전망대나 호텔 루프톱에 올라 하노이 풍경을 내려다보자.

❾ **민족학 박물관 다녀오기** 하노이에 있는 수많은 박물관 중에 하나를 봐야 한다면 민족학 박물관이 좋다.
❿ **에그 커피 맛보기** 하노이 여행의 별미인 에그 커피는 쌀쌀한 겨울에 더욱 좋다.

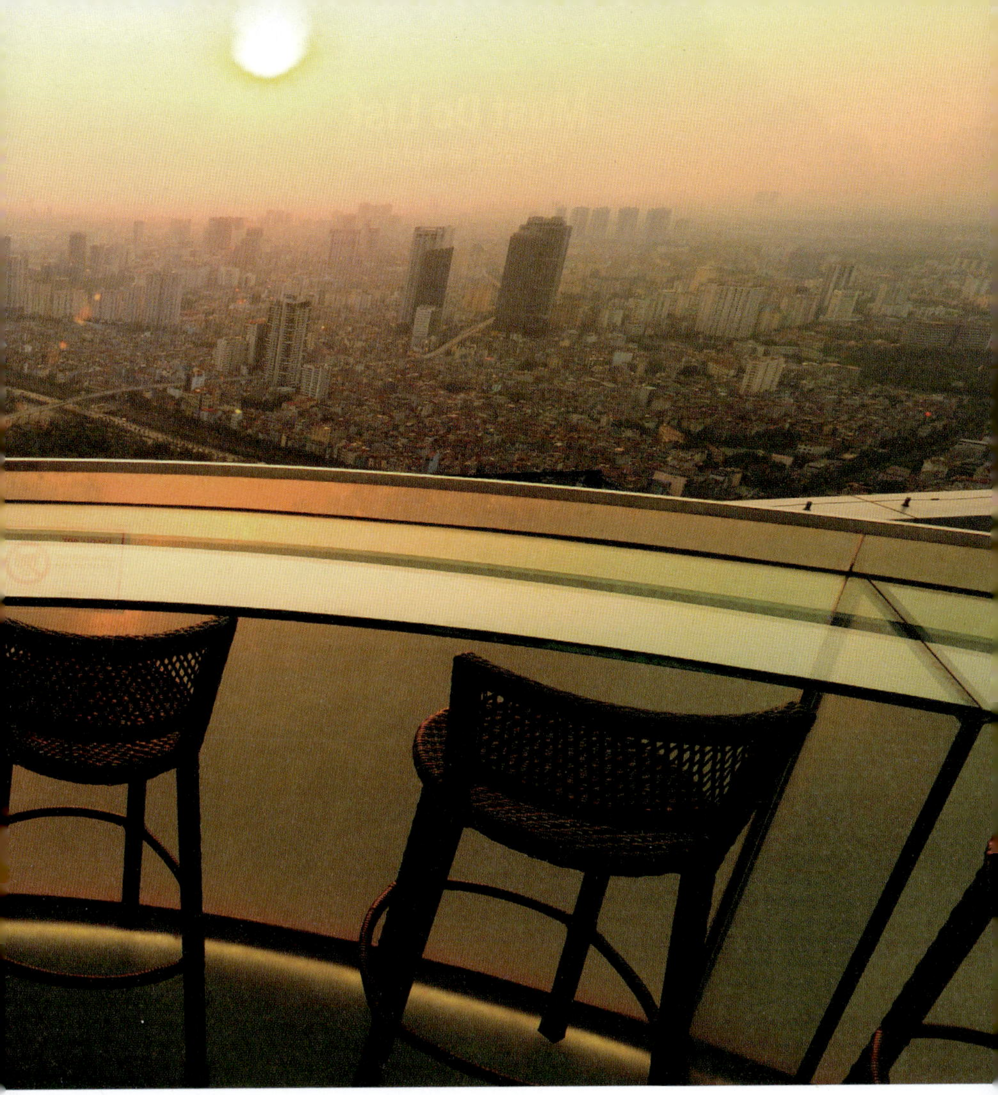

⓫ **누점 식당에서 분짜 맛보기** 하노이에 왔다면 점심은 길거리 노점에서 분짜로 해결해보자.
⓬ **문묘 다녀오기** 공자를 모신 사당으로 베트남이 유교 사회였음을 엿볼 수 있다.

Must Do List
이것만은 꼭 해보자

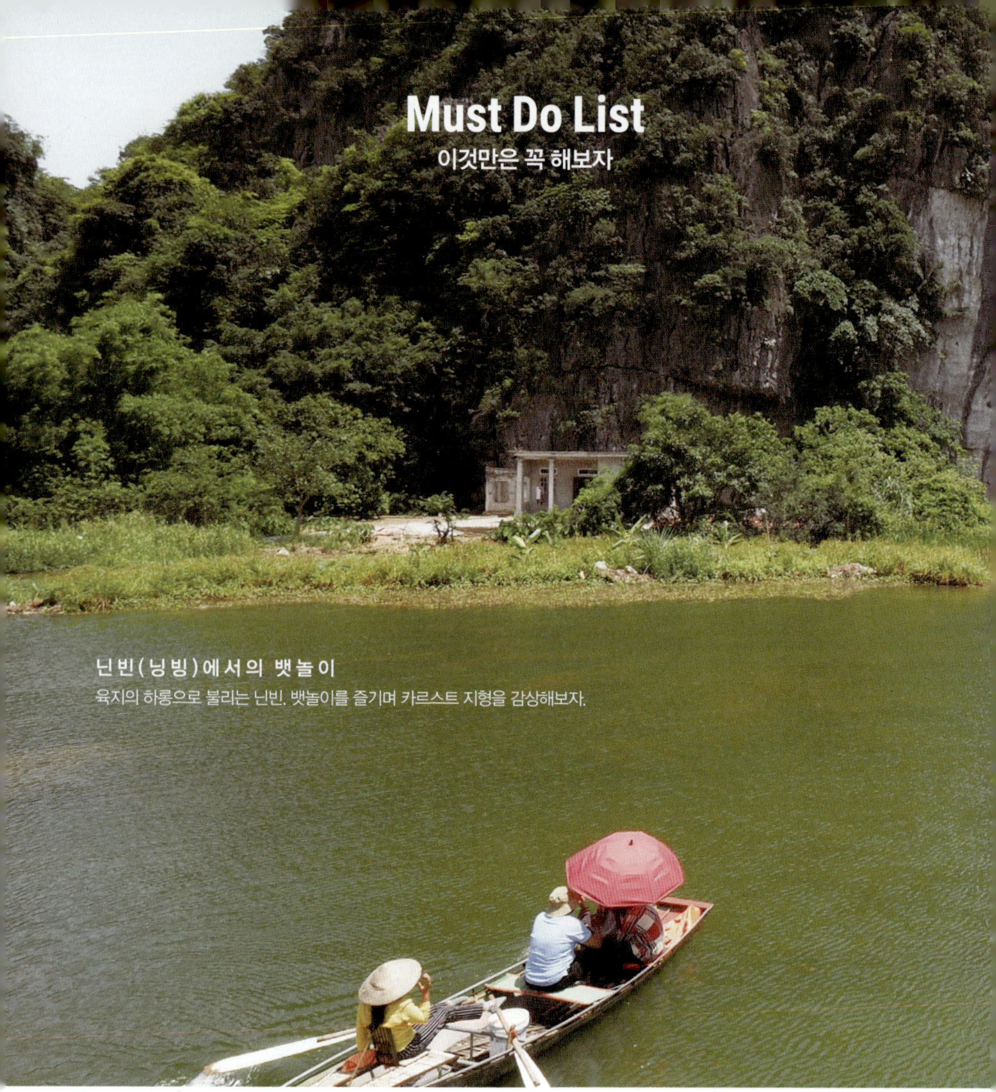

닌빈(닝빙)에서의 뱃놀이

육지의 하롱으로 불리는 닌빈. 뱃놀이를 즐기며 카르스트 지형을 감상해보자.

⑬ **깟바 섬에서 란하베이 다녀오기** 깟바 섬에 머물며 란하베이를 다녀오자. 하롱베이와 견줄 만한 풍경이 펼쳐진다.

⑭ **호떠이(서호)에서 한가한 시간 즐기기** 호수 주변의 카페나 럭셔리 호텔에 머물며 한가한 오후 시간을 보내보자.

13

14

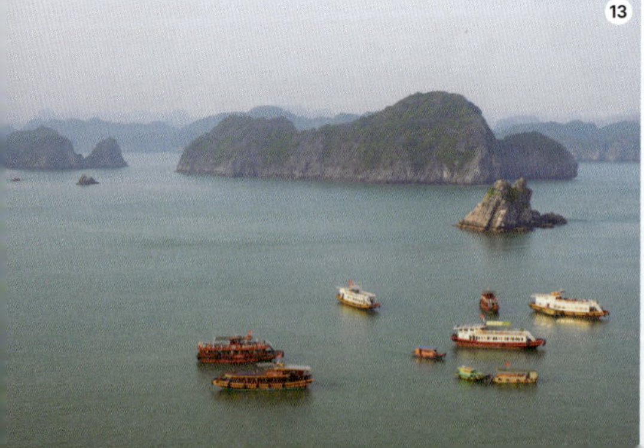

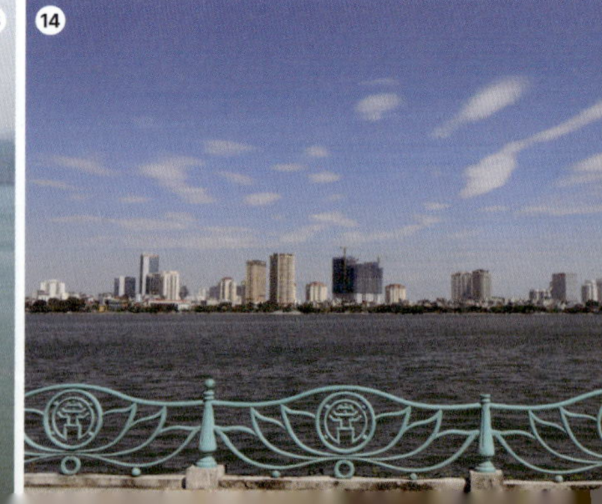

⑮ **호아로 수용소(형무소)에서 역사 공부하기** 베트남의 독립투사를 투옥했던 곳으로, 경건한 마음이 저절로 든다.
⑯ **항 무아 전망대 오르기** 가파른 계단을 힘겹게 오르면 바위산 정상에 전망대가 있다.

01
Must Eat List
베트남 쌀국수

베트남을 대표하는 요리 쌀국수. 크게 면발 굵기에 따라 종류가 구분된다. 넓적한 면발은 '퍼Phở(Noodle Soup)', 가는 면발은 '분Bún(Vermicelli)'이다. 볶음 국수는 노란색 달걀면인 '미Mì'를 주로 사용한다.

- **퍼보 따이(퍼 따이)** Phở Bò Tái(Phở Tái): 얇은 생고기 고명
- **퍼보 찐(퍼 찐)** Phở Bò Chín(Phở Chín): 삶은 편육 고명
- **퍼 남** Phở Nạm: 삶은 양지 고기 고명
- **퍼 거우** Phở Gầu: 지방이 들어간 소고기 고명

퍼보
Phở Bò / Beef Noodle Soup

가장 대중적인 소고기 쌀국수. 고명으로 올라가는 소고기 형태에 따라 이름이 또 다르다.

분보후에(분보훼)
Bún Bò Huế

베트남 중부 지방인 후에(훼)를 대표하는 쌀국수. 분보(가는 면발의 소고기 쌀국수)에 칠리 오일을 첨가해 매운맛을 낸다.

퍼가
Phở Gà / Chicken Noodle Soup

닭고기 쌀국수. 연한 닭고기 살과 담백한 육수가 잘 어울린다.

미싸오
Mì Xào / Stir Fried Egg Noodle

베트남에서 가장 일반적인 볶음국수. 달걀을 넣고 반죽해 노란색을 띠는 국수인 '미'를 이용한다. 소고기를 넣으면 미싸오팃보 Mì Xào Thịt Bò, 닭고기를 넣으면 미싸오팃가 Mì Xào Thịt Gà가 된다.

반다꾸아(바잉다꾸아)
Bánh Đa Cua

하이퐁 지방에서 즐겨 먹는 쌀국수. 두툼한 갈색 면발의 '반다(바잉다)'를 사용한다. 게를 넣어 육수를 낸다.

베트남 쌀국수 맛있게 먹는 방법

❶ 초급자는 숙주를 뜨끈한 국물에 넣어 살짝 데쳐서 면과 함께 먹는다. 고수가 싫다면 주문할 때 "고수를 빼 주세요Không cho rau mùi 콩 쪼 자우 무이"라고 말하자.

❷ 현지 맛을 좀 더 제대로 느끼고 싶다면 각종 소스(칠리 소스, 바베큐 소스, 느억맘 소스), 고추 등을 넣어 맛을 더욱 풍부하게 한다.

❸ 고급자는 고수를 포함한 향신채를 국물에 넣어 먹는다.

❹ 초급자든 고급자든 라임을 살짝 뿌려서 상큼함을 더해 먹는다.

02

Must Eat List
대중적인 베트남 요리

베트남의 주식은 쌀과 국수. 프랑스의 영향으로 바게트(반미)도 즐겨 먹는다. 부담 없는 가격은 큰 매력. 참고로 베트남에서는 밥을 먹을 때 젓가락만 사용한다. 베트남에서 밥은 '껌'이라고 부른다. 공깃밥이 필요하면 '껌짱Cơm Trắng'을 달라고 하면 된다.

러우 Lẩu / Hot Pot

중국식 '훠궈'와 비슷한 전골 요리. 커다란 냄비에 육수를 넣고 원하는 식재료를 넣어 익혀 먹는다. 해산물 전골 러우 하이싼 Lẩu Hải Sản이 대표적.

반쎄오(반쌔오) Bánh Xèo

쌀가루로 만든 베트남식 팬케이크(부침개). 새우, 돼지고기, 파, 숙주를 넣어 만든다. 커다란 팬에서 구워내는데, 두툼하고 바삭거리는 맛이 일품이다.

넴느엉
Nen Nướng / Grilled Ground Pork

다져서 양념한 돼지고기를 떡갈비처럼 둥글게 뭉쳐 만든 석쇠구이. 꼬치처럼 만들기도 한다. 라이스페이퍼에 채소와 함께 싸서 먹는다.

분팃느엉
Bún Thịt Nướng / Rice Noodles with BBQ Pork and Vegetables

대중적인 베트남 비빔국수. 분 Bún 위에 석쇠에 구운 양념 돼지고기와 채소를 올리고 소스를 넣어 비벼 믹는다.

껌찌엔(껌장)
Cơm Chiên(Cơm Rang) / Fried rice

볶음밥. 쯩(달걀) Trứng, 똠(새우) Tôm, 팃보(소고기) Thịt Bò, 팃가(닭고기) Thịt Gà, 팃헤우(돼지고기) Thịt Heo를 넣는다.

고이꾸온
Gỏi Cuốn / Fresh Spring Rolls with Pork and Prawn

흔히 월남쌈이라고 불리는 대표 베트남 요리. 라이스페이퍼(반짱 Bánh Tráng)에 새우와 돼지고기, 채소, 허브 등을 넣는다. 허브는 식당마다 다양하고, 취향에 따라 조절해 먹는다.

반미(바게트)
Bánh Mì / Baguette Sandwich

아침 식사나 간식용 바게트 샌드위치. 취향에 따라 조린 소고기·돼지고기 구이·닭고기·피클 등을 바게트에 넣고, 칠리소스를 가미하기도 한다. 고기를 넣은 반미는 반미팃느엉 Bánh Mì Thịt Nướng이라고 부른다.

넴
Nem / Spring Roll

월남쌈을 바삭하게 튀긴 스프링 롤. 북부 지방에서는 넴 Nem, 남부 지방에서는 짜조 Chả Giò라고 부른다.

Must Eat List
하노이 특선 요리

하노이에는 하노이만의 음식이 있다. 같은 쌀국수라고 해도 '퍼 하노이 *Phở Hà Nội*'(하노이 쌀국수)라고
구별해 부를 정도다. 하노이 음식은 심플하고 담백한 것이 특징이다. 하노이에 왔다면 아침은 쌀국수,
점심은 분짜로 해결하는 것이 기본 공식이다.

퍼 Phở

베트남 쌀국수의 대표 주자인 '퍼'의 본고장은 다름 아닌 하노
이다. 남부 지방 쌀국수에 비해 국수 면발이 굵고 육수는 단맛
이 덜하다. 고명은 허브 대신 파를 많이 넣는 것이 특징이다.

분짜 Bún Chả

하노이를 대표하는 음식으로 간편하고 대중적인 요리다. '짜
Chả'는 양념한 돼지고기 경단을 숯불에 구운 것. 분(얇은 면발
의 국수)과 함께 고기구이를 적당히 떼어서, 파파야를 썰어 넣
은 느억맘 소스에 찍어 먹으면 된다. 함께 나오는 허브와 채소
를 같이 넣으면 향이 더욱 좋다.

분넴 Bún Nem

분과 넴(스프링 롤)을 함께 먹는 간편식이다. 분짜와 마찬가지
로 느억맘 소스에 찍어 먹는다.

분더우 Bún Đậu

하노이 사람들이 사랑하는 서민 음식이다. 분+더우(두부)에서
유래했다. 두부 튀김 이외에 돼지고기 편육, 돼지 부속물, 순대,
채소를 함께 곁들여 준다. '맘똠 Mắm Tôm'이라는
새우 젓갈에 찍어 먹는 것이 특징이다. 젓갈 향이 강하기
때문에 외국인의 입맛에 안 맞을 수도 있다.

분지에우 Bún Riêu

육수에 토마토를 넣어 시큼한 맛을 내는 국수. 대부분 민물 게를 넣어 만들기 때문에 분지에우 꾸아 Bún Riêu Cua라고 부른다. 소라를 넣으면 분지에우 옥 Bún Riêu Ốc(줄여서 분옥 Bún Ốc)이 된다.

분탕 Bún Thang

설날이나 잔치가 있을 때 준비했던 음식을 육수에 올려 먹던 것에서 유래했다. 일종의 잔치국수로 닭고기 육수를 베이스로 한다. 닭고기 쌀국수에 비해 다양한 고명이 얹어진다.

반똠(바잉똠) Bánh Tôm

하노이에서 유래한 새우튀김이다. 튀김 가루를 만들 때 고구마 전분을 함께 넣는 것이 특징이다. 호떠이(서호) 주변의 레스토랑에서 최초로 만들었기 때문에 반똠(바잉똠) 호떠이 Bánh Tôm Hồ Tây라고 불린다.

반꾸온(바잉꾸온) Bánh Cuốn

베트남 북부에서 유래한 음식으로 하노이 사람들이 쌀국수와 더불어 아침 식사로 즐긴다. 스팀을 이용해 즉석에서 라이스 페이퍼를 만들고, 버섯과 고기를 다져서 넣는다. 느억맘 소스에 찍어 먹는다.

퍼꾸온 Phở Cuốn

고이꾸온과 비슷한 월남쌈이지만 넓적한 생면 쌀국수를 이용힌다. 고이꾸온에 비히 쫄깃하며 북부 지방에서 즐겨 먹는다.

짜까 Chả Cá

하노이 특별 요리인 가물치 튀김이다. 노란색 강황(터메릭) 가루를 넣은 밀가루에 가물치를 입힌 뒤 기름에 튀겨서 만든다. 레스토랑에서는 화덕에 냄비를 올려서 직접 조리해 먹을 수 있도록 해준다. 딜(미나리 식물)과 파, 고추, 땅콩을 적당히 넣어 입맛에 맞게 조리하면 된다.

04

Must Eat List

베트남 커피

세계 3위의 커피 수출국답게 베트남 사람들의 커피 사랑은 유별나다. 아침에 눈 뜨면 쌀국수 먹고 커피 마시는 것이 일상. 커피는 베트남어로 '까페Cà Phê'. 진하고 묵직한 것이 베트남 커피의 특징이다.

까페 덴 다(카페 다)
Cà Phê Đen Đá / Black Coffee with Ice

아이스 블랙커피. 커피와 얼음을 따로 주는 곳이 많다. 얼음을 녹여가며 커피 농도를 맞춘다.

까페 덴 농(카페 농)
Cà Phê Đen Nóng / Hot Black Coffee

따뜻한 블랙커피. 에스프레소에 가까울 정도로 진하다.

까페 쓰어 다
Cà Phê Sữa Đá / Ice Coffee with Milk

연유를 넣은 부드럽고 달달한 아이스 커피. '쓰어'는 연유, '다'는 얼음이란 뜻. 연유를 넣은 블랙커피는 까페 쓰어 농 Cà Phê Sữa Nóng(Black Coffee with Milk)이다.

까페 즈어(코코넛 커피)
Cà Phê Dừa / Coconut Coffee

단맛을 내기 위해 연유 대신 코코넛을 갈아서 넣는다. 커피와 과즙이 어우러져 향긋하고 부드러운 맛을 낸다.

까페 쯩(에그 커피)
Cà Phê Trứng / Egg Coffee

하노이에서 즐겨 마시는 커피. 달걀노른자를 휘핑크림처럼 만들어 첨가한다.

박씨우
Bạc Xỉu / White Coffee

베트남식 아이스 라테. 커피보다 우유와 연유가 더 많이 들어간다. 화이트 커피라고 불리기도 한다.

한국에 돌아와서도 베트남 커피를 즐기고 싶다면, 베트남의 인스턴트 커피 브랜드

2 하일랜드 커피 Highlands Coffee

베트남에서 유명한 하일랜드 커피에서 만든 봉지 커피. 자체적으로 운영하는 카페에서 구입할 수 있다.
▶20개입 7만 5,000VND, 원두(200g) 9만 5,000~ 15만 5,000VND

1 G7 커피 G7 Coffee

쭝응우옌 커피에서 만든 봉지 커피. 인스턴트 커피 중 가장 유명하다. 커피·프림·설탕이 모두 들어간 것은 '3 in 1', 커피와 설탕이 들어간 것은 '2 in 1', 아무런 표시도 없으면 블랙커피다.
▶18개입/ 7만 2,000VND

3 미스터 비엣 Mr. Viet

리얼 베트남 커피라고 광고하는 커피 브랜드. 현지 농장에서 직접 구매한 천연 원두를 사용해 만든다. 가격은 다른 커피보다 비싼 편.
▶15개입 12만 VND

4 꼰쏙 커피(콘삭 커피) Con Sóc Coffee

루왁 커피의 베트남 버전. 일명 다람쥐 똥 커피로 알려져 있다. 드립백으로 만들어 판매한다. 블랙커피, 아라비카, 헤이즐넛 세 종류가 있다.
▶드립백 10개입 7만 VND

알아두세요

까페 핀 Cà Phê Phin

카페 핀은 커피 종류가 아니라 커피를 추출하는 방식이다. 베트남 커피는 일반적으로 스테인리스 필터에 뜨거운 물을 부어 커피를 내려 마신다. 스테인리스 필터는 마트에서 싸게 구입할 수 있다.

Must Eat List
베트남 맥주

맥주는 1병(작은 병)에 1만~2만 VND 정도로 저렴해 식사 때 물처럼 마시는 사람도 흔하다.
게다가 베트남은 음주에 대해 특별한 제약이 없고 술에 대해 관대하다.
더운 나라여서 얼음을 타서 마시는 모습을 흔하게 볼 수 있다.

1

하노이 맥주 Bia Hà Nội

국영 기업인 하베코 Habeco에서 생산하는 맥주. 하노이를 포함한 베트남 북부 지방에서 즐겨 마신다. 알코올 도수는 4.6%.
▶ 1만 5,000VND

2

사이공 맥주 Bia Sài Gòn

전국 맥주 생산량 1위를 차지한 브랜드. 사이공 라거 Sài Gòn Lager(알코올 도수 4.0%)와 사이공 스페셜 Sài Gòn Lager(알코올 도수 4.9%) 두 종류가 있다.
▶ 1만 5,000VND

3

바바바(333) 맥주 Bia 333

사이공 맥주를 만드는 사베코 Sabeco에서 생산하는 또 다른 맥주 브랜드. 전국적으로 유통되는 맥주로 1875년 생산을 시작했다. 알코올 도수는 5.3%.
▶ 1만 5,000VND

6

비아 허이 Bia Hơi

'신선한 맥주'라는 뜻의 베트남 생맥주. 홉과 쌀을 섞어 만들기 때문에 도수가 2~4% 정도로 맥주치고는 매우 가볍다. 레스토랑보다는 노점이나 상점에서 판매한다.
▶ 1만 5,000VND

4

타이거 맥주 Tiger Beer

동남아시아 여러 나라에서 즐겨 마시는 맥주. 싱가포르 대표 맥주로, 호랑이가 그려져 있다. 맥아(몰트)와 홉으로 만든 라거 맥주로, 알코올 도수는 5%. 베트남 포함, 동남아시아에서 가장 선호하는 맥주다. 열대 지방에 적합한 맥주다.
▶ 1만 9,000VND

5

라루 맥주 Biere Larue

다낭에서는 호랑이가 그려진 라루 맥주를 마신다. 1909년부터 생산됐고, 프랑스 식민 정부에서 맥주 제조 공장을 운영하던 빅토르 라루 Victor Larue에서 이름을 따왔다. 현재는 하이네켄 맥주에서 생산·관리하고 있다. 알코올 도수가 4.2%로, 맥주 맛이 부드러운 편이다.
▶ 1만 3,000VND

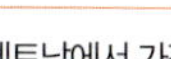

Must Eat List

베트남 음료와 디저트

열대 과일이 싸고 흔한 곳이라 과일을 이용한 디저트들이 많다. 달고 차가워 더위를 식히는 역할도 해준다.
트렌디한 카페보다는 노점 형태의 로컬 식당에서 흔히 볼 수 있다.

1 쩨(째) Chè

베트남에서 가장 대중적인 디저트. 베트남식 빙수로 연유를 넣어 단맛을 낸다. 열대 과일이나 코코넛, 타피오카, 단팥, 녹두, 연꽃 씨앗 등을 넣는다. 유리컵에 넣어주는 곳도 있고, 작은 그릇에 담아주는 곳도 있다.

2 반프란 Bánh Flan

프랑스의 영향을 받은 디저트. 달걀노른자와 우유, 캐러멜을 넣어 만든 푸딩. 껨 캐러멜 Kem Caramel이라고 불리기도 한다.

3 느억미아 Nước Mía

베트남의 대표적 서민 음료인 사탕수수 주스. 라임과 파인애플을 함께 짜서 상큼한 과일 향과 단맛을 추가한다.

4 쓰어쭈어 Sữa Chua

우유로 만든 떠먹는 요구르트. 디저트 가게에서 직접 만들기도 하고, 비나 밀크 Vina Milk 같은 대형 회사에서도 생산한다.

5 신또 Sinh Tố

과일과 연유, 얼음을 넣고 믹서에 갈아서 만든 과일 셰이크다. 망고 셰이크는 신또 쏘아이 Sinh Tố Xoài. 여러 종류의 과일을 섞을 경우 '신또텁껌 Sinh Tố Thập Cẩm'이라고 한다.

6 껨(깸) Kem

코코넛, 두리안 같은 열대 과일 아이스크림이 냐냐. 껨 버 Kem Bơ(아보카도 스무디+아이스크림)도 있다.

7 짜다 Trà Đá

보리차와 비슷한 얼음 물. 카페에서는 공짜로 주고, 식당에서는 돈을 받는다.

Must Eat List
베트남 과일

베트남에는 열대지방에서만 볼 수 있는 독특한 과일들이 널려 있다. 바나나, 파인애플, 수박, 오렌지, 구아바, 아보카도는 흔하게 볼 수 있다. 특히 제철 과일은 맛과 향기가 풍부하고, 가격도 저렴하다.

1

코코넛 Coconut /
즈어 Dừa

야자수 열매로, 시원하게 먹어야 제맛을 느낄 수 있다. 코코넛 껍질을 칼로 쪼개 하얀 과일을 함께 먹는다.

▶ 1kg 3만~4만 VND

2

망고 Mango /
쏘아이 Xoài

열대 과일 중 가장 사랑받는 과일. 한국인들은 시큼한 맛의 그린 망고보다 단맛의 노란 망고를 선호한다.

▶ 1kg / 5만~8만 VND

3

망고스틴 Mangosteen /
망꿋 Măng Cụt

열대 과일의 여왕. 자주색 껍데기에 하얀 열매를 갖고 있다. 딱딱한 겉모습과 달리 과육은 부드럽다.

▶ 1kg 4만~5만 VND

4

로즈 애플 Rose Apple /
먼(멍) Mận

장미꽃이 연상되는 과일. 빨간색이 많고, 연한 초록색도 있다. 단맛은 강하지 않지만 향기가 좋다. 수분이 많아 차게 먹으면 좋다. 짜이 먼(짜이 멍) Trái Mận이라고 부르기도 한다.

▶ 1kg 3만 VND

5

두리안 Durian /
써우리엠(써우지엠) Sầu Riêng

열대 과일의 제왕. 강한 냄새에 도깨비 방망이 같은 생김새도 요상하다. 하지만 노란색 과육은 한번 입맛을 들이면 헤어나기 어렵다. 고약한 냄새로 반입을 금지하는 건물이 많다.

▶ 1kg 9만~16만 VND

6

패션 프루트 Passion Fruit /
짠저이(짜잉저이) Chanh Dây

둥글고 딱딱한 갈색 과일. 검은 씨가 있는 노란색 과육이 올챙이 알처럼 들어 있다. 비타민 C가 많고, 상큼하다. 숟가락으로 떠먹기 좋다. 짠레오(짜잉 레오) Chanh Leo라고 불리기도 한다.

▶ 1kg 4만 VND

7
잭 프루트 Jack Fruit / 밋 Mít

두리안과 비슷하지만, 더 크고 껍질이 부드럽다. 껍질 속 과육은 노란색이다. 향은 강하지만 맛은 부드럽다.
▶ 1kg 5만 VND

8
람부탄 Rambutan / 쫌쫌 Chôm Chôm

성게처럼 털이 달린 빨간색 과일. 껍질 속 하얀 알맹이는 단맛을 낸다. 살짝 얼려 먹으면 색다른 맛이다.
▶ 1kg 3만~4만 VND

9
드래건 프루트 Dragon Fruit / 탄롱 Thanh Long

빨갛고 둥근 선인장 열매로, 껍질 속엔 검은 점이 일알이 박힌 하얀새 알맹이가 나온다. 맛은 심심한 편.
▶ 1kg 3만~5만 VND

10
용안 Longan / 냔 Nhãn

'용의 눈'이라는 이름을 가진 동그란 갈색 과일. 살짝 얼려 먹으면 더 맛있다.
▶ 1kg 3만~4만 VND

익숙한 과일의 베트남 이름

바나나 : 쭈오이Chuối
파인애플 : 즈어Dứa 또는 텀Thơm
수박 : 즈어 허우Dưa Hấu
오렌지 : 깜Cam
구아바 : 오이Ổi

입이 심심할 때, 맥주 한잔 할 때 곁들이기 좋은 말린 과일 과자

비나밋 Vinamit

잭 프루트 Mít Sấy
250g 7만 9,000VND

망고 Xoài Sấy Dẻo
100g 6만 3,000VND

믹스 프루츠 Trá Câ Sá
250g 6만 7,000VND

두리안
Sầu Riêng Sấy Lạnh
100g 34만 VND

망고 젤리
Thạch Xoài
850g 9만 VND

08
Must Buy List
이런 건 놓치지 말자

여행지에서의 감성을 한국에서도 이어가고 싶다면, 베트남에서만 구할 수 있는 희귀한 아이템이 있다면,
베트남의 맛을 기억하고 싶다면, 작은 핸드메이드 숍과 마트에서의 쇼핑도 놓칠 수 없다.

1 베트남 기념 소품

마그넷, 엽서, 우표, 기념 화폐, 수상 인형극의 목각 인형도 기념
품으로 좋다. 대부분 가격도 저렴하고 부피도 작아서 부담 없다.

3 칠기 제품

화려한 장신구, 보석함, 명
함 케이스 등 수제 칠기 공
예는 선물용으로 좋다.

2 논(농)

여행 중 햇빛 가리개로도
유용한 베트남 전통 모자.

4 도자기와 그릇

베트남은 식생활과 그릇도 우
리와 비슷하다. 다양하고 예쁘
면서도 저렴한 그릇은 실용도
가 높다.

5 자수 제품

손재주가 좋은 베트남 사람들이 한 땀 한 땀 만든 찻잔 받침
대, 에코백, 베개 커버, 아오자이도 소장용으로 좋다.

알아두세요

프로파간다(정치 선전) 포스터

사회주의 국가로서의 베트남 느낌을
제대로 전달하는 프로파간다 포스
터. 엽서와 달력 같은 기념품으로 판
매한다. 실제로 사용됐던 포스터 원
본은 US$100를 호가한다.

6

라탄 가방

여름에 어울리는 시원한 소재의 라탄을 이용해 만든 가방. 항가이 거리 주변의 상점과 기념품 매장에서 어렵지 않게 볼 수 있다.

▶ 중간 사이즈 15만~25만 VND
▶ 큰 사이즈 30만~55만 VND

7

아치 카페

코코넛 커피가 유명한 인스턴트 커피 브랜드. 파란색 봉지에 카푸치노 즈아 Cappuccino Dừa라고 적혀 있다.

▶ 12개입 6만 5,000VND

8

말린 과일 & 과자

생과일은 기내로 반입할 수 없지만 말린 과일이라면 가능하다. 말린 과일과 과일 과자는 안주용으로도 좋다.

▶ 말린 과일 6만~12만 VND

9

소스

베트남에서 안 사가면 섭섭한 것이 바로 소스. 한국보다 훨씬 저렴한 가격에 베트남 맛을 옮겨갈 수 있다.

▶ 칠리 소스(320g) Tương Ớt Sriracha 2만 2,000VND
▶ 느억맘 소스(290g) Nước Mắm Cholimex 2만 7,000VND

10

라면

베트남의 쌀국수를 잊을 수 없다면, 한국인의 입맛에도 맞는 라면을 사보자. 하오하오의 새우맛 라면과 비폰의 소고기맛 라면은 한국인에게 인기가 좋다.

▶ 하오하오라면(시큼하고 매운 새우맛)
Hảo Hảo Mì Tôm Chua Cay 4,400VND
▶ 하오하오 라면(볶음 마늘과 돼지고기 맛)
Hảo Hảo Sườn Heo Toi Phi 4,400VND
▶ 비폰 라면(소고기 쌀국수맛)
Vifon Phở Bò 5,200VND
▶ **Vifon 새우 라면**
Mì Chính Hiệu Hai Tôm 5,000VND

11

티백 차

몸에 좋다고 알려진 허브차도 저렴하게 구입할 수 있다.

▶ 아티초크차(20봉입)
Trà Atisô(Artichoke Tea Bag) 4만 2,000VND
▶ 노니차(16봉입) Trà nhàu (Noni Tea) 5만 6,000VND
▶ 연꽃차(25봉입) Trà Sen (Lotus Tea) 2만 3,000VND

Best Restaurant List
레스토랑 베스트

떰비(냐항 떰비) Tầm Vị

고풍스러운 분위기의 근사한 베트남 레스토랑. 가정식 베트남 요리를 정성스럽게 요리한다. `P.184`

꽌 안 응온 Quán Ăn Ngon

베트남 전국 요리를 한자리에서 맛볼 수 있는 '꽌 안 응온'의 하노이 본점. `P.144`

짜오 반 Chào Bạn

서호 주변에 있는 매력적인 베트남 레스토랑. 프렌치 빌라를 리모델링했다. `P.197`

센테 Senté

연꽃을 이용한 건강한 식단을 추구하는 곳이다. 채식 전문 레스토랑으로 오해하기 쉽지만 분위기 가득한 베트남 레스토랑이다. `P.99`

룩락 Luk Lak

5성급 호텔 조리장이 독립해 만든 현대적인 베트남 음식점. `P.149`

피자 포피스 Pizza 4P's

하노이에 인기 있는 화덕 피자 전문점. 두 종류의 피자를 한꺼번에 맛볼 수 있는 '반반 피자'를 주문할 수 있다. `P.145`

퍼 자쭈옌 Phở Gia Truyền

하노이를 대표하는 쌀국수 식당으로 대를 이어 장사하고 있다. P.85 ▶

퍼 틴 Phở Thìn

1979년부터 쌀국수 한 가지만 고집스럽게 만들어 내는 유서 깊은 쌀국수 식당. P.142 ▶

퍼 10(퍼 므어이 리꿕쓰) Phở 10

관광객들 사이에서 하노이 3대 쌀국수 식당으로 알려진 곳. P.141 ▶

분짜 흐엉리엔 Bún Chả Hương Liên

버락 오바마 전 미국 대통령이 재임 시절 방문했던 곳으로 '분짜 오바마'라는 별칭을 얻은 곳. P.142 ▶

마이 비스트로 Maii Bistro

서호 주변 주택가에 자리한 퓨전 베트남 레스토랑. P.201 ▶

짜까 탕롱 Chả Cá Thăng Long

하노이의 별미 '짜까' 전문 레스토랑이다. 입문자들이 부담 없이 식사할 수 있다. P.97 ▶

02

Best Cafe List
카페 베스트

카페 장(지앙) Café Giảng

1946년부터 영업해온 하노이를 대표하는 에그 커피 전문점.
P.103

꽁 카페 Cộng Cà Phê

빈티지한 인테리어와 사회주의 콘셉트로 사랑받는 카페. 코코넛 커피가 유명하다. P.152

블랙버드 커피 Blackbird Coffee

복잡한 구시가에서 만날 수 있는 서구적인 느낌의 카페. 두 개 지점을 운영한다. P.154

만지 Manzi

베트남 현대 미술 작품을 전시해 커피숍이라기보다 갤러리에 가깝다. P.108

핀 바 바이 리파인드 Phin Bar by Refined

칵테일 바를 연상시키는 미니멀한 카페. 바리스타가 만드는 드립 커피가 일품이다. P.186

반미 25 Bánh Mì 25

하노이 구시가를 대표하는 바게트 샌드위치 카페.
P.90

트랜퀼 북스 & 커피 Tranquil Books & Coffee

골목길 안쪽에 있는 북 카페 감성의 조용한 카페. P.104

반꽁 카페 Ban Công Cafe

1940년대 건물을 리모델링했다. 앤티크한 내부와 야외 발코니까지 포토제닉하다. P.105

메종 마루 Maison Marou

베트남의 수제 초콜릿 브랜드로 유명한 마루 초콜릿에서 운영하는 카페. P.156

하노이 소셜 클럽 Hanoi Social Club

1920년대에 만들어진 오래된 콜로니얼 양식의 건물을 개조한 카페 스타일의 레스토랑. P.155

소울 스페셜티 커피 Soul Specialty Coffee

베트남 커피를 젊은 감각으로 재해석한 카페. 콜드브루를 이용한 창의적인 커피를 맛볼 수 있다. P.106

기찻길 마을 카페 Railway Cafe

관광지가 되어버린 기찻길 마을. 철도 옆으로 카페가 밀집해 있다. P.135

Best Nightlife List
나이트라이프 베스트

따히엔 맥주 거리 Tạ Hiện Beer Street

하노이에서 밤 시간 보내기 더 없이 좋은 곳. 현지인과 여행자들이 거리를 가득 메워 흥겹다. P.109

톱 오브 하노이 Top of Hanoi

롯데 호텔 꼭대기에 있는 루프톱 라운지. 해발 272m 높이의 라운지에서 하노이 전경을 감상할 수 있다. P.216

서밋 라운지 Summit Lounge

팬 퍼시픽 호텔에서 운영하는 루프톱 라운지. 서호와 쭉박 호수가 한눈에 내려다보인다. P.205

워크샵 14 Workshop 14

아시아 베스트 바 50에 선정된 창의적인 칵테일 바. P.204

파스퇴르 스트리트 브루잉 컴퍼니
Pasteur Street Brewing Company

호찌민 시에 본점을 둔 수제 맥주 전문점. 성 요셉 성당 옆 골목에 있어 차분하게 밤 시간을 보내기 좋다. P.158

네 칵테일 바 Nê Cocktail Bar

창의적인 칵테일을 만드는 힙한 분위기의 칵테일 바. P.111

Best Spa & Massage List
스파 & 마사지 베스트

오마모리 스파 Omamori Spa

시각 장애인을 고용한 유명 마사지 숍. `P.116`

오리엔트 스파 Orient Spa

깨끗한 시설과 합리적인 가격이 인기의 비결. `P.118`

미도 스파 Mido Spa

한국 관광객에게 유독 인기 있는 곳. 다양한 전신 마사지를 받을 수 있다. `P.118`

센 스파 Sen Spa Hanoi

호안끼엠 호수 옆 골목에 있는 가성비 좋은 스파 업소. `P.117`

세레네 스파(서린 스파) Serene Spa

여행자 숙소 밀집지역에 있는 인기 스파 업소. 시설뿐만 아니라 마사지 실력도 좋다. `P.119`

라 벨비 스파 La Belle Vie Spa

고급스럽고 깔끔한 시설의 스파. 전용 스파 룸에서 아로마 오일 마사지를 반을 수 있다. `P.121`

하노이 여행 설계
Travel Plan

한눈에 보는 베트남 정보
추천 여행 코스
여행 예산 짜기

한눈에 보는 베트남 정보

01 | 베트남 국가 정보

국가명 베트남 사회주의공화국 Socialist Republic of Vietnam / Cộng Hòa Xã Hội Chủ Nghĩa Việt Nam

면적	332,698km2(한반도의 1.5배)
인구	104,799,174명(2026년 기준)
언어	베트남어 Tiếng Việt
통화	동 Đồng(VND)
수도	하노이 Hà Nội
국가 형태	사회주의 공화국 (베트남 공산당 1당 체제)
국기	빨간색 바탕에 노란 별이 그려진 금성홍기 (金星紅旗) Cờ Đỏ Sao Vàng.

베트남 국기의 붉은 바탕은 혁명의 피를, 노란 별은 공산당을 상징한다. 노란색 별의 5각은 사(士)·농(農)·공(工)·상(商)·병(兵)으로 대표되는 인민의 단결을 의미한다.

인종	낀족(또는 비엣족) Kinh(Việt)이 전체 인구의 85.7%를 차지한다. 기타 54개 소수 민족으로 구성되어 있다.
행정구역	베트남은 58개의 성(省)과 5개의 직할시로 구분된다. 5개 직할시는 하노이, 호찌민, 하이퐁, 껀터, 다낭. 베트남 최대 도시는 남쪽에 있는 호찌민 시(사이공)다.
공휴일	베트남의 법정 공휴일은 다른 나라에 비해 적다. 독립 기념일, 공산당 창립 기념일 같은 사회주의 국가와 관련된 기념일이 많다. 베트남 최대의 명절은 설날에 해당하는 '뗏 Tết'이다. 일주일에서 10일 정도 연휴가 이어진다.

▶ **1월 1일** 신정
▶ **음력 12월 31일~1월 3일** 베트남 설날(뗏)
▶ **음력 3월 10일** 홍브엉
  (베트남 건국 시조) 기일
▶ **4월 30일** 사이공 해방(베트남 해방) 기념일
▶ **5월 1일** 국제 노동절
▶ **9월 2일** 국경절(독립 기념일)

02 | 베트남 여행 정보

시차	한국보다 2시간 느리다. 한국이 12:00라면 베트남은 10:00. 서머 타임을 적용하지 않는다.
비행 시간	인천에서 출발하는 직항은 하노이까지 약 4시간 30분 소요된다.
비자	베트남은 무비자로 체류할 수 있는데 기간은 45일이다. 무비자 조항은 베트남에 입국할 때마다 자동 적용된다.
기온(날씨)	베트남은 남북으로 길게 2,000km 가까이 떨어져 있기 때문에 지역에 따라 기후도 다르다. 전형적인 동남아시아 날씨를 보이는 남부 지방(호찌민 시)은 열대 몬순 기후에 속한다. 건기와 우기로 구분되며, 가장 더운 4월에는 낮 기온이 40°C 가까이 올라간다. 중국과 가까운 북부 지방(하노이)은 아열대성 기후 지역이다. 5~9월이 가장 덥고 습하다. 겨울(12~2월)에는 밤 기온이 영상 10°C 아래로 내려간다.
환율	환율은 1USD=2만 6,500VND. 원화로 환산하면 1만 VND에 540원 정도.

ATM

은행뿐만 아니라 시내 곳곳에서 24시간 ATM 기기를 이용할 수 있다. 1회 인출 한도는 은행에 따라 200만~500만 VND (약 US$100~250)이고, 1회 수수료는 3만~6만 VND 정도다.

트래블로그 (트래블월렛) 카드

자신이 가지고 있는 은행 계좌와 연동해 환전하고, 해외 은행 ATM에서 현금을 인출할 수 있는 해외여행에 최적화된 카드. 애플리케이션을 통해 필요한 만큼 현지 화폐로 환전이 가능하다. 베트남 현지의 VP은행은 수수료도 면제된다. ATM 기계에 따라 비밀번호 6자리를 입력하는 기계도 있는데, 비밀번호+00을 더해 누르면 된다.

화폐

동 Đồng. 베트남 동 Vietnamese Dong을 줄여 VND로 표기한다. 지폐는 500₫, 1,000₫, 2,000₫, 5,000₫, 1만₫, 2만₫, 5만₫, 10만₫, 20만₫, 50만₫ 10종류다. 1만 VND 이상의 신권은 플라스틱 지폐다.

베트남은 흡연자 천국

베트남 남성의 흡연율은 45%에 달할 정도로 흡연자가 많다. 덕분에 길거리는 물론 식당, 카페에서도 자연스럽게 담배 피우는 사람을 어렵지 않게 볼 수 있다. 에어컨이 설치된 실내는 금연구역으로 지정되어 있지만, 웬만한 곳에서 흡연이 가능하다.

하노이에서 무단횡단은 기본!

하노이에 도착하면 오토바이 행렬에 놀라게 된다. 자동차와 오토바이, 시클로, 행인까지 뒤엉켜 정신없어 보이기 마련이다. 하노이에도 횡단보도가 있긴 하지만 잘 지켜지지 않는다. 길을 건널 때는 천천히 걸어 들어가며 좌우를 살피면 된다. 오토바이 기사들이 보행자 앞으로 갈지 뒤로 갈지를 결정해 속도를 줄이기 때문이다. 빨리 건너겠다고 무턱대고 뛰어들면 오히려 오토바이 기사들이 당황한다. 다행히도 도로 주행 방향은 한국과 같다.

50K는 무슨 뜻?

베트남은 화폐 단위가 크기 때문에 숫자를 끊어서 표기하는 경우가 많다. 5만 VND는 50K, 10만 VND는 100K라고 줄여서 쓴다. K는 1,000 단위를 표기할 때 쓴다.

와이파이
인터넷과 와이파이 Wi-Fi는 상당히 빠른 편이다. 대부분의 호텔과 카페, 레스토랑에서 무료로 와이파이를 사용할 수 있다. 로밍하지 않아도 와이파이 Wi-Fi만 연결되면 카카오톡이나 인터넷 검색도 사용할 수 있다.

스마트폰
한국에서 본인 휴대전화를 로밍해 가도 되고, 현지에서 SIM 카드를 구입해 베트남 전화번호를 개통할 수도 있다. 통신사는 비나폰 Vinaphone, 모비폰 Mobifone, 비엣텔 Viettel이 유명하다.

SIM 카드
전화와 5G 데이터 요금이 통합된 SIM 카드를 구입할 수 있다. 공항 내부에 SIM CARD라고 적힌 통신사 카운터에서 구입하면 된다. 무제한 사용할 수 있는 데이터 요금제는 1주일에 28만 VND(US$11), 30일에 35만 VND(US$15)이다.

전압
220V, 50Hz. 한국의 전자제품도 사용할 수 있다. 문제는 콘센트의 모양. 한국과 달리 둥근 모양의 콘센트를 사용한다. 대부분의 호텔에서는 콘센트 모양에 관계없이 사용할 수 있다.

생수
베트남에서는 수돗물을 마시면 안 된다. 슈퍼마켓이나 상점에서 파는 생수를 사서 마신다. 생수는 큰 병에 1만 VND 정도. 네슬레에서 만드는 '라비 La Vie', 펩시콜라에서 만드는 '아쿠아피나 Aquafina', 코카콜라에서 만드는 '다싸니 Dasani'가 인기 있다.

화장실
공원 같은 곳에 공중화장실이 있지만, 눈에 잘 띄지는 않는다. 급할 경우 쇼핑몰이나 카페를 이용하는 게 최선이다. 베트남 화장실에는 독특한 모양의 비데가 있다. 변기 옆에 붙어 있는 호스 모양의 손잡이로, 수압이 세기 때문에 물이 튀지 않도록 조심해야 한다.

길 찾기
베트남은 도로명 주소를 사용하기 때문에 길 찾기가 쉽다. 택시를 탈 때도 업소 명칭과 함께 주소(거리 이름+번지수)를 보여주면 목적지까지 데려다 준다.

치안
베트남은 사회주의 공화국이라 치안이 좋은 편이다. 하지만 대도시에서 관광객을 상대로 한 오토바이 날치기 사고가 빈번하기 때문에 주의해야 한다. 술 먹고 어두운 밤 골목을 들어간다거나, 객기 어린 행동은 삼가자.

한국 대사관
한국 대사관의 베트남어 발음은 다이쓰관 한꿕 Đại Sứ Quán Hàn Quốc이다. 재외국민 업무와 여권 관련 업무는 영사과에 문의하면 된다(전화 024-3771-0404).

금은방에서 환전하기

베트남에서는 달러를 현지 화폐로 환전해 사용해야 한다. 은행이나 환전소를 이용하는 게 보편적이지만, 금은방을 이용하는 방법도 있다. 일종의 사설 환전소인데 시중 은행보다 환율을 높게 쳐준다. 구시가에서 외국 관광객이 많이 찾는 곳은 항박 거리 113번지(주소 130 Hàng Bạc)에 있는 꽝후이(꽝휘)Quang Huy Gemstone라고 적힌 곳이다. 한국 돈(5만 원권)도 환전 가능하다.

알아두세요

베트남 여행 시 주의해야 할 10가지

❶ 귀중품 관리에 신경 써야 한다. 아무리 좋은 호텔이라 하더라도 객실에 귀중품을 방치해두고 외출하는 일은 삼가자. 필요하다면 객실의 안전 금고Safety Box를 이용하자. 여권 사본은 지참하고 외출하는 것이 좋다.

❷ 오토바이 날치기를 각별히 조심하자. 휴대 가방이나 카메라는 흘러내리지 않도록 크로스해서 앞쪽으로 메는 것이 좋다. 사람이 많이 모이는 재래시장에서도 소지품에 신경 써야 한다.

❸ 오토바이 때문에 도로가 혼잡하기 때문에 길을 건널 때 안전에 유의해야 한다. 오토바이 진행 방향을 살피면서 천천히 길을 건너면 된다.

❹ 사원이나 종교적으로 신성시하는 곳을 방문할 때는 복장을 단정히 하자.

❺ 상식 이상의 과잉 친절을 베풀거나 은밀한 곳을 소개해주겠다는 유혹은 경계하자.

❻ 야간에는 오토바이 뒤에 여자를 태우고 다니며 남자를 유혹하는 사기단도 있다. 혹시나 했다가 100% 낭패를 당하니 애초부터 관심을 보이지 말자(지갑까지 다 털린다).

❼ 너무 늦은 시간에 음침한 골목을 혼자 돌아다니지 말자. 과다한 음주 후에 현지인과 다툼에 휘말리지 말자.

❽ 사람들과 사진 찍을 때 예의를 지키자. 반드시 상대방에게 의사를 먼저 확인하자.

❾ 현지 문화를 쉽게 판단하지 말자. 다른 나라의 문화를 옳고 그름의 잣대로 평가할 수는 없다. 언어와 인종, 음식이 다르듯 생소한 문화라 하더라도 있는 그대로 받아들이자. 다른 문화를 체험하는 것이 여행하는 큰 이유 중 하나다.

❿ 돈을 현명하게 쓰자. 베트남이 한국보다 경제적 수준이 떨어지는 것은 사실이지만, 돈으로 모든 것을 해결해서는 안 된다. 돈을 써야 할 때와 아껴야 할 때를 구분하는 것도 여행의 기술 중 하나다. 외국 기업이나 수입 브랜드보다 베트남 현지 가게와 그곳 생산품을 소비하면 현지 경제에 직접적인 도움이 된다.

추천 여행 코스

추천 여행 코스 1. 하노이 핵심 1일 코스 ①

하루 동안 하노이 주요 볼거리를 여행하는 코스다. 오전에는 바딘 광장(호찌민 묘) 주변 볼거리를 먼저 보고, 오후에는 문묘와 구시가를 둘러보는 일정이다. 저녁에는 맥주 거리에서 시간을 보내자.

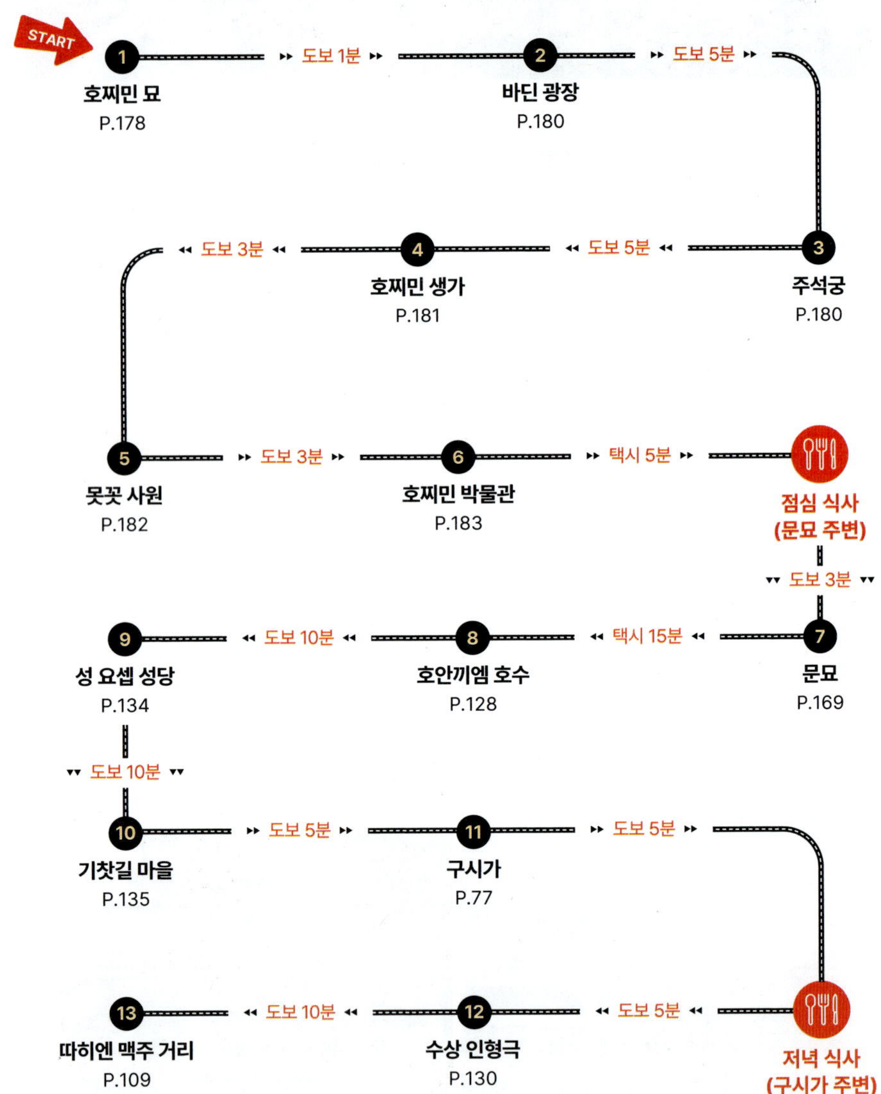

추천 여행 코스 2. 하노이 핵심 1일 코스 ②

베트남 전쟁이니 박물관이니 하는 것들에 관심 없는 사람들을 위한 코스. 구시가와 호안끼엠 호수, 성 요셉 성당 위주로 관광하면서 카페에서 휴식, 맛집 탐방, 스파 받기를 즐길 수 있다.

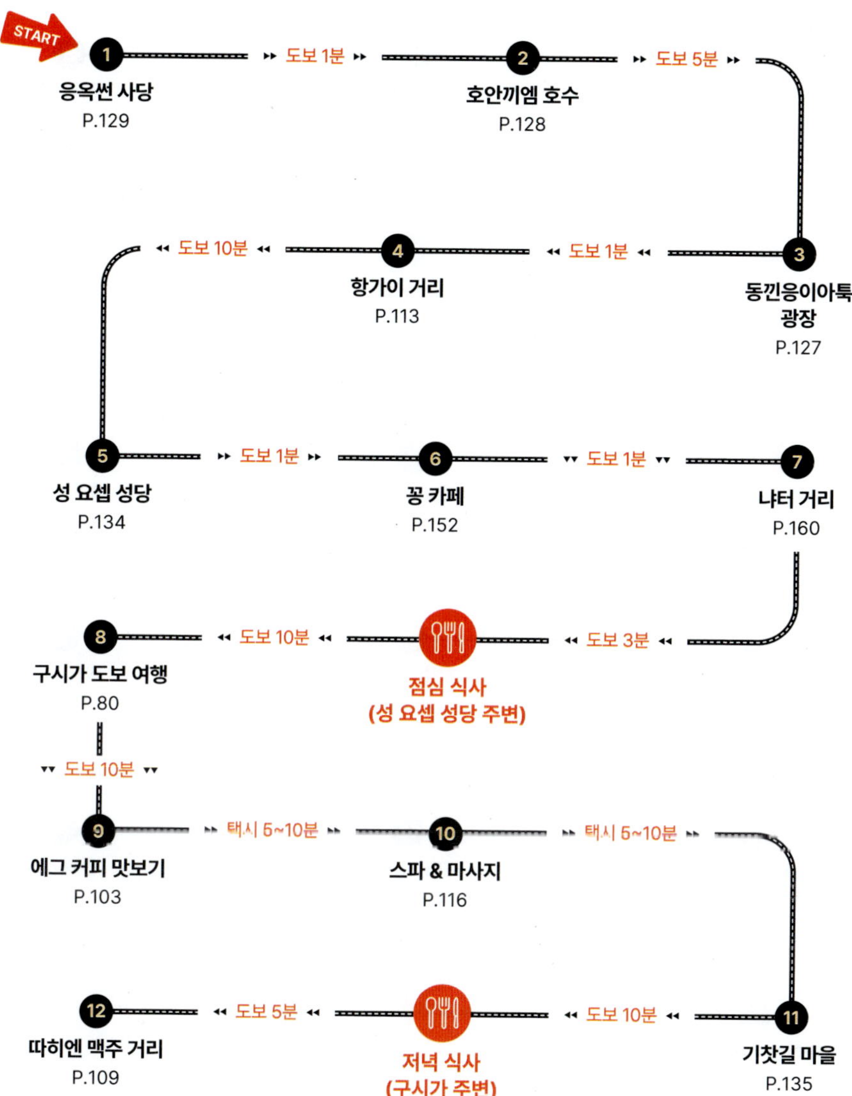

추천 여행 코스 3. 하노이 도보여행 1일 코스

뚜벅이 여행자를 위한 도보 여행 코스다. 구시가에서 시작해 기찻길 마을을 거쳐 호찌민 묘가 있는 바딘 광장까지 걸어서 여행한다. 체력이 남아 있다면 호떠이(서호)까지 다녀올 수도 있다. 더워지기 전에 일찍 길을 나서는 게 좋다.

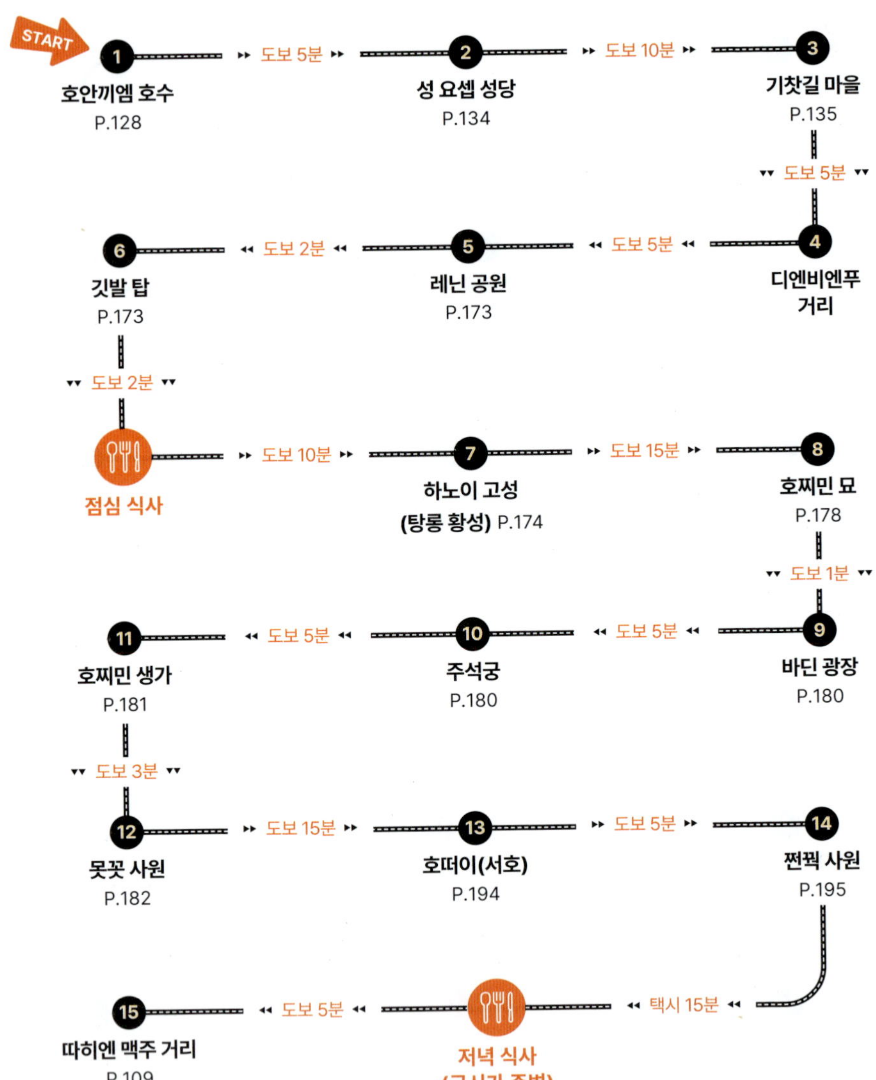

추천 여행 코스 4. 하노이 박물관 탐방 1일 코스

1,000년 넘는 시간 동안 베트남의 수도로 군림해온 하노이에는 베트남의 과거·현재가 집대성되어 있다. 다른 도시에 비해 박물관도 많고, 전시품 목록도 다양하다. 호찌민 주석과 베트남 전쟁 관련 박물관에 역사적인 가치를 지닌 진품이 전시되어 있다.

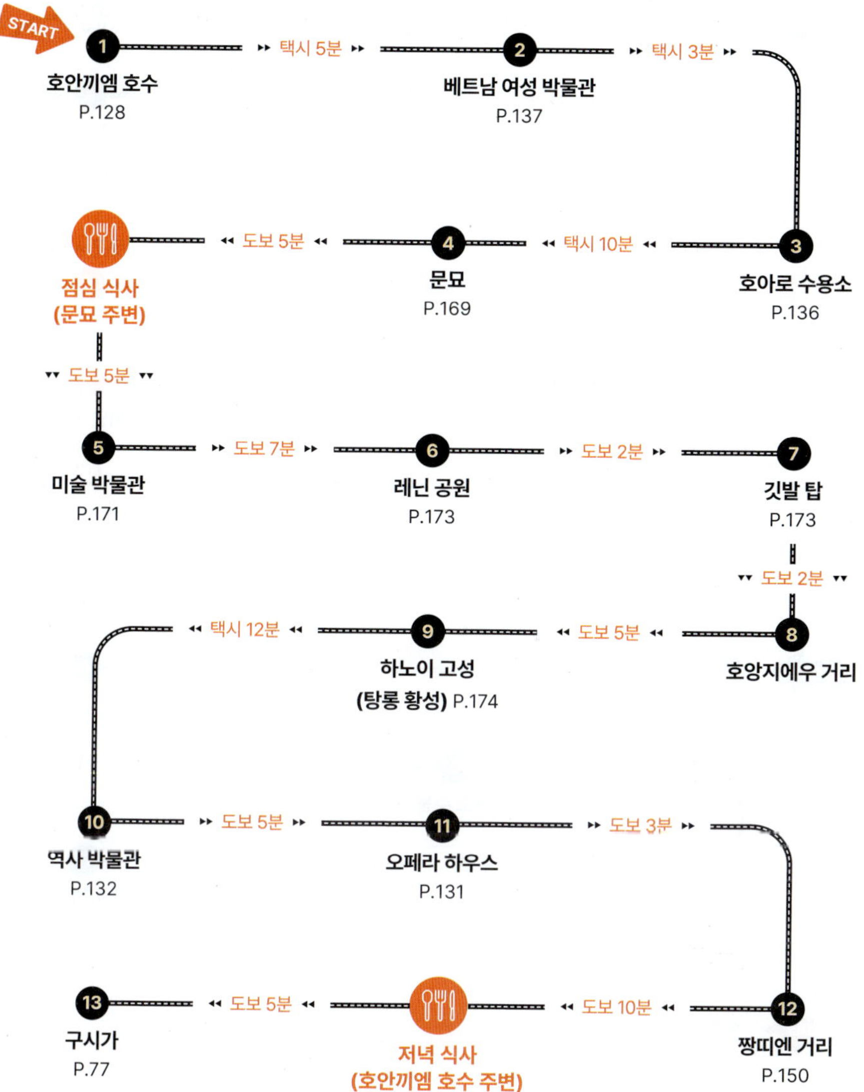

추천 여행 코스 5. 하노이 3박 4일 코스

볼거리 위주의 짧은 일정은 구시가에 숙소를 정하고 여행하는 게 편리하다. 호안끼엠 호수를 포함해 주요 볼거리들이 가까이 있기 때문이다. 가능하면 인천 공항에서 아침에 출발하는 비행기를 이용하자. 마지막 날은 밤 비행기를 이용하기 때문에 기내에서 1박하게 된다.

1 DAY

1 인천 공항(아침 출발) → 2 하노이(노이바이) 공항 → 3 호텔 체크 인 → 4 구시가 → 🍴 저녁 식사 → 5 따히엔 맥주 거리

2 DAY

1 호찌민 묘 → 2 바딘 광장 → 3 주석궁 → 4 호찌민 생가 → 5 못꼿 사원 → 6 호찌민 박물관 → 🍴 점심 식사(문묘 주변) → 7 문묘 → 8 미술 박물관 → 9 기찻길 마을 → 🍴 저녁 식사(구시가 주변) → 10 수상 인형극

3 DAY

1 응옥썬 사당 → 2 호안끼엠 호수 → 3 냐터 거리 → 4 성 요셉 성당 → 🍴 점심 식사(성 요셉 성당 주변) → 5 호아로 수용소 → 6 롯데 마트(쇼핑) → 7 구시가 → 🍴 저녁 식사(구시가 주변) → 8 스파 & 마사지 → 9 공항으로 이동 → 10 밤 비행기 탑승

4 DAY 인천 도착

추천 여행 코스 6. 하노이+하롱베이 3박 4일 코스

짧은 일정으로 하노이와 하롱베이를 관광하는 코스. 하노이에서 2박하면서 하롱베이를 1일 투어로 다녀온다. 하롱베이까지 차를 타고 오고가는 시간이 많이 걸려서 여러모로 일정이 빠듯하다.

1 DAY

1 인천 공항(아침 출발) — 2 하노이(노이바이) 공항 — 3 호텔 체크 인

5 따히엔 맥주 거리 — 🍴 저녁 식사 — 4 구시가

2 DAY

1 하노이 — 2 하롱시(뚜언쩌우 여객 터미널) — 3 하롱베이 크루즈

5 수상 인형극 — 🍴 저녁 식사(구시가 주변) — 4 하노이 복귀

3 DAY

1 응옥썬 사당 — 2 호안끼엠 호수 — 3 성 요셉 성당 — 4 기찻길 마을

6 오페라 하우스 — 5 구시가 도보 여행 — 🍴 점심 식사(구시가 주변)

🍴 저녁 식사(호안끼엠 호수 주변) — 7 스파 & 마사시 — 8 공항으로 이동 — 9 밤 비행기 탑승

4 DAY 인천 도착

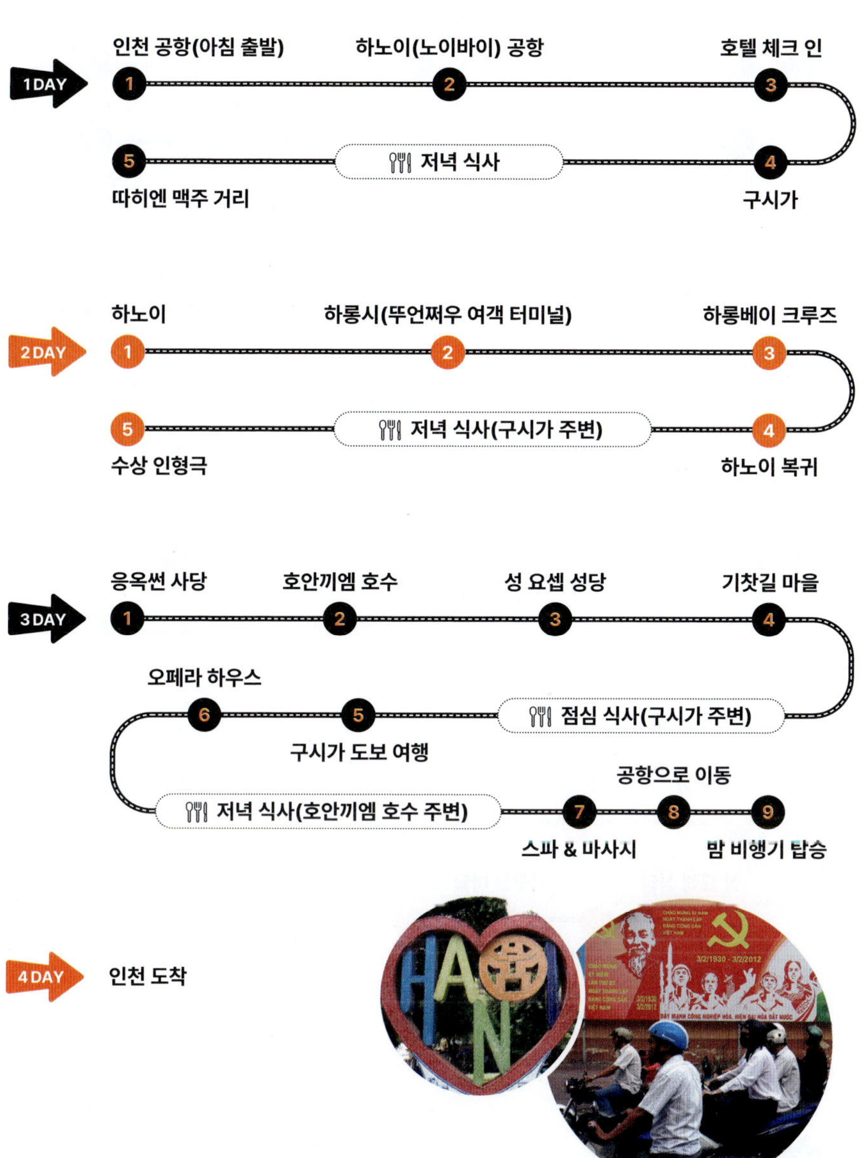

추천 여행 코스 7. 하노이+하롱베이+깟바 섬 4박 5일 코스

하노이와 하롱베이를 여유 있게 둘러보는 코스. 하롱베이 투어를 1박 2일로 다녀올 수 있는데, 크루즈에서 숙박하거나 깟바 섬 호텔에서 1박할 수 있다.

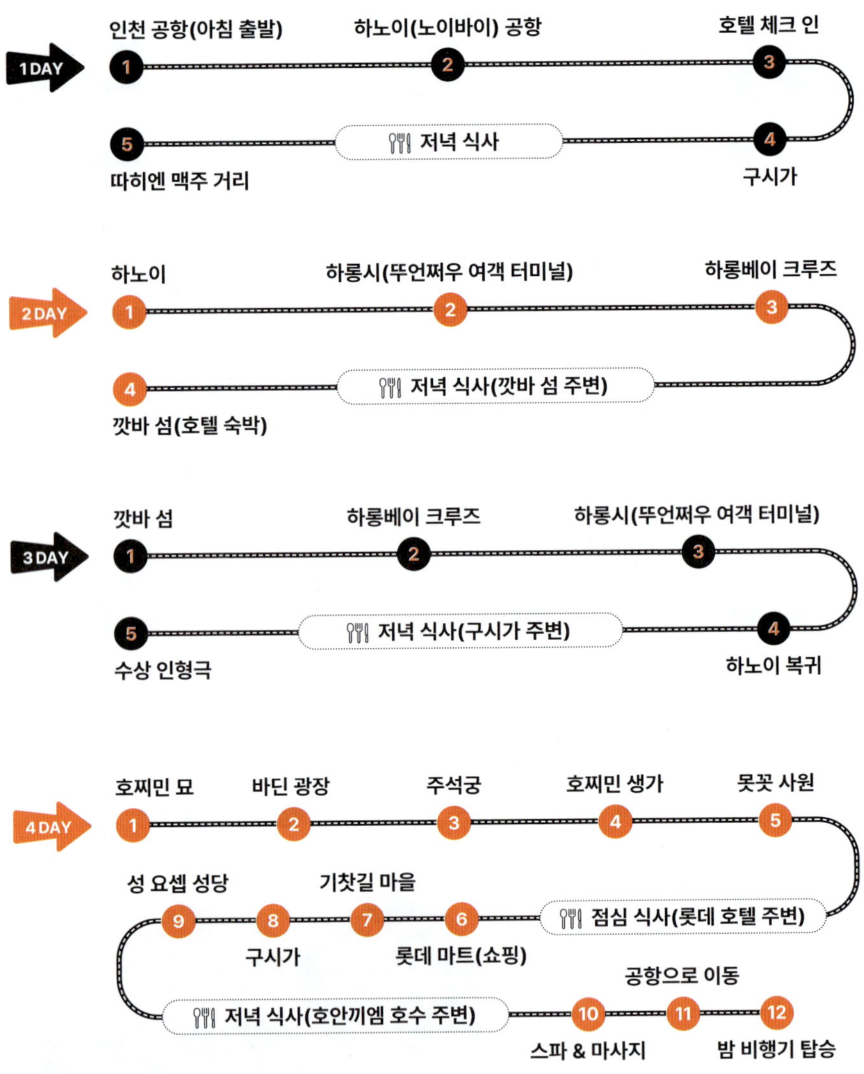

추천 여행 코스 8. 하노이+하롱베이+닌빈 5박 6일 코스

하노이와 주변 지역을 모두 여행하는 코스. 하롱베이와 닌빈은 1일 투어로 다녀오면 된다. 주변 도시를 다녀와야 하기 때문에 하노이에서 보내는 시간은 많지 않다.

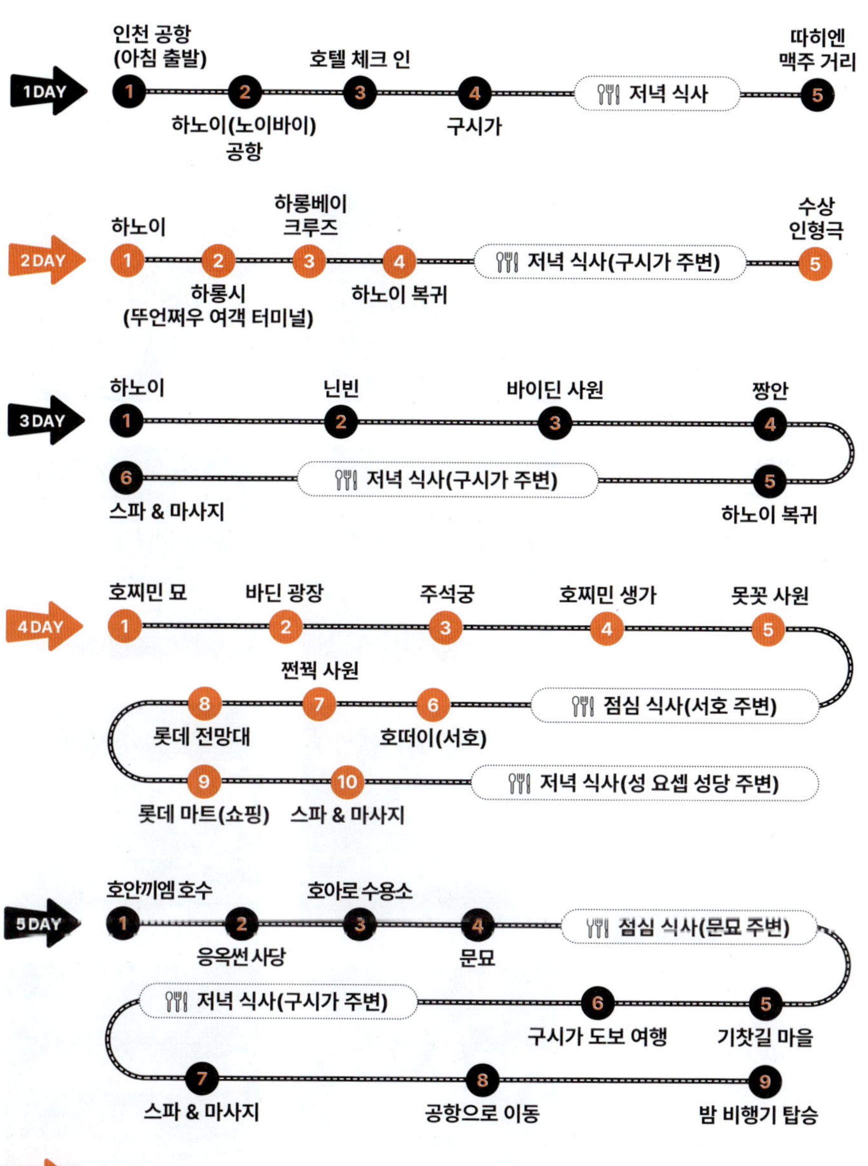

여행 예산 짜기

저가 항공을 이용해 하노이를 다녀온다면, 3박 4일 기준으로 100만 원 이내로 충분히 다녀올 수 있다. 저렴한 호텔에서 자고, 그랩(택시 애플리케이션)을 이용하고, 현지 식당에서 식사를 해결하는 알뜰 여행은 하루 US$40~50 정도 에상하면 된다. 3성급 호텔에서 묵는다면 히루 US$70~80 정도면 가능하다. 호텔은 대부분 2인 1실을 기준으로 하므로 둘이 함께 여행하면 경비를 절감할 수 있다.

환율

US$1=2만 6,500VND
1만 VND=540원

환전하기

먼저 전체 경비 중에서 현금과 신용카드의 사용 비율을 정하는 것이 좋다. 수수료 없이 현지에서 사용 가능한 트래블로그(트래블월렛) 카드를 미리 발급받아 놓는 것도 좋은 방법이다. 베트남에서 신용카드를 사용하는 건 크게 불편하지 않지만. 해외 사용에 따른 3~4%의 수수료가 추가된다는 사실을 알아둘 것. 환전은 출국 전에 국내 은행의 외환 거래 창구나 인터넷 뱅킹을 통해 달러(US$)로 미리 환전해놓자. 베트남에서는 달러가 통용돼서 굳이 베트남 동(VND)을 환전해 갈 필요는 없다. US$10, US$20짜리 소액권을 적당히 섞어서 환전하면 현지에서 사용하기 편리하다.

한국 돈으로 얼마인지 계산기를 두드리지 않아도 쉽게 가늠할 수 있는 방법이 있다. 예를 들어, 1만 VND이라고 하자. 마지막 자릿수(맨 끝의 0) 하나를 덜어낸다. 그럼 1,000이 된다. 거기에서 반을 나누면 된다. 약 500원. 대략적으로 파악하기에 좋다.

베트남 현지 물가

● 숙소

호스텔(도미토리) US$7~10

중급 호텔 US$30~40

3성급 호텔 US$50~70

4성급 호텔 US$80~100

● 교통

하노이 공항→시내(택시) 35만 VND

시내버스 1만 VND

시클로(1인) 10만 VND

시티 투어 버스(4시간) 30만 VND

● 식사

반미(바게트 샌드위치) 3만~6만 VND

쌀국수 6만~10만 VND

볶음밥 8만~12만 VND

덮밥 8만~12만 VND

볶음 요리(단품) 10만~16만 VND

해산물(단품) 18만~36만 VND

● 음료

생수(1.5ℓ) 1만~1만 5,000VND

콜라(캔) 1만 5,000VND

커피 4만~8만 VND

느억미아(사탕수수 주스) 1만 VND

과일 셰이크 4만~6만 VND

맥주(캔) 2만~3만 VND

● 입장료

응옥썬 사당 5만 VND

박물관 4만~10만 VND

수상 인형극 15만~20만 VND

닌빈(짱안) 25만 VND

하롱베이(1일 투어) US$45~50

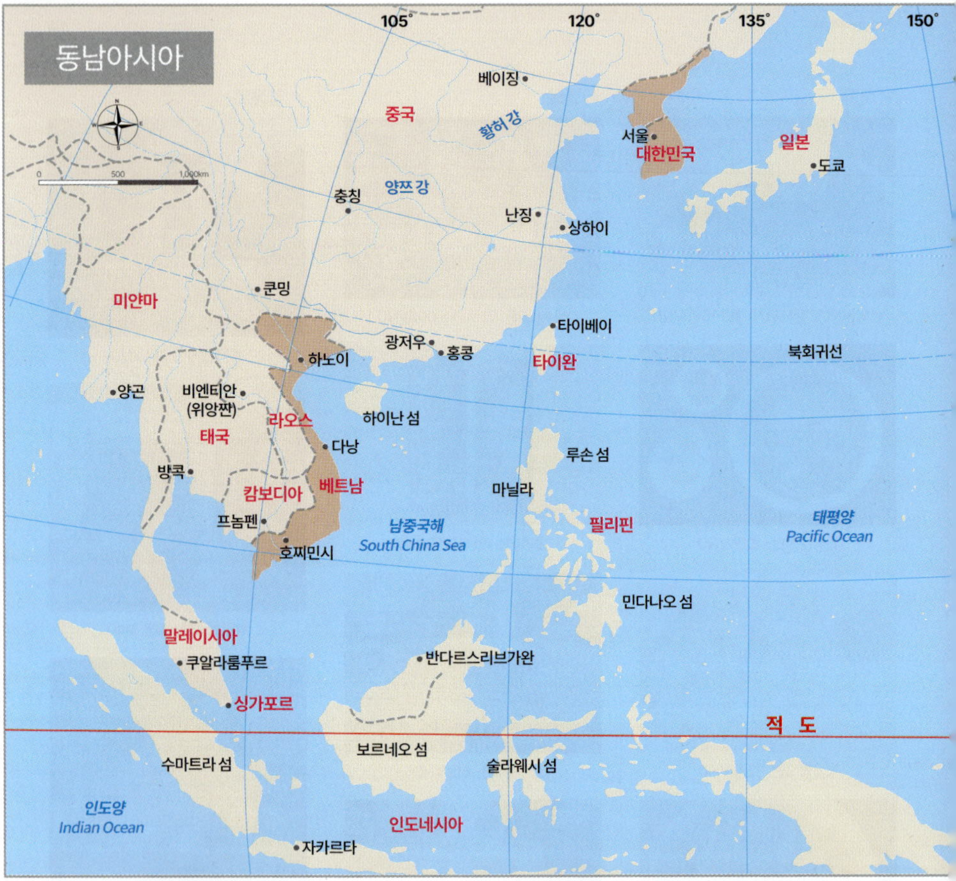

동남아시아

105°　120°　135°　150°

베이징
중국　황허 강
서울　일본
대한민국　도쿄
충칭　양쯔 강
난징　상하이
쿤밍
미얀마
광저우　홍콩
하노이　타이베이
타이완
양곤　비엔티안
(위앙짠)　하이난 섬
라오스　북회귀선
태국　다낭
방콕　루손 섬
캄보디아　베트남
프놈펜　마닐라
호찌민시　필리핀
남중국해
South China Sea　태평양
Pacific Ocean
민다나오 섬
말레이시아
쿠알라룸푸르　반다르스리브가완
싱가포르
적 도
수마트라 섬　보르네오 섬　술라웨시 섬
인도양
Indian Ocean
인도네시아
자카르타

N
500　1,000km

베트남 전도
중화 인민 공화국
PEOPLE'S REPUBLIC OF CHINA
0 100km
징홍
풍쌀리 Phong Sali
루앙 남타 Luang Namtha
라오스 LAO PEOPLE'S DEMOCRATIC REPUBLIC
므앙 쿠아 Muang Khua
우돔 싸이 Udom Xay
디엔비엔푸 Điện Biên Phủ
라이쩌우 Lai Châu
싸파 Sa Pa
박하 Bắc Hà
허커우 Hekou
라오까이 Lào Cai
타이응우옌 Thái Nguyên
까오방 Cao Bằng
동당 Đồng Đăng
랑썬 Lạng Sơn
친저우
베이하이
몽까이 Móng Cái
하노이 Hà Nội
호아빈 Hòa Binh
반푹 Van Phuc
마이쩌우 Mai Châu
밧짱 Bát Tràng
호아르 Hoa Lư
하롱베이 Đông Hồ
하이퐁 Hải Phòng
하롱베이 세계유산 Vịnh Hạ Long
깟바 Cát Bà
닌빈(닌빙) Ninh Bình
땀꼭 Tam Cốc
탄호아 Thanh Hóa
통킹 만 Gulf og Tongking
린까오
둥팡
하이난 섬
싼야
치앙콩 Chiang Khong
루앙프라방 Luang Prabang
폰싸완 Phon Sa Van
비아산 2820
넘깐 Nậm Cẳn
빈(빙) Vinh
난 Nan
빡싼 Pak San
락싸오 Lak Xao
꺼우쩨오 Cậu Treo
하띤 Hà Tĩnh
베트남 SOCIALIST REPUBLIC OF VIETNAM
팍라이 Pak Lay
비엔티안 (위양짠) VIENTIANE
타캑 Tha Khaek
우따라딧 Uttaradit
우돈타니 Udon Thani
싸콘나콘 Sakon Nakhon
풍냐-께방 국립공원 세계유산
동허이 Đồng Hới
핏싸눌록 Phitsanulok
콘깬 Khon Kaen
싸완나켓 Savannakhet
DMZ (비무장 지대)
동하 Đông Hà
꽝찌 Quảng Trị
라오바오 Lao Bảo
후에(훼) Huế 세계유산
나콘싸완 Nakhon Sawan
태국 KINGDOM OF THAILAND
우본라차타니 Ubon Ratchathani
미썬 유적 세계유산
다낭 Đà Nẵng
호이안 Hội An 세계유산
롭부리 Lop Buri
나콘라차씨마 Nakhon Ratchasima
씨싸껫 Sisaket
빡쎄 Pakse
2598
응옥린 산 Núi Ngoc Linh
꽝응아이 Quảng Ngãi
메콩강 Mekong River
씨판돈 Si Phan Don
꼰뚬 Kon Tum
방콕 BANGKOK
뽀이뻿 Poipet
씨쏘폰 Sisophon
씨엠리업 Siem Reap
앙코르 유적군 Angkor Wat 세계유산
쓰뚱뜨렝 Stung Treng
쁠레이꾸 Pleiku
뀌년 Quy Nhơn
파타야 Pattaya
짠따부리 Chanthaburi
밧땀방 Battambang
깜보디아 KINGDOM OF CAMBODIA
뚜이호아 Tuy Hòa
꼬창 Ko Chang
똔레쌉
꼼뽕쯔낭 Kompong Chhnang
부온마투옷 Buôn Ma Thuột
2405
쯔양신 산 Núi Chư Yang Sin
냐짱 Nha Trang
꼬꽁 Ko Kong
프놈펜 PHNOM PENH
꾸찌 Củ Chi
달랏 Đà Lạt
판랑 Phan Rang
씨하눅빌 Sihanoukville
깜뽓 Kampot
쩌우독 Châu Đốc
떠이닌 Tây Ninh
쏭베 Sông Bé
미토 Mỹ Tho
호찌민시 Ho Chi Minh
무이네 Mũi Nê
판티엣 Phan Thiết
타이만 Gulf of Thailand
하띠엔 Hà Tiên
롱쑤옌 Long Xuyên
벤쩨 Ben Tre
메콩델타
껀저 Cần Giờ
붕따우 Vũng Tàu
꾸라오 섬 Cù Lao
빈롱 Vinh Long
푸꾁섬 Đào Phú Quốc
락자 Rạch Giá
껀터 Cần Thơ
꼬싸무이 Ko Samui
싸덱 Sai Déo
까오란 Cao Lãnh
속짱 Sóc Trăng
바리에우 Bạc Liêu
까마우 Cá Mau
꼰다오 Côn Đao

HÀNỘI
하노이

베트남의 수도로 베트남에서 두 번째로 큰 도시다. 남쪽의 호찌민 시(사이공)가 상업 중심지라면 하노이는 역사·문화 중심지다. 사회주의 공화국을 이끄는 공산당 본부가 있는 정치의 본고장이기도 하다. 지형적으로 홍 강 삼각주 안쪽에 있는데, 도시가 강 안쪽에 있다 하여 '하(河) 노이(內)'가 되었다. 한 나라의 수도가 된 지 어느덧 1,000년! 옛 모습이 고스란히

남아 있는 구시가, 탕롱Thăng Long(하노이 옛 이름) 시절의 유적이 남아 있는 하노이 고성, 유교 국가임을 상징적으로 보여주는 문묘, 민족의 영웅 호찌민이 잠든 호찌민 묘까지 베트남의 역사가 하노이에 집대성되어 있다.

LOOK INSIDE | 하노이 들여다보기

구시가 Old Quarter

호안끼엠 호수 북쪽 지역으로 탕롱 시절 형성된 36개 거리가 옛 모습 그대로 남아 있다. 좁은 골목 사이로 오래된 상점들이 다닥다닥 붙어 있고, 오토바이와 차량이 뒤섞여 언제나 혼잡스럽다. 하지만 하노이 사람들의 일상을 가장 가까이서 경험할 수 있는 곳으로 여행자 호텔이 가득해 대부분의 여행자들이 구시가에 머문다.

서호(호떠이) West Lake(Hồ Tây)

하노이에서 가장 큰 호수로 호수 둘레만 17㎞에 이른다. 도심과 대비되는 여유로운 호수 풍경 덕분에 럭셔리한 호텔과 분위기 좋은 카페들이 자리 잡았다. 특히 서호 북쪽 지역은 장기 체류하는 외국인(서양인)이 많아 이국적인 풍경을 자아낸다. 서호 오른쪽에는 자그마한 쭉박 호수Trúc Bạch Lake가 있다.

꺼우저이 Cầu Giấy

하노이의 새로운 상업 지역으로 부상한 하노이 서쪽 도심 지역이다. 고층 빌딩과 아파트가 몰려 있어 구시가와는 전혀 다른 풍경을 선사한다. 하노이에서 가장 높은 빌딩인 랜드마크 72(경남 랜드마크 타워) Landmark 72와 한국 교민이 거주하는 쭝화Trung Hoà 지역이 있다. 민속 박물관을 제외하고 큰 볼거리는 없다.

바딘(바딩) Ba Đình

베트남 현대사에서 상징적인 역할을 했던 곳이다. 하노이 고성(탕롱 황성), 바딘 광장, 호찌민 묘, 호찌민 생가(관저)를 포함해 다양한 볼거리가 있다. 공산당 본부와 국회를 포함해 정부 청사가 대거 들어서 있는, 베트남 정치와 행정의 중심지이기도 하다.

하노이는 홍 강Red River(Sông Hồng)을 끼고 형성된 도시다. 볼거리는 홍 강 서쪽 지역에 몰려 있는데, 그중에서도 가장 중요한 곳은 구시가Old Quarter다. 구시가 남쪽에는 호안끼엠 호수Hoan Kiem Lake(Hồ Hoàn Kiếm)가 있다. 호수 동쪽은 콜로니얼 건물이 남아 있는 프렌치 쿼터가 형성되어 있다. 하노이에서 가장 큰 호수인 서호(호떠이)West Lake(Hồ Tây)는 하노이 시내에서 북서쪽에 있다. 공항은 시내에서 북쪽으로 45km 떨어져 있다.

호안끼엠 호수 Hoàn Kiếm Lake

하노이에서 가장 유명한 호수다. 호수 주변에 관공서와 콜로니얼 건물, 유명 레스토랑이 가득하다. 하노이 시민들에겐 휴식 공간, 외국 관광객들에게는 이정표 역할을 해준다. 호안끼엠 호수 서쪽에는 성 요셉 성당과 냐터Nhà Thờ 거리를 중심으로 카페와 부티크 숍이 몰려 있다.

자럼 Gia Lâm

하노이를 흐르는 홍 강 동쪽 지역이다. 자럼 비행장, 자럼 기차역, 자럼 터미널 등 하노이 동부 지역을 연결하는 교통편이 발달되어 있다. 홍 강에 놓인 롱비엔 대교Long Biên Bridge와 쯔엉즈엉 대교Chương Dương Bridge를 통해 드나들 수 있다. 행정구역상 롱비엔 군Quận Long Biên에 속해 있다.

프렌치 쿼터 French Quarter

호안끼엠 호수 남동쪽 지역으로 프랑스 식민 지배 시절 건설된 유럽풍 건축물이 많이 남아있다. 짱띠엔 거리Tràng Tiền를 따라 건설된 짱띠엔 플라자, 오페라하우스, 역사 박물관이 대표적인 콜로니얼 건축물이다.

동다 Đống Đa

하노이 기차역 뒤쪽(서쪽)에 해당하는 도심 지역이다. 베트남 국립 음악대학교, 하노이 법학대학교, 하노이 통상대학교를 포함한 주요 대학이 위치해 있다. 외국 관광객이 즐겨 찾는 볼거리로는 문묘가 있다.

INFORMATION | 여행에 유용한 정보

인구와 면적

하노이 직할시Thành Phố Hà Nội는 면적 3,328㎢, 인구 880만 7,523명이다. 시외국번(국내 전화 지역번호)은 024번이다.

날씨

하노이는 세 가지의 날씨를 보인다. 5~9월은 가장 덥고 습하며, 낮 평균 기온이 30~34°C를 유지한다. 6~8월은 연중 가장 더운 시기로 낮 기온이 40°C 가까이 올라간다. 봄(3~5월)과 가을(9~11월)은 청명한 날씨가 이어진다. 낮 기온이 26~32°C로 덥긴 하지만 여행하기 좋은 계절이다. 7~9월은 태풍, 10월은 몬순의 영향을 받아 비 내리는 날이 많다.
겨울(12~2월)은 비가 적게 내리지만 춥고 안개 끼는 날이 많다. 밤 기온이 영상 10°C 아래로 내려가기 때문에 두꺼운 옷이 필요하다. 난방 시설이 없기 때문에 추운 겨울이 이어진다. 비 오는 겨울날 오토바이를 타고 있노라면 여기가 동남아시아인가 싶을 정도로 '한기'가 느껴진다.

여행 시기

날씨도 비교적 덜 덥고 하늘이 맑은 10~11월이 여행하기 가장 좋다. 겨울이 끝나고 날씨가 풀리기 시작하는 3~4월도 여행하기 괜찮다.

은행·환전

비엣콤은행, 비엣인은행, 싸콤은행, BIDV은행, VP은행, TP은행을 포함한 주요 은행들이 하노이 곳곳에 지점을 운영한다. 한국 은행인 신한은행까지 있어 환전은 어렵지 않다.

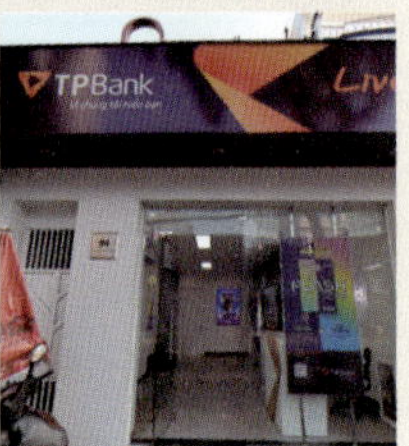

ATM

은행은 물론이고 대형 마트에도 ATM 기기가 있고, 24시간 이용할 수 있다. 일반적으로 ATM에서 현금을 뽑을 수 있는 1회 사용한도는 200만~500만 VND이며, 수수료는 5만 VND이 추가된다.

병원

한국보다 의료 시설은 떨어지지만 한국어 통역이 근무하는 종합 병원이 몇 곳 있다. 킴스 클리닉Kims Clinic(홈페이지 www.mykimsclinic.com), 빈멕 국제병원Vinmec International Hospital(홈페이지 www.vinmec.com), 하노이 프랑스 병원Bệnh Viện Việt Pháp Hà Nội(홈페이지 www.hfh.com.vn)이 대표적이다.

한국대사관 Đại Sứ Quán Hàn Quốc Embassy of the Republic of Korea

한국대사관의 베트남 발음은 '다이쓰꽌 한꿕'이다. 외교단지에 대사관을 건설해 신청사로 이전(주소 Diplomatic Complex, Lô SQ4 Khu Ngoại Giao Đoàn, Đỗ Nhuận, Xuân Tảo, Bắc Từ Liêm)했다. 재외 국민 민원 업무와 여권 관련 업무를 담당하는 영사과(024-3771-0404)에 문의하면 된다. 근무시간 외 긴급 상황 시에는 비상 연락처(전화 090-402-6126)로 문의할 것. 자세한 내용은 대사관 홈페이지(http://overseas.mofa.go.kr/vn-ko/index.do)에 안내되어 있다.

ACCESS | 하노이 가는 방법

베트남의 수도답게 항공, 철도, 도로가 모두 발달해 있다. 인천에서 하노이까지 국제선 항공이 매일 취항한다.

항공(국제선)

하노이 공항의 정식 명칭은 노이바이 국제공항Noi Bai International Airport(Sân Bay Quốc Tế Nội Bài)이다. 국내선 청사는 T1(Nhà Ga Hành Khách T1), 국제선 청사는 T2(Nhà Ga Hành Khách T2)라고 불린다. 공항을 정면으로 봤을 때 왼쪽 건물이 국제선, 오른쪽 건물이 국내선에 해당한다. 항공기 이착륙에 관한 정보는 하노이 공항 홈페이지(www.hanoiairportonline.com)를 참고하자.

• 국내선

베트남항공(www.vietnamairlines.com), 비엣젯항공(www.vietjetair.com), 뱀부항공(www.bambooairways.com)에서 국내선을 운영한다. 베트남항공은 전국 주요 도시를 연결하는 노선망을 구축하고 있다. 비엣젯항공과 뱀부항공은 냐짱, 다낭, 달랏, 푸꾁, 호찌민 시, 뀌년, 빈(빙) 등의 주요 도시를 운항한다. 노선은 한정되어 있지만 요금이 서렴하다. 하노이 ▶ 호찌민 시(사이공) 노선은 모든 항공사에서 취항하며 1일 30편 이상 운항된다.

• 국제선

국제선은 대한항공, 아시아나항공, 진에어, 제주항공, 베트남항공, 비엣젯항공에서 인천 ▶ 하노이 노선을 매일 운항한다. 베트남 국적기인 베트남항공은 방콕, 싱가포르, 베이징, 홍콩, 파리, 시드니 등으로 국제선이 취항한다. 하노이 국제공항은 규모가 작아서 입국 절차도 간편하다. 비행기에서 내려서 '도착Arrival'이라고 적힌 안내판을 따

라가면 입국 심사(국제선 청사 2층) 받는 곳이 나온다. 입국 카드를 쓸 필요가 없기 때문에 여권만 제시하면 된다. 입국 스탬프가 찍히면 1층으로 내려가서 수화물을 찾으면 된다. 세관 검사(특별히 신고할 게 없으면 그냥 걸어 나가면 된다)를 마치면 모든 입국 절차는 끝난다. 입국장(공항 1층)에서 환전소와 SIM 카드 판매 데스크가 있다. SIM 카드에 관한 내용은 P.38 참고.

하노이(노이바이) 공항에서 시내로 들어가기

하노이 공항은 시내에서 북쪽으로 45㎞ 떨어져 있다. 차가 막히지 않는다면 택시를 탈 경우 40~50분, 공항버스를 탈 경우 1시간 20분 정도 걸린다. 공항에서 시내로 들어가는 방법은 택시, 공항버스, 미니밴, 시내버스 네 가지가 있다.

• 택시

공항 1층 입국장을 나와서 (공항을 등지고) 진행 방향으로 왼쪽 끝부분에 택시 탑승장이 있다. 공항에서 운영하는 노이바이 택시Noi Bai Taxi와 파란색의 마이린 택시Mai Linh Taxi가 믿을 만하다. 하노이 시내까지 편도 요금은 35만 VND(4인승 소형 택시 기준)이며, 톨게이트 요금이 포함된다.

공항에서 택시를 탈 때 기사들의 호객 행위로 인해 난처한 경험을 할 수도 있다. 공항에서 시내로 들어갈 때 바가지 요금을 내는 경우가 비일비재하며, 엉뚱한 호텔로 안내해 커미션을 챙기는 일도 흔하다. 하노이에는 같은 상호를 내건 유사 호텔이 많기 때문이다. 사설 택시를 탈 경우 반드시 가고자 하는 호텔의 주소(번지수 포함)를 알려주고, 도착해서도 주소가 맞는지 확인해야 한다.

• 공항버스(86번 버스)

공항에서 시내까지 정해진 노선을 정해진 시간에 출발한다. 저렴하며 바가지 쓸 염려도 없어서 외국인 관광객이 환영할 만한 교통수단이다. 하노이 공항(국제선 청사 ▶ 국내선 청사) ▶ 서호(호떠이) 북쪽의 어우꺼 거리Âu Cơ ▶ 옌푸 거리Yên Phụ ▶ 롱비엔 버스 환승센터Long Bien Bus Interchange ▶ 오페라하우스Opera House ▶ 멜리아 호텔Melia Hotel ▶ 하노이 기차역 정문 앞Hanoi Railway Station까지 왕복한다. 구시가에서 숙박할 경우 롱비엔 버스 환승센터 또는 쩐꽝카이 거리(주소 162 Trần Quang Khải)에서 하차하면 된다.

공항버스 타는 곳은 공항 1층 입국장을 나와 (공항을 등지고) 진행 방향으로 왼쪽 끝부분에 있는 택시 탑승장 앞 차선에 있다. 택시 타는 곳 앞으로 길을 건너면, 'Bus Stop Tuyến Xe Buýt 86'이라고 적힌 안내판이 걸려 있다. 미니밴 탑승장과 접해 있어서 미니밴 기사들이 먼저 호객하느라 접근하니 당황하지 말 것. 버스는 07:00~22:00 25분 간격으로 운행된다. 편도 요금은 4만 5,000VND이다. 공항버스 요금은 탑승 후에 차장(또는 기사)에게 현금으로 지불해야 한다.

• 그랩 Grab

공항에서 시내로 갈 때도 그랩Grab을 이용하면 편리하다. 그랩은 베트남에서 즐겨 사용하는 콜택시 애플리케이션이다. 목적지까지 요금을 미리 알 수 있어 택시보다 안전하다. 다만, 공항에서 그랩을 부를 경우 탑승 장소가 정해져 있으니 유의해야 한다. 보통 8번 기둥(또는 11번 기둥) 앞에서 탑승하면 된다. 공항 택시 타는 곳과 혼동하기 쉬운데, 입국장 청사를 나오면 보이는 기둥에 적힌 번호를 확인하면 된다. 택시 기사들의 호객행위도 있으니, 정해진 그랩 탑승 구역에서 기다리도록 하자. 4인승 차량 기준으로 구시가까지 편도 요금은 30만~35만 VND 정도 예상하면 된다.

• 시내버스

공항에서 시내까지 가는 가장 저렴한 방법인 동시에 가장 느린 방법이다. 시내버스는 T1(국내선 청사)과 T2(국제선 청사) 중간에 있는 공터에 정차해 있다.

공항을 오가는 시내버스는 세 개 노선이 있다. 여행자 숙소가 몰려 있는 구시가로 갈 경우 17번 버스를 타고 종점에 내리면 된다. 종점인 롱비엔Long Biên 버스 환승센터는 구시가 북쪽에 있으며 동쑤언 시장과 가깝다. 편도 요금은 1만VND이며 05:00~20:30 15분 간격으로 운행된다. 7번 버스는 노이바이 공항과 하노이 서부 지역인 꺼우저이Cầu Giấy를 오간다. 90번 버스는 노이바이 공항 ▶ 낌마 Kim Mã를 오간다.

• 하노이 시내에서 공항 가기

가장 저렴한 방법은 공항버스(86번 버스)를 타는 것이다. 하노이 기차역에서 출발해 중앙 우체국 앞의 딘띠엔호앙 거리Đinh Tiên Hoàng ▶ 구시가의 항쩨 거리Hàng Tre ▶ 롱비엔 버스 환승센터를 경유해 공항까지 간다. 공항버스 노선은 올 때와 갈 때가 다르므로 타는 곳 위치를 미리 확인해 두는 게 좋다. 하노이 역 기준으로 05:30~20:20 운행되며, 편도 요금은 4만 5,000VND이다.

택시를 탈 경우 호텔에서 공항 가는 택시를 불러 달라고 하면 된다. 보통 30만 VND을 받는다. 국제선 비행기는 출발 2시간 전까지 도착해 탑승 수속과 출국 수속을 밟아야 하기 때문에 늦지 않도록 주의하자.

기차

하노이에서 베트남 전국을 연결하는 기차가 출발한다. 하노이 역과 롱비엔 역이 있는데, 목적지에 따라 기차 타는 곳이 다르다. 베트남 철도청 홈페이지(www.vr.com.vn)에서 출발 시간과 요금을 확인할 수 있다. 기차표는 미리 예약해 두는 게 좋다.

• 하노이 역 Ga Hà Nội | Ha Noi Train Station

하노이의 중앙역에 해당한다. 하노이 남부 도시인 닌빈(닝빙), 후에, 다낭, 냐짱, 호찌민 시(사이공)로 가는 모든 기차가 이곳에서 출발한다. 기차 종점인 호찌민 시까지 1,726㎞ 떨어져 있다. 하노이 ▶ 닌빈(닝빙) 기차는 매일 7편 운행된다. 낮 시간에는 SE5편(08:55 출발)과 SE9편(12:50 출발)이 출발한다. 닌빈까지 2시간 30분 정도 소요된다.

• 롱비엔 역 Ga Long Biên | Long Bien Train Station

하노이 동쪽 지역 도시를 연결하는 완행열차가 출발하는 간이역이다. 하노이 구시가 북쪽의 롱비엔 대교  Long Bien Bridge(Cầu Long Biên) 옆에 있다. 하이퐁을 갈 때 이용하면 된다. 롱비엔 ▶ 하이퐁 노선의 기차가 하루 3편(09:27, 15:26, 18:18) 출발한다.

버스

하노이의 버스 터미널은 네 곳이 있다. 장거리 노선은 터미널마다 다르기 때문에 어디서 버스를 타야 하는지 알고 있어야 한다.

• 미딘(미딩) 버스 터미널

Bến Xe Mỹ Đình | My Dinh Bus Terminal

하노이 시내에서 서쪽으로 7㎞ 떨어져 있다. 마이쩌우, 썬라, 라오까이, 싸파, 디엔비엔푸를 포함해 베트남 북서부 산악지대로 가는 버스가 출발한다.

• 자럼 버스 터미널

Bến Xe Gia Lâm | Gia Lam Bus Terminal

하노이 동부 터미널이다. 구시가에서 홍 깡을 건너 동쪽으로 2㎞ 떨어져 있다. 하롱 시(바이짜이), 몽까이, 하이퐁을 포함한 하노이 동부(베트남 북동부) 지역으로 버스가 운행된다.

• 잡밧 버스 터미널

Bến Xe Giáp Bát | Giap Bat Bus Terminal

하노이 역에서 남쪽으로 6㎞ 떨어져 있다. 남부 버스 터미널이란 의미로 벤쎄 피아남 Bến Xe Phía Nam이라고도 불

린다. 가깝게는 닌빈(닝빙)부터 멀게는 호찌민 시까지 하노이 남쪽에 있는 도시로 가는 버스가 운행된다.

• 르엉옌 버스 터미널

Bến Xe Lương Yên | Luong Yen Bus Terminal

구시가에서 가장 가까운 버스 터미널로 호안끼엠 호수에서 남쪽으로 3㎞ 떨어져 있다. 특정 방향에 구속받지 않고 베트남 주요 도시로 버스가 운행된다. 호찌민 시, 다낭, 후에, 냐짱, 하이퐁, 깟바 섬 등으로 버스가 운행된다.

여행사 버스(오픈 투어 버스)

여행사에서 외국 관광객을 모아 운영하는 버스도 운행된다. 호텔이나 게스트하우스에서도 예약이 가능하며, 숙소에서 픽업해주기 때문에 터미널까지 갈 필요도 없어 편리하다. 깟바 섬(깟바 타운)을 갈 때 이용하면 편리하다.

• 하노이 ▶ 하이퐁 ▶ 깟바 섬(깟바 타운)

하노이에서 깟바 섬까지 직행할 때 이용하는 방법이다. 버스+보트가 연계된 교통편으로 약 5시간 정도 소요된다. 버스를 타고 하이퐁까지 간 다음, 10분 정도 보트를 타고 깟바 섬으로 들어가서 다시 버스로 갈아타고 깟바 타운까지 가야 한다(P.251 참고).

상대적으로 외국 관광객이 많이 이용하는 깟바 익스프레스 Cat Ba Express(홈페이지 www.catbaexpress.com)에서 매일 3회(07:30, 10:45, 14:00) 출발하며 편도 요금은 30만 VND이다. 깟바 디스커버리 Cat Ba Discovery(홈페이지 www.catbadiscovery.com)에서도 동일한 노선을 운행한다. 매일 3회 출발(08:00, 10:30, 14:00)하며 편도 요금은 30만 VND이다. 두 회사 모두 구시가에 있는 버스 회사 사무실에서 출발한다.

• 하노이 ▶ 닌빈(닝빙)

대부분의 여행사에서 운영하는 오픈 투어 버스 노선이다. 하노이 ▶ 닌빈 ▶ 후에(훼)Hue 구간을 이동하는 버스로 대부분 밤 시간에 출발한다. 가장 유명한 신 투어리스트(홈페이지 www.thesinhtourist.vn)의 경우 07:45에 출발하는 아침 버스가 있다. 편도 요금은 15만 VND이다. 하노이 ▶ 닌빈 구간은 기차를 이용해도 된다(P.58 참고).

TRANSPORTATION | 하노이 시내 교통

메트로(지상철), 버스, 택시, 시클로 등 다양한 대중교통이 있다. 시내버스가 저렴하지만 외국인이 타기에는 불편하다. 현지인들은 대부분 오토바이를 타고 다닌다.

• 메트로(지상철) Metro

하노이 메트로Hanoi Metro(Đường Sắt Đô Thị Hà Nội)는 베트남 최초의 지상철로 2021년 11월부터 운행을 시작했다. 현재 운행 중인 노선은 2A호선으로 깟린(깟링) 라인 Cát Linh Line이라고 불린다. 깟린(깟링) 역Ga Cát Linh에서 옌응이아 역Ga Yên Nghĩa까지 총 길이 13.1km로 12개 역으로 이루어져 있다. 운행 시간은 05:30~22:00로 편도 요금은 거리에 따라 8,000~1만 5,000VND이다.

• 시내버스 Bus | Xe Buýt

하노이에는 70여 개의 시내버스 노선이 있다. 요금은 1만 VND으로 저렴하지만, 베트남어로만 안내 방송이 나오고 혼잡해 시내버스를 이용하는 외국인은 많지 않다. 버스 요금은 잔돈을 준비해 차장에게 직접 내면 된다. 차장이 돌아다니며 요금을 받는다.

• 빈 버스 Vin Bus

빈 그룹에서 운영하는 시내버스. 전기 차 버스로 일반 시내버스에 비해 시설이 좋다. 애플리케이션(www.vinbus. vn)을 설치하면 노선과 운행 정보를 확인할 수 있다. 시내 구간은 1회 탑승에 1만VND이다. 그랜드 월드를 오가는 OCT2버스는 무료로 운행된다.

• 택시 Taxi

하노이에서 택시 잡기는 쉽지만, 착한 택시를 타기는 어렵다. 외국인에게 돈을 더 받는 일이 비일비재하기 때문이다. 택시마다 회사 로고와 전화번호가 찍혀 있는데, 싼에스엠 택시 Xanh SM Taxi, 마이린(마이링) 택시Mai Linh Taxi와 택시 그룹Taxi Group이 믿을 만하다.

택시는 소형(4명 탑승)과 대형(7명 탑승)으로 구분된다. 기본요금은 택시 회사마다 약간 차이가 있지만 같은 거리를 갈 때 요금은 비슷하게 나온다. 택시비를 낼 때 미터기에 찍힌 이상한 숫자에 당황하기 십상이다. 베트남 화폐 단위가 워낙 크기 때문에 금액을 전부 표시하지 않고 뒷자리 2개를 생략하기 때문. 미터기를 보는 요령은 찍혀 있는 숫자에 '00'을 더하면 된다. 만약 미터기에 '54.0'이라고 표시되어 있다면, 이는 5만 4,000VND이다.

• 그랩 Grab

베트남을 비롯한 주요 동남아시아 국가들에서 이용되는 콜택시 애플리케이션이다. 이용 방법은 카카오택시나 우버와 마찬가지로 무료 애플리케이션을 설치하고, 현재 위치로 택시를 불러 가고자 하는 목적지까지 이동할 수 있다. 그랩카는 4인승과 7인승 중 인원에 맞게 선택할 수 있다. 애플리케이션을 실행하고 가고자 하는 목적지를 입력하면 택시 요금이 미리 산정돼서 나오기 때문에 편리하다.

• 그랩 바이크 Grab Bike

쎄옴(오토바이 택시)의 불편함을 보완한 애플리케이션으로 그랩Grab에서 운영한다. 그랩 애플리케이션을 실행할 때는 오토바이 로

고가 그려진 '그랩 바이크'를 누르면 된다. 목적지까지의 요금이 표시되어 편리하고, 택시보다 빠르게 이동할 수 있다. 가까운 거리를 이용할 때 편리하지만, 한 명만 탑승 가능하다.

• 쎄옴(오토바이 택시) Xe Ôm

오토바이를 이용한 택시로 현지인들이 이용하는 대중교통이다. 가까운 거리를 (혼자) 이동할 때 편리하지만 요금을 흥정해야 하기

때문에 외국인이 이용하기는 매우 불편하다. 특히 여성 여행자들은 이용하기 매우 꺼림칙하다.

• 시클로 Cyclo | Xích Lô

영화로도 만들어졌을 정도로 베트남의 상징적인 교통수단이다. 삼륜자전거로 좌석을 앞쪽에 배치했는데, 성인 2명이 탑승하면 적당하다. 사람이 직접 몰기 때문에 속도가 느리다. 현지인들은 단거리를 이동할 때 이용하지만(짐도 실을 수 있어 편리하다), 외국인에게는 바가지요금의 온상처럼 여겨진다. 반드시 탑승하기 전에 요금을 흥정하고 타야 한다(간혹 내릴 때 딴소리하며 돈을 더 내라고 한다). 흥정하기 나름이지만 30분에 10만 VND(1인 기준)정도면 무난하다. 하노이에서 시클로 운행이 가능한 곳은 구시가로 한정되어 있다. 대부분 단체 투어 회사에서 구시가 관광용으로 이용할 뿐 교통수난으로서의 의미는 없다.

• 전기차 Electric Car | Xe Điện Bờ Hồ

구시가를 편하게 둘러볼 수 있는 교통편으로 단체 관광객이 선호한다. 탕롱 수상 인형극장 맞은편의 호안끼엠 호수 옆Bến Xe Điện Bờ

Hồ 지도 P.67-D4 에서 출발한다. 전기차를 타고 구시가를 한 바퀴 둘러보는 데 35분 코스(24만 VND)와 60분 코스(36만 VND)가 있다. 인원에 관계없이 한 대를 빌려야 하는데, 최대 탑승 인원은 7명이다.

• 하노이 시티 투어 버스

Hanoi City Tour Bus | Hop-On Hop-Off Bus

주요 관광지를 둘러보는 오픈카 형태의 2층 버스로 정해진 시간 내에 자유롭게 버스를 타고 내릴 수 있다. 1층은 에어컨 시설, 2층은 오픈되어 있어 바깥을 구경하기에 좋다. 구시가와 가까운 호안끼엠 호수 북단 지도 P.67-D4 에서 출발한다. 단, 호수 주변이 보행자 거리로 변모하는 주말(토~일요일)에는 오페라하우스 앞에서 출발한다.

시티 투어 버스 노선은 호안끼엠 호수 북단(동낀응이아툭 광장) ▶ 성 요셉 성당 ▶ 깃발 탑 ▶ 호찌민 묘 ▶ 서호(호떠이) ▶ 쩐꿕 사원 ▶ 끄어박 교회 ▶ 하노이 고성(탕롱 황성) ▶ 문묘 ▶ 호아로 수용소 ▶ 베트남 여성 박물관 ▶ 오페라하우스 ▶ 중앙 우체국 ▶ 호안끼엠 호수로 돌아온다. 모두 13개 정류장으로 09:00~17:00 30분 간격으로 운행된다. 요금은 탑승시간에 따라 4시간(30만 VND), 24시간(45만 VND), 48시간(65만 VND)으로 구분된다. 버스 노선과 차량 위치는 홈페이지(www.hanoicitytour.com.vn)를 통해 확인이 가능하다.

62
한국 대사관
Hoàng Minh Thảo
하노이
A
B
C
롯데 몰 웨스트 레이크
노이바이 공항
Âu Cơ
Xuân Diệu
쉐라톤 하노이
Sheraton Hanoi
인터콘티넨탈 하노이 웨스트레이크
푸떠이호
Phù Tây Hồ
하노이 클럽
Hanoi Clu
Võ Chí Công
Lạc Long Quân
Trích Sài
호떠이(서호)
Hồ Tây(West Lake)
1
N
0   350   700m
Xuân Tảo
Hoàng Quốc Việt
2
Nguyễn Văn Huyên
응이아도 호수
Hồ Nghĩa Đô
민족학 박물관
Bảo Tàng Dân Tộc Học
Nguyễn Khánh Toàn
Thuy Khuê
호앙호아떰 거리
Hoàng Hoa Thám
Vân Cao
바딘군
Quận Ba Đình
Nguyễn Đình Thi
Thuy Khuê
하노이 중심부 P.64~65
호찌민 생가
호찌
못꼿 사원
호찌민 박물관
꺼우저이군
Quận Cầu Giấy
롯데 호텔 하노이
롯데 마트
롯데 전망대
톱 오브 하노이
랑팜
Liễu Giai
Liễu Giai
도이껀 거리
Đội Cấn
미딘 버스 터미널
방향
꺼우저이 거리 Cầu Giấy
또릭강
Sông Tô Lịch
Huế
Restaurant
Đào Tấn
동물원
롯데 센터
Vincom Center Metropolis
Vạn Phúc
Nguyễn Thái Học
투레 호수
Hồ Thủ Lệ
대우 호텔
Daewoo Hotel
낌마 거리 Kim Mã
풀만 호텔
Pullman Hotel
Cát Li
응옥칸 호수
Hồ Ngọc Khánh
장보 호수
Hồ Giảng Võ
하노이 호텔
Hanoi Hotel
장보 거리
Giảng Võ
깟린(깟링) 역
Ga Cát Linh
3
Tôn Đức Thắng
Hào Nam
La Thành
라탄 역
Ga La Thành
Nguyễn Chí Thanh
랑하 거리
Láng Hạ
탄꽁 호수
Hồ Thành Công
동다 호수
Hồ Đống Đa
Nguyễn Lương Bằng
쏘이껌
Xới Cơm
타이하 역
Ga Thái Hà
타이하 거리
Thái Hà
동다군
Quận Đống Đa
싸단 호수
Hồ Xã Đàn
4
군사 박물관, 하노이 박물관 방면
Trần Duy Hưng
Láng Hạ
랑 거리 Láng

D
E
F
1
2
3
4
팬 퍼시픽 호텔
서밋 라운지
원 Chùa Trấn Quốc
쭉박 호수
Hồ Trúc Bạch
An Dương
당
Quán Thánh
inh Phùng
데쭈 거리 Yên Phụ
롱비엔 대교
Cầu Long Biên
데 Gia Thượng
롱비엔군
Quận Long Biên
자럼 버스 터미널
방면
Châu Long
광장
롱비엔 역
Ga Long Biên
검께우 거리
하노이 고성(탕롱 황성)
Hoàng Thành Thăng Long
동쑤언 시장
Hàng Đường
쩌엉쯔엉 대교
Cầu Chương Dương
응우옌반끄 거리
Nguyễn Văn Cừ
Phùng Hưng
구시가
Phố Cổ
호안끼엠군
Quận Hoàn Kiếm
깃발 탑
hu
물관
항자 갤러리아
Hàng Da Galleria
항박 거리
항박 거리
응옥썬 사당
홍 강 Sông Hồng
호안끼엠 호수
Thàng Thi
Hai Bà Trưng
중앙 우체국
역사 박물관
Bảo Tàng Lịch Sử
이 역
à Nội
호아로 수용소
짱티엔 거리
베트남 여성 박물관
오페라 하우스
항바이 거리
레탄똥 거리
Lê Thánh Tông
레레롱 거리
Phan Chu Trinh
쩐칸즈
Trần Khánh Dư
수
uang
Lê Duẩn
Trần Hưng Đạo
바찌에우 거리
항학 거리
후에 거리
티엔꽝 호수
Hồ Thiền Quang
홈 시장 Chợ Hôm
Trần Nhân Tông
통녓 공원
Công Viên
Thống Nhất
Tuệ Tĩnh
머우 호수
Hồ Ba Mẫu
자이펑 거리 Giải Phóng
빈콤 센터(빈콤 바찌에우)
Vincom Bà Triệu
Tô Hiến Thành
Nguyễn Công Trứ
Lò Đúc
바이머우 호수
Hồ Bảy Mẫu
Phố Huế
바찌에우 거리
Lê Đại Hành
홈 레스토랑
Home Restaurant
Thân Khắt Chân
하이바쯩군
Quận Hai Bà Trưng
응우옌카이 거리 Nguyễn Khoái
Lương Yên
르엉옌 버스 터미널
Bến Xe Lương Yên
Đại Cồ Việt
잡밧 버스 터미널 방면

A
B
C
호떠이(서호)
Hồ Tây(West Lake)
Thanh Niên
Trấn Vũ
꽌탄 사당
Đền Quán Thánh
꽌 탄 거리 Quán Thánh
끄어박 교회
Nhà Thờ Cửa Bắc
판딘풍 거리 Phan Đình
북문
Hoàng Hoa Thám
Thuy Khuê
주석궁
Phủ Chủ Tịch
하노이 고성
(탕롱 황성)
Hoàng Thành
Thăng Long
호찌민 생가
Nhà Sàn Bác Hồ
공산당 본부
호찌민 생가 입구
호양반투 거리
Hoàng Văn Thụ
허우러우
(후루)
Hoàng Diệu
Nguyễn Tri Phương
바단군
Quận Ba Đình
국회 Quốc Hội
바딘 광장
Quảng Trường Ba Đình
D67 건물
Dốc Lập
호찌민 묘
Lăng Chủ Tịch Hồ Chí Minh
디엔낀티엔(경천전)
유물 전시실
도안몬(단문)
흐우띠엡 호수
Hồ Hữu Tiếp
뭇꼿 사원
Chùa Một Cột
Bắc Sơn
호양지에우 18번지
고고학 유적지
외무부
호찌민 박물관
Bảo Tàng
Hồ Chí Minh
하노이 고성 입구
꽁 카페 (매표소)
B52 승리 박물관
도이깐 거리 Đội Cấn
호찌민 묘 참배객 입구
(보안 검색대)
Ngọc Hà
레홍퐁 거리
Lê Hồng Phong
Chu Văn An
Điện Biên Phủ
깃발 탑
디엔비엔푸 거리
Sơn Tây
껌마 거리 Kim Mã
껌마 버스 환승센터
세인트 폴 병원
중국 대사관
레닌 공원
Công Viên Lê Nin
찐푸 거리 Trần Phú
Điện Biên Phủ
응우옌타이혹 거리 Nguyễn Thái Học
미술 박물관
Bảo Tàng Mỹ Thuật
Cao Bá Quát
Giảng Võ
풀만 호텔
Pullman Hotel
깟린 거리 Cát Linh
문묘
Văn Miếu
떰비 Tầm Vị
Ngô Bài
코토 KOTO
Craft Link
Nguyễn Khuyến
깟린(깟링) 역
Ga Cát Linh
문묘 입구
Ngô Sĩ Liên
Trần Quý Cáp
Nam N
머큐
Merc
Hotel
Hào Nam
Hào Nam
꾸옥뜨잠 거리 Quốc Tử Giám
하노이 역
정문
Đặng T. Cẩn
Thị Điền
하노이역
Ga Hà Nội
Trần Quý Cáp
동다군
Quận Đống Đa
린꽝 호수
Hồ Linh Quang
똔틋탕 거리 Tôn Đức Thắng
반쯔엉 호수
Hồ Văn Chương
공항버스(86번)
타는 곳
레주언 거리 Lê Duẩn
La Thành
캄티엔 거리 Khâm Thiên
호텔
하노
Hotel
Hand

Map — 하노이 중심부 (Central Hanoi)

A
B
C
1
2
3
4
반쑤언 공원
Vạn Xuân
Phan Đình Phùng
급수탑
Hàng Than
Hàng Đậu
Hàng Giấy
롱비엔 역
Ga Long Biên
검꺼우 거리 Gầm Cầu
Nguyễn Thiếp
Phùng Hưng
Lý Nam Đế
항코아이 거리 Hàng Khoai
Nguyễn Thiện Thuật
동쑤언 시장
Chợ Đồng Xuân
풍흥 벽화거리
동쑤언 거리 Đồng Xuân
시장 정문
Cầu Đông
Hàng Chai
Hàng Cót
Hàng Lược
항찌에우 거리 Hàng Chiế
Hàng Giấy
Hàng Mã
Hàng Dương
하노이 홈브루
Hàng Đồng
Lò Rèn
짜까 거리 Chả Cá
Hàng Cả
Ngô Gạch
MK Prem
Boutique H
반미 25
Bánh Mì 25
박마 사
Phùng Hưng
갤러리 비스포크 칵테일 바
퍼 코이호이
Phở Khôi Hói
Hàng Vải
리틀 볼 Little Bowl
항부옴 거리
Lãn Ông
블랙버드 커피(란옹 지점)
항가 거리 Hàng Gà
Hàng Bút
쩨 본 무아 Chè 4 Mùa
Hàng Cân
Hàng Ngang
메종 1929
밧쓰 거리 Bát Sứ
Cửa Đông
분짜 41 끄어동
Hàng Phèn
Thuốc Bắc
Little Charm
Hanoi Hostel
금은방
Quán Bia Hơi Bát Đàn
밧단 거리 Bát Đàn
Hong Hoai's
Restaurant
Hàng Bồ
Hàng Đào
퍼 자쭈옌
Phở Gia Truyền
반미 어이
Bánh Mì Ơi
짜까 탕롱
벱 프라임
Bếp Prime
주말 야시경
Lương Văn Can
스타벅스
항꽛 거리 Hàng Quạt
소울 스페셜티 커피
Hàng Điếu
La Belle Vie
To Tich
Tranquil Books & Coffee
Phùng Hưng
Hàng Nón
Nguyễn
Quang Bích
분보남보 박프엉
징코 티셔츠
항가이 거리 Hàng Gai
Be Wellness
Spa
미스터 바이 미엔떠이 반쎄오
Bún Chả Đắc Kim
Hàng Hòm
비스포크
트렌디 호텔
센테 Senté
엔타이 거리 Yên Thái
Mido Spa
Hà Đông Silk
Tân Mỹ Design
항자 갤러리아(쇼핑몰)
Hàng Da Galleria
Hàng Da
Dương Thành
Ngõ Tạm
Thường
하노이 가든
Hàng Mành
Hàng Bông
타이어드 시티
노트 커피
Hàng Hành
Hàng Trống
Bảo Khánh
기찻길 마을 카페

하노이 구시가
D
E
F
0 60 120m
N
홍강 Sông Hồng
쩐녓쑤엇 거리 Trần Nhật Duật
Phúc Tần
동하문(東河門)
Đông Hà Môn
껌 포꼬
Cơm Phố Cổ
쩌엉쯔엉 대교 Cầu Chương Dương
깟바 익스프레스
RAAW Coffee
찹스
(마머이 지점)
떳 바 Tet Bar
Bò Nướng Xuân Xuân
다오주이뜨 거리 Đào Duy Từ
마머이 거리 Mã Mây
에라 레스토랑
투어리스트
Sinh Tourist
따히엔 맥주 거리
르엉응옥꾸옌 거리
Lương Ngọc Quyền
따히엔 거리 Tạ Hiện
Serene Spa
블루 버터플라이
뉴 데이 레스토랑
마머이 87번지
고가옥
분짜따 Bún Chả Ta
el
라 시에스타 호텔
Hàng Muối
Duong's 2 Restaurant
오 분짜 Ô Bún Chả
헤거시
항박 거리 Hàng Bạc
Hàng Mắn
카페
쏘이 옌 Xôi Yến
Công
퍼 쓰엉 Phở Sướng
리틀 하노이
레스토랑
하이웨이 4
Highway 4
Đinh Liệt
항베 거리 Hàng Bè
카페 장
Café Giảng
응우옌흐우후언 거리 Nguyễn Hữu Huân
항쩨 거리 Hàng Tre
렉스 하노이 호텔
Tirant Hotel
자응으 거리 Gia Ngư
기페 럼
Cafe Lâm
에메랄드 워터 클래시 호텔
하노이 커피 스테이션
Madame Hiền
Hàng Thùng
꺼우고 거리 Cầu Gỗ
꺼우고 레스토랑
La Sinfonia Majesty
Bánh Mì Long Hội
응이아툭 광장
Hàng Tre
카페 딘(딩) Cafe Đinh
전기 자동차
타는 곳
탕롱 수상 인형극장
Nhà Hát Múa Rối Thăng Long
Lò Sũ
하노이 시티 투어 버스 타는 곳
Lý Thái Tổ
Bánh Xèo Zòn
Hàng Vôi
응옥썬 사당
Đền Ngọc Sơn

A
B
C
항자 갤러리아(쇼핑몰)
Hàng Da Galleria
하노이 가든
Hanoi Garden
Sen Spa
Pizza 4P's
폴라이트 & 코(폴라이트 펍)
Hanoi Pearl Hotel
JM Marvel Hotel
Trung Nguyên Legend
멧 레스토랑
퍼 인
Phở Inn
Bánh Mì Phố
Bánh Mì Vui
Loading T
Phở Gà Nguyệt
Master Tan
알루비아 초콜릿
퍼 10
(쌀국수)
블랙버드 커피
치에 Chie
나구 Nagu
Omamori Spa
Midori Spa
O'Gallery Premier Hotel
Lý Triêu Quốc Sư
(李國師寺)
메종 마루(냐터 지점)
Duong's
Restaurant
Moca Dining
Meritel Hanoi
하노이 소셜 클럽
Hanoi Social Club
반미 마마
Spas Hanoi
Orient Spa
나터 거리 Nhà Thờ
Silk Path Hotel
퍼 보 어우찌에우
The Running Bean
꽁 카페
성 요셉 성당
Nhà Thờ Lớn
비엣득 병원
Bệnh Viện Việt Đức
컬렉티브 메모리
파스퇴르 스트리트
브루잉 컴퍼니
The Chi Boutique Hotel
Anatole Hotel
애프리콧 호텔
Apricot Hotel
하일랜드 커피
쩡티 거리 Tràng Thi
하노이 타워
꽁안(경찰서)
Công An
서머셋 그랜드 하노이
Somerset Grand Hanoi
베트남항공
세렌더 Cerender
호아로 수용소
Nhà Tù Hỏa Lò
하이바쯩 거리 Hai Bà Trưng
Phố Sách(북 스트리트)
최고인민법원
꽌쓰 사원
Chùa Quán Sứ
경찰 박물관
(공안 박물관)
멜리아 하노이 호텔
Melia Hanoi Hotel
International S(
리트엉끼엣 거리 Lý Thường Kiệt
베트남 여성 박물관
내무성
Bộ Nội Vụ
Madame Hương(제과점)
쩐흥다오 거리 Trần Hưng Đạo
Phùng Hưng
Ngõ Trạm
Hàng Da
Hà Trung
Đường Thành
항가이 거리
항봉 거리 Hàng Bong
Chân Cầm
라끄스 거리 Lý Quốc Sư
항쫑 거리 Hàng Trống
Ngõ Huyện
Ấu Triệu
Bảo Khân
Lê Thái Tổ
해이므또 거리
Quán Sứ
Ngõ Hội Vũ
Phủ Doãn
Triệu Q Đạt
Nhà Chung
Quang Trung
Hai Bà Trưng
Bà Triệu
Dã Tượng
Quán Sứ

D
E
F
호안끼엠 호수 주변
N
W E
S
0 60 120m
고 레스토랑
탕롱 수상 인형극장
Nhà Hát Múa Rối Thăng Long
Lò Sũ
Hàng Vôi
Trần Quang Khải
Vọng Hà
1
응옥썬 사당
Đền Ngọc Sơn
Phở Thìn Bờ Hồ
(쌀국수)
티띠엔호앙 거리 Đinh Tiên Hoàng
리테이또 거리 Lý Thái Tổ
안끼엠 호수
Hoàn Kiếm
Chương Dương
Trần Nguyên Hãn
인민위원회 청사
UBND Thành Phố Hà Nội
리테이또 거리 Lý Thái Tổ
Ngô Quyền
Tổng Đản
2
거북이 탑
Tháp Rùa
Lê Lai
Vietcom
리타이또 황제 동상
Tượng Lý Thái Tổ
Lê Thạch
베트남 국립은행
Ngân Hàng Nhà Nước
Trần Quan Khải
티띠엔호앙 거리 Đinh Tiên Hoàng
영빈관
Nhà Khách Chính Phủ
호아퐁탑
중앙 우체국
Bưu Điện
Lê Phụng Hiếu
이탈리아 대사관
소피텔 레전드 메트로폴
Sofitel Legend Metropole
Capella Hanoi
따디오또
Tadioto
3
맥도널드
엔 플라자(백화점)
Tràng Tiền Plaza
짱띠엔 거리
Lý Đạo Thành
혁명 박물관
Bảo Tàng Cách Mạng
피자 포피스(2호섬)
Pizza 4P's
쩸 짱띠엔
(아이스크림)
Kem Tràng Tiền
L'Espace(프랑스 문화원)
Tràng Tiền
역사 박물관
Bảo Tàng Lịch Sử
호텔 드 오페라
Hotel de L'Opera
The Coffee House
엘 가우초 (스테이크)
El Gaucho
오페라 하우스
Nhà Hát Lớn Hà Nội
빈민(빙밍)
재즈 클럽
Binh Minh's
Jazz Club
The Moose & Roo
하이바쫑 거리 Hai Bà Trưng
Ngô Quyền
Paris Deli
Phan Chu Trinh
4
항바이 거리 Hàng Bài
Đặng Thái Thân
Phạm Ngũ Lão
리트엉끼엣 거리 Lý Thường Kiệt
호아빈 호텔 Hòa Bình Hotel
Phạm Sư Mạnh
룩락 Luk Lak
Lê Thanh Tông

문묘 & 바딘(바딩) 광장 주변
구시가
Old Quarter
바딘광장
호찌민 묘
못꼿 사원
호찌민 박물관
B52 승리 박물관
호찌민 묘 참배객 입구 (보안 검색대)
하노이 고성(탕롱 황성)
꽁 카페
하노이 고성 입구
드림 빈스 커피
분탕 탄자쭈옌
Senté
깃발 탑
레닌 공원
Aira Boutique Hanoi Hotel
껌마 버스 환승센터
미술 박물관
80 Plus Coffee Roastery
기찻길 마을
Nê Cocktail Bar
쏘파 카페
Xofa Cafe
Pullman Hotel
푸쿠 카페
Puku Cafe
The East Restaurant
하노이 소셜 클럽
떰비
Tầm Vị
성 요셉 성당
문묘
Văn Miếu
코토 KOTO
Phin Bar by Refined
깟린(깟링) 역
Ga Cát Linh
문묘 입구
Gia Restaurant
라바디안
La Badiane
Nam Ngư
꽌안 응온
하노이 역
Ga Hà Nội

서호(호떠이) 주변
A
B
C
N
0   220   440m
1
통룽호아 호떠이
서호 공원
쌍룡 조각상 방면
오마모리 스파(지점)
Tô Ngọc Vân
Tô Ngọc Vân
꾸지니
Cugini
꽃 시장
짜오 반
Chào Bạn
Somerset West Point
Diamond Westlake
마이 비스트로
Tây Hồ
Xuân Diệu
Âu Cơ
Citadines
Đặng Thai Mai
Spicy Phở Bay(쌀국수)
Fraser Suites
아보스 & 망고
찹스(떠이호 지점) Chops
리퍼블릭
The Republic
세븐 브리지
Tứ Liên
카펠라 커피 로스터
메종 마루(지점)
이스턴 & 오리엔탈
쉐라톤 하노이
Tứ Hoa
터틀 레이크 브루잉 컴퍼니
Quảng An
인터콘티넨탈
하노이 웨스트레이크
Workshop 14
Quảng Khánh
2
푸떠이호
Phủ Tây Hồ
Nghi Tàm
Yên Phụ
3
The Hanoi Club Hotel
호떠이(서호)
Hồ Tây(West Lake)
팬 퍼시픽 호텔
서밋 라운지
꽁 카페
Yên Phụ
쩐꿕 사원
Chùa Trấn Quốc
Phở Cuốn
Hương Mai
Standing Bar
쭉박 호수
Hồ Trúc Bạch
Thanh Niên
Trần Vũ
마쏘 카페
4
하일랜드 커피
꽌탄 사당
Đền Quán Thánh

扶望祠
南國英靈上等神
OLD Q

구시가

오랜 역사가 고스란히 녹아
있는 구시가는 탕롱 시절에
궁궐로 들어가는 물건을 만들기
위해 형성된 지역으로, 36개의
거리가 모여 있다. 미로처럼
얽히고설킨 이 거리들은 오토바이
소음과 매캐한 냄새까지 뒤섞여
번잡스럽지만, 나름의 질서를
유지하며 오랜 세월 변함없이
생활을 영위해 온 하노이
사람들의 일상을 가장 가까이서
만날 수 있는 곳이다. 호텔과
숙소도 여기 밀집해 있기에
이방인들은 대개 이곳에 여장을
푼다. 구시가가 하노이 여행의
시작과 끝을 장식하는 까닭이다.

TO DO LIST

이것만은 놓치지 말자

LIST 01 구시가 거닐기

LIST 02 시클로 타고 구시가 둘러보기

LIST 03 쌀국수 맛집 탐방하기

LIST 04 에그 커피 맛보기

LIST 05 오토바이 물결 관찰하기

LIST 06 현지인과 어울려 분짜 한 그릇 맛보기

LIST 07 따히엔 맥주 거리에서 저녁시간 보내기

LIST 08 노천 카페에 앉아 거리 구경하기

LIST 09 풍흥 벽화거리에서 사진 찍기

LIST 10 동쑤언 시장 구경하기

BEST COURSE 추천 코스

COURSE 1 구시가 도보 여행 코스

미로처럼 얽혀 있어 복잡하지만 구시가를 여행하는 가장 좋은 방법은 걷는 것이다. 구시가 주요 거리에 관한 설명은 P.80~81 참고.

| 1 꺼우고 거리 Cầu Gỗ | 2 항베 거리 Hàng Bè | 3 항박 거리 Hàng Bạc | 4 마머이 거리 Mã Mây | 5 동하문 (P.79) | 6 탄하 거리 Thanh Hà | 7 동쑤언 시장 (P.79) |

| 8 항마 거리 Hàng Mã | 9 풍흥 벽화거리 (P.84) | 10 란옹 거리 Lãn Ông | 11 트억박 거리 Thuốc Bắc | 12 항꽛 거리 Hàng Quạt | 13 항가이 거리 (P.113) | 14 리꿕쓰 거리 Lý Quốc Sư | 15 성 요셉 성당 (P.134) |

COURSE 2 구시가 맛집+카페 탐방 코스

구시가에는 역사만큼이나 오래된 맛집과 카페가 많다. 길거리 목욕탕 의자에 앉아 거리 풍경을 감상하며 현지인과 어울려보자.

| 1 응우옌흐으후언 거리 | 2 카페 럼 (P.104) | 3 카페 장 (P.103) | 4 분짜따 (P.88) | 5 마머이 거리 | 6 항부옴 거리 |

| 7 짜까 거리 | 8 반미 25 (P.90) | 9 블랙버드 커피 란옹 지점 (P.154) | 10 밧단 거리 | 11 퍼 자쭈옌 (P.85) | 12 짜까 탕롱 (P.97) |

| 13 꽁 카페 (항디에우 지점) | 14 항디에우 거리 | 15 분보남보 (P.86) | 16 항꽛 거리 | 17 항박 거리 | 18 따히엔 맥주 거리 (P.109) |

COURSE 3 구시가+쭉박 호수 코스

구시가에서 시작해 북쪽 방향의 쭉박 호수까지 이어지는 여행 코스다. 구시가와 더불어 도보 여행이 가능하다.

| 1 구시가 | 2 동쑤언 시장 (P.79) | 3 롱비엔 역 (P.59) | 4 롱비엔 대교 (P.82) | 5 급수탑 (P.82) | 6 쭉박 호수 |

ATTRACTION 구시가의 볼거리

호안끼엠 호수를 끼고 호수 북쪽에 널따랗게 펼쳐진 구시가는 탕롱 시절 궁궐로 들어가는 물건을 만들기 위해 형성된 거리로, 하노이 최대 볼거리다. 전통을 그대로 유지한 채 오랜 세월을 이어 온 상점들과 식당들이 곳곳에 가득하다.

하노이 여행의 중심이 되는 곳
구시가 Old Quarter(36 Streets) | Phố Cổ(36 Phố Phường) ★★★★★

'하노이의 영혼'과도 같은 곳. 호안끼엠 호수 북쪽에 있는 36개의 거리로 이루어져 있다. 구시가가 형성된 것은 리 왕조Lý Dynasty가 탕롱(오늘날의 하노이)Thăng Long을 건설한 11세기로 거슬러 올라간다. 리 왕조를 창시한 리타이또Lý Thái Tổ 황제가 호아르(오늘날의 닌빈)Hoa Lư(P.234)에서 탕롱으로 천도(1010년)하며 도성 주변에 형성된 상업 지역이다. 조정에서 사용하던 물건들을 만들기 위해 전국에서 유명한 장인들을 불러 모으며 형성되었다고 한다. 그래서 일반 거주지역과 달리 상점들이 거리를 가득 메우게 되었고, 가가의 거리미디 특화된 싱품을 판매하며 오늘날에 이르렀다. 참고로 구시가 왼쪽에 있는 하노이 고성(P.174)이 탕롱 시절 왕궁이 있던 곳이다.

거리마다 특화된 상품을 생산했기 때문에, 기리 이름도 그곳에서 생산되던 물건에서 유래했다. 항드엉(설탕) Hàng Đường, 항무오이(소금)Hàng Muối, 항코아이(고구마) Hàng Khoai, 항맘(생선 소스)Hàng Mắm, 항가(닭고기)Hàng Gà, 항마(종이)Hàng Mã, 항꽛(부채)Hàng Quạt, 항찌에우(돗자리)Hàng Chiếu, 항홈(상자)Hàng Hòm, 항티엑(함석)Hàng Thiếc, 항자(가죽)Hàng Da, 항박(은)Hàng Bạc 등으로 불린다. 참고로 '항'은 상품을 뜻한다.

하노이 구시가는 옛 모습을 고스란히 간직하고 있다. 과거에 비해 판매하는 물건들은 다소 변동이 생겼지만, 생동감 넘치는 풍경은 변함이 없다. 전통적으로 거래되던 물건 이외에 의류, 선글라스, 액세서리, 과자, 커피, 인형, 담배, 말린 과일까지 상품들이 다변화했고, 상점들이 더 많아진 것이 변화라면 변화다. 거리는 좁은 골목들이 미로처럼 연결되어 있어 지도를 보더라도 거리를 가늠하기 힘들 정도로 복잡하다. 구시가를 여행하는 가장 좋은 방법은 당연히 걷는 것이다.

지도 P.66~67 운영 24시간 요금 무료 가는 방법 호안끼엠 호수 북쪽에 위치해 있다.

19세기 목조 건축물의 본보기
마머이 87번지 고가옥 Heritage House | Ngôi Nhà Di Sản 87 Mã Mây ★★

구시가에 있는 옛 가옥으로 19세기 하노이 목조 건축물의 본보기를 보여주는 곳이다. 다른 곳과 달리 역사 유적으로 지정해 입장료를 받고 박물관처럼 운영한다. 부유한 상인이 1890년에 건설한 건물로 상점과 주거를 동시에 해결하도록 설계했다. 때문에 건물 자체가 도로를 향해 있고, 안마당을 이용해 공간을 구분하고 있다. 도로 소음을 피하기 위해 주거 공간을 건물 안쪽에 배치했다. 겉에서 보면 자그마한 목조 건물처럼 보이지만 두 개의 마당과 세 개의 건물이 이어져 있다. 전체 면적은 157㎡(약 48평) 크기다. 1층이 그늘지도록 계단을 이용해 복층으로 만들었으며, 부엌과 응접실, 제단, 침실 등이 옛 모습 그대로 보존되어 있다.

지도 P.67-D3 **주소** 87 Mã Mây, Quận Hoàn Kiếm **운영** 08:30~12:00, 13:00~17:00 **요금** 2만 VND **가는 방법** 마머이 거리 87번지에 있다.

하노이 동쪽에 건설한 도교 사원
박마 사당 Bach Ma Temple | Đền Bạch Mã ★★

탕롱(오늘날의 하노이)에 세운 4개의 도교 사당 중 한 곳이다. 1010년 리타이또Lý Thái Tổ 황제(재위 1009~1028)가 탕롱으로 수도를 옮기며 도시 보호와 번영을 위해 건설했다. 박마 사당은 동쪽을 관장하는 자리에 세워졌다. 박마는 백마(白馬)의 베트남식 발음이다. 출입구 위쪽의 현판에는 백마를 모신 최고로 신성한 사당이란 뜻으로 백마최령사(白馬最靈祠)라고 적혀 있다. 구시가에서 봤을 때는 중앙에 위치해 있지만, 하노이 고성(탕롱 황성)에서 봤을 때는 동쪽에 해당한다. 전설에 따르면 리타이또 황제가 박마 사당을 건설하고 있을 때 백마가 나타나 길을 안내했다고 한다. 그 길을 따라 도시 성벽을 건설한 덕에 홍강의 범람으로부터 도시를 보호할 수 있었다고 한다.

지도 P.66-C2 **주소** 76 Hàng Buồm, Quận Hoàn Kiếm **운영** 09:00~17:30 **요금** 무료 **가는 방법** 항부옴 거리 76번지에 있다. MK 프리미어 부티크 호텔 MK Premier Boutique Hotel을 바라보고 왼쪽으로 20m.

하노이 최대 규모의 재래시장
동쑤언 시장 Dong Xuan Market | Chợ Đồng Xuân ★★★

하노이 최대 규모를 자랑하는 재래시장이다. 3층 규모의 대형 상설 시장으로 식료품과 생활용품부터 티셔츠, 신발, 가방, 원단, 기념품 매장까지 소규모 도매상이 시장 안을 가득 메우고 있다. 1889년부터 형성됐으며, 여러 차례 증축을 거쳤다. 현재 모습은 1994년의 화재 이후 새롭게 건설한 것이다. 관광객보다는 현지인들이 훨씬 많이 찾는다. 기념품 상점이 많지 않다는 얘기다. 시장 주변으로 노점 식당들도 밀집해 있다. 사람들이 많이 모이는 곳으로, 소지품에 주의하자. 주말에는 시장 앞쪽 도로까지 야시장(P.83 참고)이 들어선다.

지도 P.66-C1 **주소** Đường Đồng Xuân, Quận Hoàn Kiếm **운영** 07:00~18:00 **요금** 무료 **가는 방법** 구시가 북쪽의 동쑤언 거리에 있다. 호안끼엠 호수에서 북쪽으로 1km, 롱비엔 버스 환승센터에서 남쪽으로 700m.

하노이에 남아 있는 동쪽 출입문
동하문(東河門) Dong Ha Gate | Đông Hà Môn(Cửa Ô Quan Chưởng) ★★

탕롱(오늘날의 하노이) 건설 당시 도시를 감싸고 있었던 성벽의 흔적이 남아 있는 곳이다. 여느 도시가 그러하듯 외침을 막기 위해 성벽을 쌓고, 출입문을 낸 것이다. 탕롱에는 16개의 출입문이 있었는데, 현재는 5개만 그 흔적이 남아있다. 1749년에 건설된 동하문은 탕롱의 동쪽 출입문으로 원형을 가장 잘 보존하고 있다. 홍강과 인접했기에 각별히 중요한 문으로 여겨졌던 이곳은 1873년 하노이를 점령하려던 프랑스 군대의 침략을 받기도 했는데, 첫 공격에서 '쯔엉'이라는 관리Quan Chưởng의 지략으로 군사를 모아 무사히 방어했다고 전해진다. 이 때문에 관리 쯔엉의 문이라는 뜻으로 '오꽌쯔엉Cửa Ô Quan Chưởng'이라 불리기도 한다. 현재의 모습은 국가 유물로 지정된 이후 2010년에 복원된 모습이다. 오토바이와 사람이 지날 수 있는 출입문 역할은 예나 지금이나 변함없다. 동하문을 분기점으로 도로명이 나뉘는데 안쪽은 항찌에우Hàng Chiếu 거리, 바깥쪽은 오꽌쯔엉Ô Quan Chưởng 거리다.

지도 P.67-D2 **주소** Hàng Chiếu & Thanh Hà **운영** 24시간 **요금** 무료 **가는 방법** 구시기 인쪽의 항찌에우 거리 & 탄하 거리가 만나는 곳에 있다. 동쑤언 시장에서 남동쪽으로 400m, 롱비엔 버스 환승센터에서 남쪽으로 600m.

걷는 즐거움, 하노이 구시가 둘러보기

항마 Hàng Mã

종이를 판매하던 거리였던 '항마'는 붉은색 홍등과 불교 용품을 판매하는 거리로 그 빛깔이 몹시 화려하다. 장난감과 인형을 파는 상점도 많다.

란옹 Lãn Ông

한약재를 팔던 거리로, 오늘날에도 변함없이 약재상이 즐비하다.

풍흥 Phùng Hưng

기찻길이 지나는 고가를 따라 담벼락에 그림을 그려 놓은 벽화 거리 (P.84).

항찌에우 Hàng Chiếu

돗자리를 팔던 거리. 등나무나 등심초를 엮어 만든 발과 돗자리, 방석, 매트리스를 볼 수 있다.

항바이 Hàng Vải

주로 대나무와 대나무 제품을 파는 거리다.

항티엑 Hàng Thiếc

함석 거리로 알려진 곳. 금속 제품을 판매하는 상점이 몰려 있다.

따히엔 Tạ Hiện

구시가에서 외국인 여행자들을 가장 많이 볼 수 있는 곳이다. 200m 정도 되는 좁은 길에 맥주 노점이 가득해 맥주 거리Beer Street로 알려졌다(P.109 참고).

마머이 Mã Mây

구시가에서 중급 호텔들이 많은 거리이지만, 중국·베트남 건축 양식이 융합된 오래된 가옥들도 남아 있다. 마머이 87번지 고가옥은 박물관처럼 운영한다.

항베 Hàng Bè

마머이 거리와 더불어 외국 여행자들을 위한 시설이 많다. 항베 거리와 붙어 있는 자응우Gia Ngư 거리에는 재래시장인 항베 시장Chợ Hàng Bè이 있다.

트억박 Thuốc Bắc

철물점과 공구상이 가득하다. 특히 열쇠를 파는 상점을 많이 볼 수 있다.

항박 Hàng Bạc

은이 거래되던 거리답게 금은방이 많다. 금방은 사설 환전소를 겸한다.

항디에우 & 항저이
Hàng Điếu & Hàng Giấy

차, 커피, 과자, 캔디를 판매하는 상점들이 몰려 있다.

항맘 거리 Hàng Mắm

190m에 불과한 자그마한 거리로 비석을 만드는 오래된 가게들이 남아 있다.

응우옌흐우후언
Nguyễn Hữu Huân

하노이의 대표적인 로컬 카페가 몰려 있어 카페 거리로 알려져 있다.

항꽛 Hàng Quạt

부채를 팔던 거리였으나 현재는 제기 용품 상점이 밀집해 있다. 목도장이나 스탬프 공방도 많다.

항가이 Hàng Gai

베옷(麻)을 팔던 거리였는데, 현재는 하노이를 대표하는 실크 부티크가 들이션 쇼핑가로 변모했다.

항저우 Hàng Dầu

호안끼엠 호수 북단에 있는 거리다. 단화, 샌들, 구두 가게가 줄지어 있다.

항다오 Hàng Đào

호안끼엠 호수에서 북쪽으로 연결되는 도로. 저렴한 옷 가게가 많이 몰려 있다. 주말에는 야시장이 들어선다.

항자 Hàng Da

구시가 왼쪽 지역의 중심 도로. 항자 갤러리아 쇼핑몰 앞쪽 로터리는 항상 분주하다.

항부옴 Hàng Buồm

광둥 성 사람들이 만든 월동(웨둥)회관 粤東會館이 남아 있다. 현재는 항부옴 문화예술회관으로 사용된다.

프랑스 식민정부에서 건설한 철교

롱비엔 대교 Long Bien Bridge | Cầu Long Biên ★★★

홍강 위에 최초로 건설된 철교로, 하노이 동부 지역을 연결한다. 1899년부터 1902년까지 프랑스 식민지배 동안 건설됐으며, 인도차이나 총독을 지낸 폴 두메Paul Doumer(1857~1932년)의 이름을 따서 두메 대교Doumer Bridge라고 불렸다. 때문에 프랑스의 식민지배와 베트남 전쟁과 관련해 상징적인 의미를 지닌다. 철교의 총 길이는 2.4km인데, 철도 건설에 필요한 건축 자재를 전량 프랑스에서 가져와 공사했다고 한다. 교량 왼쪽 끝(롱비엔 역 방향)에 있는 철판에는 시공사인 데디 & 필레Daydé & Pillé의 이름이 선명하게 남아있다.

전략적으로 중요한 위치에 올라선 롱비엔 대교는 베트남 전쟁 기간 동안 미군의 폭격에 시달려야 했다. 홍강 건너편의 자럼Gia Lâm 비행장은 물론 하이퐁Hải Phòng 항구에서 들어오는 물자를 차단하는 효과가 있었기 때문이다. 미군의 폭격으로 여러 차례 복구공사가 이어졌다. 녹슬고 오래되어서 철교는 볼품없지만 여전히 수많은 사람들이 이용하는 교량이다. 현재도 하노이(롱비엔 역)와 하이퐁 역을 연결하는 철도가 하루 네 차례 오간다. 철도 옆으로 오토바이와 자전거가 지나는 도로가 있다. 출퇴근 시간이 되면 여전히 많은 인파가 오토바이를 몰고 하노이 시내로 들어오는 모습을 쉽게 목격할 수 있다. 교량의 안전을 위해 차량 통행은 제한된다. 자동차는 롱비엔 대교 남쪽에 새로 건설한 쯔엉즈엉 대교Chuong Duong Bridge(Cầu Chương Dương)를 이용해야 한다.

지도 P.65-E1 ▶ **주소** Cầu Long Biên **운영** 24시간 **요금** 무료 **가는 방법** 롱비엔 기차역 앞에 있다. 롱비엔 버스 환승센터에서 남쪽으로 200m, 동쑤언 시장에서 동쪽으로 600m.

구시가 북쪽의 이정표

급수탑 Hang Dau Water Tank | Bốt Nước Hàng Đậu ★☆

구시가 북쪽 끝자락에 있는 둥근 탑 모양의 건물로 최대 1,250m^{3}의 물을 용수할 수 있는 급수시설이다. 수인성 질병으로 많은 이들이 죽어가던 1894년, 프랑스 식민정부에서 깨끗한 물을 공급하기 위해 벽돌과 시멘트로 이뤄진 원통형 급수탑을 건설했다. 1950년대까지 사용됐으며, 베트남 전쟁 기간 동안 폭격에도 파괴되지 않고 살아남았다. 오늘날 급수탑 주변엔 원형 로터리가 형성되어 수많은 차량과 오토바이가 오간다.

지도 P.66-B1 ▶ **주소** Hàng Đậu, Quận Hoàn Kiếm **운영** 24시간 **요금** 무료 **가는 방법** 구시가 북쪽의 항더우 거리에 있다. 동쑤언 시장에서 북쪽으로 300m, 롱비엔 버스 환승센터에서 400m.

주말 저녁 구시가에 생기는 야시장

주말 야시장(하노이 야시장) Weekend Night Market | Chợ Đêm Phố Cổ ★★☆

주말(금·토·일) 저녁이면 구시가를 수놓는 야시장이다. 언제나 오토바이와 차량으로 뒤엉켜 혼잡스러운 구시가 안에서는 흔치 않은 보행자 전용 도로다. 항다오 거리에서 시작해 항응앙Hàng Ngang 거리→항드엉Hàng Đường 거리→동쑤언 시장 앞까지 1km 넘게 이어지며, 현지인을 위한 저가의 의류, 티셔츠, 신발, 모자, 액세서리, 기념품 등을 판매한다. 3,000여 개의 노점이 빼곡히 들어서 있고 사람들로 많아서 활기 넘친다. 여느 야시장처럼 먹거리 노점도 즐비하게 늘어서니 구경 삼아 한 바퀴 둘러보기에 좋다. 가격을 표시한 곳도 있지만 물건 살 때는 흥정이 기본임을 유의할 것. 야시장 초입은 호안끼엠 호수 북단과 연결된다.

지도 P.66-C3 **주소** Hàng Đào, Quận Hoàn Kiếm **운영** 금~일요일 18:00~23:00 **요금** 무료 **가는 방법** 호안끼엠 호수 북쪽에서 연결되는 항다오 거리에서 야시장이 시작된다.

한국·베트남 젊은 화가들이 합작해 만든 벽화 거리

풍흥 벽화거리 Phung Hung Mural Street | Phố Bích Họa Phùng Hưng ★★★☆

구시가 끝자락에 펼쳐진 풍흥 거리에는 하노이 역에서 롱비엔 역을 지나는 고가 철도가 있다. 바로 그 아래 19개의 아치형 장식이 있는데, 여기 하나씩 각기 다른 주제로 형형색색의 벽화가 그려져 있다. 한국·베트남 화가들이 조성한 이 벽화 거리는 유엔 해비타트UN-Habitat와 한국 국제교류재단Korea Foundation이 합작한 프로젝트의 결과물이다. 하노이 옛 풍경을 주제로 한 벽화가 많아 기념사진을 남기기에 좋다. 2018년 2월부터 일반에 공개된 이래 하노이 구시가의 또 다른 랜드마크로 급부상하고 있다. 차량을 통제해 보행로로 운영하며, 벽화는 200m 남짓 이어진다.

지도 P.66-A2 **주소** 7Phùng Hưng, Quận Hoàn Kiếm **운영** 24시간 **요금** 무료 **가는 방법** 구시가 오른쪽 끝자락의 풍흥 거리에 있다. 동쑤언 시장에서 동쪽으로 300~400m.

✔️ **알아두세요!**

하노이의 역사

하노이의 역사는 도시 이름에 고스란히 묻어난다. 여러 왕조가 하노이를 수도로 정하며, 도시 이름도 변경되었기 때문이다. 하노이가 베트남의 수도로 등장한 것은 1010년의 일이다. 다이비엣Đại Việt을 건국한 리타이또 황제가 홍 강에서 용이 승천하는 것을 보고 탕롱(昇龍)Thăng Long이라고 도시 이름을 지었다고 한다. 1397년 떠이도(西都)Tây Đô(오늘날의 탄호아Thanh Hóa)로 천도하면서 탕롱은 동쪽 수도라는 의미로 동도(東都)Đông Đô가 되었다. 1428년 중국 명나라의 지배에서 독립을 이룬 레러이 장군은 동도에서 동낀(동낑)Đông Kinh(동쪽 수도라는 뜻으로 한자로는 東京이다)으로 개명하며, 레 왕조의 수도로 삼았다. 동낀(동낑)은 유럽에 통킹Tonking으로 알려졌다. 이런 배경 때문에 현재까지 지도 하노이 앞바다는 통킹만Gulf of Tonking으로 불리고 있다.

그 후 왕조의 변화와 관계없이 베트남의 수도로 군림하다가 응우옌 왕조(1802~1945년)가 베트남을 통일하며 중부 지방인 후에(훼)Huế로 천도하면서 도시 이름도 하노이로 개명되었다. 프랑스는 사이공(호찌민 시)을 수도로 삼아 인도차이나를 통치했으나 1902년에 하노이로 수도를 변경했다. 이로써 하노이가 100년 만에 수도로 복귀하게 됐다. 바딘 광장에서 호찌민의 독립 선포(1945년), 인도차이 전쟁과 남북 분단(1954년), 베트남 전쟁과 베트남 통일(1975년)까지 베트남 현대사에서 수도 자리를 굳건히 지키고 있다.

FOOD & DRINK **구시가의 먹거리**

깊은 역사를 간직한 거리만큼이나 오래된 노포들이 가득하다. 대를 이어오며 장사하는 쌀국숫집과 60년 넘는 로컬 카페, 낡고 빛 바랜 건물들이 어깨를 맞대고 늘어선 모습은 지극히 베트남적인 풍경을 자아낸다. 진짜배기 베트남 음식에 도전하든, 투어리스트 레스토랑과 브런치 카페에서 지친 걸음을 달래든 선택은 여행자의 몫이다.

쌀국수 & 분짜

퍼 자쭈옌 *Phở Gia Truyền* ★★★★

하노이를 대표하는 쌀국숫집으로 대를 이어오면서 징사하는 곳이다. 인기를 실감하듯 줄을 서서 기다려야 한다. '퍼 보Phở Bò'(소고기 쌀국수)를 전문으로 하지만 메뉴판은 따로 없고, 고명으로 올리는 소고기는 종류에 따라 세 가지로 구분된다. '따이Tái'(생고기를 살짝 데쳐서 고명으로 얹은 것), '찐Chín'(삶은 소고기를 슬라이스로 썰어서 고명으로 얹은 것), '따이남Tái Nạm'(생고기와 삶은 소고기 양지를 반반씩 넣은 것)으로 구분해 주문하면 된다.

카운터에서 미리 주문하고 돈을 내야 하는 셀프 서비스 형태다. 현지 식당답게 길거리에도 테이블을 내놓고 장사한다. 아침시간과 저녁시간에만 장사하는데, 준비한 육수가 다 팔리년 영업시간과 상관없이 일찍 문을 닫는다.

지도 P.66-A3 ▶ **주소** 49 Bát Đàn, Quận Hoàn Kiếm **영업** 06:00~10:00, 18:00~20:30 **메뉴** 베트남어 **예산** 5만~6만 VND **가는 방법** 구시가 밧 단 거리 49번지에 있다. 사거리에 있는 아그리 은행 Agri Bank을 바라보고 왼쪽으로 60m.

분보남보 박프엉 Bún Bò Nam Bộ Bách Phương ★★★★

유서 깊은 로컬 식당으로 분보남보(소고기 볶음 비빔국수)가 특히 유명하다. 분보남보란, 얇은 면발의 쌀국수(분)와 소고기(보)를 넣은 '분보Bún Bò'를 남부 지역(남보Nam Bộ) 방식으로 요리하는 음식이다. 소고기 볶음과 숙주, 바삭하게 튀긴 양파, 땅콩, 파파야, 상추, 허브를 고명으로 얹어 내는데 여기에 칠리소스를 적당히 넣어 비벼 먹으면 된다. 육수가 적당히 있어 뻑뻑하지 않은 게 장점. 식당 내부는 협소하고 허름하다. 일렬로 놓인 의자에 쪼그리고 앉아서 식사해야 하지만, 워낙 유명한 탓에 비빔국수 한 그릇을 맛보려는 사람들로 항상 붐빈다. 입구에 있는 주방에서는 소고기를 볶느라 분주하다.

지도 P.66-B4 **주소** 67 Hàng Điếu, Quận Hoàn Kiếm **전화** 024-3923-0701 **영업** 07:30~22:00 **메뉴** 영어, 베트남어 **예산** 7만~10만 VND **가는 방법** 항디에우 거리 67번지에 있다. 항자 갤러리아(쇼핑몰) 앞 오거리에서 푹롱 커피Phuc Long Coffee를 바라보고 오른쪽 방향(항디에우 거리)으로 50m.

퍼 쓰엉 Phở Sướng ★★★☆

골목 안쪽에 숨어 있는 아담한 로컬 식당이다. 테이블도 몇 개 없고 허름해 보이지만 30년의 세월 동안 현지인들의 사랑을 받아온 곳이다. 소고기 쌀국수를 전문으로 하는데 육수가 진하며 면발이 부드럽다. 고명으로 올라가는 고기 종류는 입맛에 맞게 골라 주문할 수 있다. 아침과 저녁 시간에만 장사한다. 구시가의 유명 쌀국숫집들에 비해 외국인의 발길은 적은 편이다. 참고로 '쓰엉'은 만족하다라는 뜻이다.

지도 P.67-D3 **주소** Ngõ Trung Yên, Quận Hoàn Kiếm **영업** 06:00~11:00, 16:30~21:30 **메뉴** 베트남어 **예산** 6만~8만 VND **가는 방법** 호안끼엠 호수 북쪽의 단리엣 거리에서 연결되는 쭝옌 골목(응오 쭝옌)Ngõ Trung Yên으로 들어가면 왼쪽에 보인다.

퍼 코이호이 Phở Khôi Hói ★★★☆

구시가에 있는 전형적인 로컬 쌀국수 식당이다. 길거리에 플라스틱 테이블을 내놓고 장사한다. 30년 넘게 영업 중인 곳으로 현지인들에게 인기 있다. 미쉐린 가이드에도 선정됐다. 장사가 잘되는 곳으로 합석해야 하는 경우가 많다. 식당 입구에서 육수를 끓이는 모습도 볼 수 있다. 들통에 소고기와 각종 향신료(카다멈, 정향, 계피, 생강, 양파)를 넣어 육수를 만든다. 퍼 보 Phở Bò(소고기 쌀국수)를 전문으로 한다. 고명을 쓰이는 소고기 종류를 선택해 주문하면 된다. 익힌 고기를 넣은 퍼 찐 Phở Chín, 익힌 고기와 생고기를 반반씩 넣은 퍼 따이찐 Phở Tái Chín, 양지고기를 넣은 퍼 남 Phở Nạm, 모든 종류의 고명을 넣으면 퍼 닥비엣 Phở Dặc Biệt이 된다. 가격이 저렴하고 고기도 넉넉하게 넣어준다.

지도 P.66-A2 **주소** 50 Hàng Vải, Quận Hoàn Kiếm **영업** 06:00~21:00 **메뉴** 영어, 베트남어 **예산** 5만~9만 VND **가는 방법** 항바이 거리 50번지에 있다.

뚜옛 분짜 34 Tuyết Bún Chả 34 ★★★☆

현지인들 사이에서 분짜 맛집으로 통한다. 거리 이름을 붙여서 분짜 34 항탄 Bún Chả 34 Hàng Than이라 불리기도 한다. 단칸방처럼 자그마한 로컬 식당으로, 플라스틱 의자에 앉아 식사해야 한다. 분짜에 넣어주는 고기는 즉석에서 숯불에 구워준다. 주문 용지에 몇 개를 주문할지 체크해야 하는데, 고기 추가 Thịt Thêm와 면 추가 Bún Thêm가 가능하다. 사이드 메뉴로 넴(스프링 롤)Nem을 곁들여도 좋다. 구시가 북쪽에 자리하며, 아직 관광객에게는 널리 알려지지 않지만 오토바이를 타고 오는 현지인들로 항상 분주하다. 저녁시간엔 문을 닫는다. 영어는 잘 통하지 않는다.

지도 P.65-D1 **주소** 34 Hàng Than, Quận Ba Đình **영업** 08:30~16:00 **메뉴** 베트남어 **예산** 분짜 5만 5,000 VND **가는 방법** 구시가 북쪽의 항탄 거리 34번지에 있다. 항더우 거리에 있는 급수탑에서 북쪽으로 150m, 동쑤언 시장에서 북쪽으로 500m.

분짜 41 끄어동 Bún Chả 41 Cửa Đông ★★★★

구시가에 있는 전형적인 길거리 분짜 식당이다. 영어는 잘 통하지 않고 현지인들만 북적대는 곳인데, 노점에서 먹는 것에 대한 거부감이 없다면 매력적으로 느껴질 것이다. 점심시간에만 문을 여는데 거리에 놓인 플라스틱 의자에 앉아서 식사해야 한다. 고기를 직화로 즉석에서 구워주기 때문에 불맛이 느껴진다. 다만 살짝 타는 경우도 더러 있다. 두 종류(동그랑땡 모양의 다진 고기와 삼겹살)의 고기구이를 느억맘 소스 그릇에 넣어서 내주는데, 여기에 넴(스프링 롤)을 추가해도 된다. 끄어동 거리에 있는 분짜 식당이란 의미로 '분짜 끄어동'이라 불린다. 간판에는 Bún Chả - Nem Rán 41 Cửa Đông이라고 적혀 있으며 번지수로 검색해 찾아가면 된다.

지도 P.66-A3 **주소** 41 Cửa Đông, Quận Hoàn Kiếm **영업** 11:30~14:30 **메뉴** 베트남어 **예산** 분짜 7만 VND **가는 방법** 끄어동 거리 41번지에 있다.

분짜따 Bún Chả Ta ★★★

길거리 음식인 '분짜'를 산뜻하고 청결하게 맛볼 수 있는 레스토랑. 냉방 시설을 갖춰 쾌적하며, 2층은 일식당처럼 좌식으로 이루어진다. 석쇠에 구워 내오는 길거리 분짜에 비해 불맛은 덜하지만, 국물 가득한 소스를 외국인 입맛에도 먹기 좋도록 만들어준다. 다진 마늘과 고추를 적당히 넣어 각자의 입맛에 맞추어도 좋다. 분짜+넴(스프링 롤)으로 구성된 세트 메뉴도 있다. 맥주를 곁들여 식사하는 외국인들을 어렵지 않게 볼 수 있다.

지도 P.67-E3 **주소** 21 Nguyễn Hữu Huân, Quận Hoàn Kiếm **전화** 096-6848-389 **홈페이지** www.bunchata.com **영업** 08:00~22:00 **메뉴** 영어, 베트남어 **예산** 12만~16만 VND **가는 방법** 구시가의 응우옌흐으후언 거리 21번지에 있다.

오 분짜(분짜 하노이) Ô Bún Chả(Bún Chả Hà Nội) ★★★☆

구시가에서 무난하게 즐길 수 있는 분짜 식당이다. 노점에 비해 깨끗하고 규모도 크다. 에어컨은 없지만 복층 건물로 테라스에서 거리 풍경을 내려다보며 식사를 할 수 있다. 분짜의 크기와 스프링 롤 추가 여부에 따라 가격이 달라지는데, 메뉴판을 보고 인원수에 맞춰서 주문하면 된다. 세트 메뉴로 구성되어 있어 주문하기 편하다. 1층에서 분짜를 굽고 있는데, 1층에서 먼저 주문하고 2층에 올라가서 자리를 잡으면 된다. 길거리 식당에 비해 확실히 분위기가 좋고, 가격도 저렴해 부담 없이 들를 수 있다. 구글 검색은 분짜 하노이 Bún Chả Hà Nội로 해야 한다.

지도 P.67-E3 **주소** 46 Nguyễn Hữu Huân, Quận Hoàn Kiếm **홈페이지** www.obuncha.vn **영업** 06:00~22:00 **메뉴** 영어, 베트남어 **예산** 9만~12만 VND **가는 방법** 구시가의 응우옌흐우후언 거리 46번지에 있다.

분짜 닥낌 Bún Chả Dắc Kim ★★★☆

하노이 구시가에서 가장 유명한 분짜 식당이다. 1966년부터 영업 중인 오래된 식당이다. 외국 관광객에게도 잘 알려져 있다. 간판에 미쉐린 가이드에 선정된 곳이라고 커다랗게 써 놓고 있다. 플라스틱 테이블과 의자가 놓인 로컬 식당으로 길거리에도 테이블을 내놓고 장사한다. 식당에서 직접 만드는 분짜 굽는 냄새가 가득하다. 분짜를 기본으로 주문하고 넴꾸아베Nem Cua Bể(게살을 넣은 스프링 롤)를 추가하면 된다. 하지만 외국인에게는 비싼 콤보 메뉴를 권하는 경우가 많다. 너무 상업화되면서 평가는 엇갈린다. 본점과 인접한 구시가에 2호점(주소 67 Đường Thành)을 함께 운영한다.

지도 P.66-B4 **주소** 1 Hàng Mành, Quận Hoàn Kiếm **전화** 024-3828-5022 **홈페이지** www.bunchahangmanh.vn **영업** 09:00~21:00 **메뉴** 영어, 베트남어 **예산** 분짜 8만 VND, 세트 12만 VND **가는 방법** 항만(함마잉) 거리 1번지에 있다. 호안끼엠 호수 북단에서 500m 떨어져 있다.

반미 25 Bánh Mì 25 ★★★★

하노이 구시가에 있는 반미(바게트 샌드위치) 전문점이다. 도로에 테이블 몇 개 놓고 장사하던 노점에서 그럴듯한 식당으로 변모했다. 같은 거리에 두 개의 매장을 추가로 운영하고 있는데, 본점에서 주문할 때 빈 좌석이 있는 매장으로 자리를 안내해준다. 바삭바삭하게 구운 바게트에 속을 채워 즉석에서 샌드위치를 만들어 준다. 돼지고기, 닭고기, 소고기, 베지테리언(채식)으로 구분된 바게트 샌드위치는 외국인 입맛에 잘 맞는다. 항상 붐비는 곳으로 오토바이를 타고 와서 포장해 가는 현지인도 어렵지 않게 볼 수 있다.

지도 P.66-B2 **주소** 25 Hàng Cá, Quận Hoàn Kiếm **홈페이지** www.banhmi25.net **영업** 월~토요일 07:00~21:00, 일요일 07:00~19:00 **메뉴** 영어, 베트남어 **예산** 4만~8만 VND **가는 방법** 구시가의 항까 거리 25번지에 있다.

반미 어이 Bánh Mì Ơi ★★★☆

테이크아웃 형태로 운영되는 반미(바게트 샌드위치) 노점 식당이다. 먹고 간다고 하면 플라스틱 의자를 도로 위에 세팅해준다. 반미 종류는 많지 않아서 기본적인 식재료를 충실하게 준비한다. 파테 Pate가 들어간 전통 반미Traditional Banh Mi, 닭고기를 넣은 치킨 반미Chicken Banh Mi, 소고기를 넣은 비프 반미Beef Banh Mi, 채식주의자를 위한 비건 반미 Vegan Banh Mi가 있다. 주인장이 친절하며 영어 소통도 가능하다. 칠리소스와 고수를 추가할지 주문할 때 물어본다. 전통적인 맛이 아니라서 오히려 외국 관광객에게 인기 있다.

지도 P.66-C1 **주소** 6 Lương Văn Can, Quận Hoàn Kiếm **영업** 07:00~21:00 **메뉴** 영어, 베트남어 **예산** 3만~4만 VND **가는 방법** 르엉반깐 거리 6번지에 있다.

바미 브레드(반미 바미) **Bami Bread(Bánh Mì Bami)** ★★★☆

아담하고 서민적인 정취가 물씬한 반미 식당이다. 실내에는 '목욕탕 의자'와 간이 식탁이 옹기종기 놓여 있다. 여느 반미 가게처럼 바삭한 바게트 샌드위치를 만들어 저렴하게 판다. 달걀Pate Trứng, 닭고기Gà Nướng Xá, 돼지고기Heo Quay, 모둠(스페셜)Đặc Biệt 네 종류의 바게트 샌드위치를 즉석에서 만든다. 여행자 숙소 밀집 지역과 가까워 외국인도 즐겨 찾는다. 현지인들에게 인기가 많은 곳으로 하노이에 10여 개 체인점을 운영하고 있다. 테이크아웃도 가능하다.

지도 P.67-D3 ▶ **주소** 98 Hàng Bạc, Quận Hoàn Kiếm **전화** 0981-043-144 **홈페이지** www.facebook.com/BamiBread **영업** 07:00~22:00 **메뉴** 영어, 베트남어 **예산** 3만 5,000VND **가는 방법** 구시가 항박 거리 98번지에 있다.

반미 롱호이 **Bánh Mì Long Hội** ★★★☆

노점 형태로 운영되는 반미(바게트 샌드위치) 식당과 달리 규모 면에서 차별화된 곳이다. 사거리 코너에 있는 5층짜리 건물로 프랜차이즈 레스토랑을 연상시킨다. 카페처럼 꾸민 식당은 3층까지만 운영된다. 베트남식 바게트 샌드위치를 만드는데 고수와 칠리소스는 주문할 때 적당한 양만큼 선택하면 된다. 외국 관광객도 많이 찾기 때문에 영어로 주문하면 된다. 호이안 출신 주인장이 운영하는 곳이라 까오러우Cao Lầu(호이안 지방 음식으로 두툼한 면발의 비빔국수)도 맛볼 수 있다. 특별할 건 없지만 에어컨이 있어 더위를 식히며 잠시 쉬어가기 좋다.

지도 P.67-E4 ▶ **주소** 1 Hàng Dầu, Quận Hoàn Kiếm **홈페이지** www.banhmilonghoi.vn **영업** 06:30~22:30 **메뉴** 영어, 베트남어 **예산** 4만~6만 VND **가는 방법** 항더우 1번지에 있다. 호안끼엠 호수 북단의 수상 인형극장에서 150m 떨어져 있다.

쏘이 옌 Xôi Yến ★★★

베트남에서 찰밥은 '쏘이Xôi'라고 부른다. 쏘이 옌은 하노이에 있는 찰밥 식당 중에서 현지인들로부터 가장 많은 사랑을 받는 곳이다. 이를 증명하듯 3층짜리 건물이 온통 손님들로 북적댄다. 찰밥은 모두 3종류인데, 녹두를 갈아 넣은 노란색 찰밥인 쏘이 쎄오Xôi Xéo가 가장 인기 있다. 옥수수를 넣은 쏘이 응오Xôi Ngô, 기본에 해당하는 하얀색 찰밥 쏘이 짱Xôi Trắng도 먹음직스럽다. 여기에 돼지고기 간장 조림(Thịt Kho Tàu)이나 닭고기 살(Gà Luộc), 달걀 프라이(Trứng Ốp), 소고기 소시지(Giò Bó) 등을 골라 찰밥과 함께 즐기면 되는데, 곁들이는 추가 메뉴에 따라 가격이 달라진다. 함께 내어주는 매콤한 오이 무침도 놓쳐선 안 된다.

지도 P.67-E3 **주소** 35B Nguyễn Hữu Huân, Quận Hoàn Kiếm **전화** 024-3915-0230, 024-3926-3427 **영업** 07:00~23:00 **메뉴** 영어, 중국어, 베트남어 **예산** 2만 8,000~4만 5,000VND **가는 방법** 응우옌흐으후언Nguyễn Hữu Huân & 항맘Hàng Mắm 삼거리 코너에 있다.

반쎄오 존 Bánh Xèo Zòn ★★★

하노이 구시가에 있는 친절한 반쎄오 식당이다. 로컬 식당이지만 깨끗하며 테이블도 잘 정리되어 있다. 식당 규모는 크지 않지만 복층으로 되어 있다. 대표 메뉴인 반쎄오Bánh Xèo(강황 가루를 넣은 쌀 반죽에 숙주를 넣고 만든 부침개)를 자그마한 팬케이크처럼 만들어 준다. 새우, 소고기, 닭고기, 돼지고기 중에 고르면 된다. 1인분에 반쎄오가 3개 담겨져 있는데, 곁들여 주는 채소와 함께 라이스페이퍼에 싸서 소스에 찍어 먹으면 된다. 외국 관광객에게 친절한 편이다. 점심시간에는 주변에 근무하는 직장인도 많이 찾아온다. 참고로 간판에는 반쎄오 꿔년Bánh Xèo Quy Nhơn이라고 적혀 있다.

지도 P.67-E4 **주소** 25 Lò Sũ, Quận Hoàn Kiếm **홈페이지** www.facebook.com/banhxeozon **영업** 10:00~21:00 **메뉴** 영어, 베트남어 **예산** 9만 VND **가는 방법** 로쑤 거리 25번지에 있다.

껌 포꼬 *Cơm Phố Cổ* ★★★☆

반찬을 진열해 놓고 판매하는 형태의 로컬 식당인 '껌빈전'을 레스토랑으로 업그레이드해 꾸몄다. 원하는 반찬 몇 가지를 밥에 올려 덮밥처럼 즐기는 식이다. 밥값은 선택한 반찬에 따라 달라진다. 선택하는 데 어려움이 있다면 세트 메뉴(15만~18만 VND)를 주문하면 된다. 외국인에게도 잘 알려져 있어 영어 메뉴판을 갖추고 있다. 분짜, 스프링 롤, 볶음밥, 볶음국수 등 모두 메뉴판을 가리켜 주문할 수 있다. 노점에 비해 청결하다. 상호 껌 포꼬는 '구시가에 있는 밥집'이란 뜻이다.

지도 P.67-D2 **주소** 16 Nguyễn Siêu, Quận Hoàn Kiếm **전화** 024-2216-4028 **홈페이지** www.facebook.com/comphoco **영업** 10:00~21:00 **메뉴** 영어, 베트남어 **예산** 8만~17만 VND **가는 방법** 응우옌씨에우 거리 16번지에 있다.

뉴 데이 레스토랑 New Day Restaurant | *Tiệm Cơm Một Ngày Mới* ★★★☆

분위기는 서민 식당이지만 주변에 여행자 숙소가 많아 외국인 손님이 많다. 한국어 메뉴판까지 구비하고 있을 정도다. 식사시간이면 항상 붐비는 곳으로 도로까지 테이블을 내놓고 장사한다. 방대한 메뉴를 갖췄으며 각종 채소, 육류, 해산물을 총망라해 요리한다. 테이블에서 직접 조리해 먹는 바비큐 세트와 샤부샤부도 있다. 간편하게 식사하고 싶다면 음식 진열대에 놓인 조리된 음식을 선택해도 된다. 말이 통하지 않는 외국인을 배려해 세트 메뉴가 잘 구성되어 있다. 1인용 싱글 사이즈와 3~4인용 가족 사이즈 메뉴로 나뉘며, 인원에 따라 요금이 달라진다.

지도 P.67-D3 **주소** 72 Mã Mây, Quận Hoàn Kiếm **전화** 024-3828-0315 **홈페이지** www.newdayrestaurant.com **영업** 10:00~22:00 **메뉴** 영어, 한국어, 베트남어 **예산** 단품 12만~26만 VND, 세트 **메뉴**(1인 기준) 20만 VND **가는 방법** 마머이 거리 72번지에 있다. Serene Spa를 바라보고 왼쪽에 있다.

미스터 바이 미엔떠이 반쎄오 Mr Bảy Miền Tây Bánh Xèo ★★★☆

구시가에서 인기 있는 반쎄오Bánh Xèo(강황 가루를 넣은 쌀 반죽에 숙주를 넣고 만든 부침개) 전문 식당이다. 외국인이 단체로 찾아오면서 투어리스트 레스토랑으로 변모했다. 아담한 복층 건물로 대나무를 이용해 인테리어를 꾸몄다. 식당 입구에 놓인 커다란 웍에서 반쎄오를 즉석에서 만든다. 달걀까지 넣어 얇고 부드럽게 만드는 것이 특징이다. 대표메뉴는 반쎄오 남보Bánh Xèo Nam Bộ(돼지고기와 새우를 넣은 남부 스타일 반쎄오)다. 곁들여 주는 채소와 함께 라이스페이퍼에 싸서 소스에 찍어 먹으면 된다. 분팃느엉Bún Thịt Nướng과 분보남보Bún Bò Nam Bộ 같은 남부지방에서 즐겨 먹는 비빔국수도 요리한다.

지도 P.66-B4 **주소** 79 Hàng Điếu, Quận Hoàn Kiếm **영업** 11:00~23:00 **메뉴** 영어, 베트남어 **예산** 14만~18만 VND **가는 방법** 항디에우 거리 79번지에 있다.

보느엉 쑤언 쑤언 Bò Nướng Xuân Xuân ★★★

여행자 숙소가 늘어선 마머이 거리의 보느엉Bò Nướng(베트남식 양념 소고기 구이) 식당이다. 단칸으로 아담한 공간이지만 외국인도 즐겨 찾는다. 저녁 때는 도로까지 테이블이 놓여 시끌벅적하다. 각자 테이블에서 주문한 고기를 직접 구워 먹는 방식인데, 철판 위에 깔린 포일에 고기와 채소를 올리고 마가린을 넣어 적당히 조리하면 된다. 스몰 사이즈와 빅 사이즈로 구분해 주문할 수 있으며 인원에 따라 요금을 다르게 받는다. 바게트와 맥주를 곁들이면 금상첨화.

지도 P.67-D3 **주소** 47 Mã Mây, Quận Hoàn Kiếm **전화** 0934-999-912 **영업** 11:00~22:00 **메뉴** 영어, 베트남어 **예산** 1인분 10만~15만 VND, 2인분 25만~30만 VND **가는 방법** 구시가의 마머이 거리 47번지에 있다.

호앙 레스토랑 Hoang's Restaurant ★★★☆

구시가의 대표적인 투어리스트 레스토랑이다. 리틀 하노이Little Hanoi, 멧 레스토랑Met Restaurant, 홍호아이 레스토랑 Hong Hoai's Restaurant과 더불어 외국 관광객에게 유독 인기 있다. 그도 그럴 것이 외국인 입맛에 맞는 베트남 음식을 골고루 요리하며, 영어가 통하고 친절하다. 에어컨 시설로 쾌적한 것도 장점이다. 바게트 샌드위치, 쌀국수, 볶음밥, 볶음국수, 스프링롤, 반쎄오, 분짜 같은 대중적인 음식은 기본이다. 밥과 함께 내어주는 볶음 요리는 간단한 식사로 적합하다. 두부 요리와 뚝배기 조림류의 베트남 가정식 요리도 가능하다. 스페셜 메뉴로는 오리구이Roasted Duck가 있다. 쿠킹 클래스(요리 강습)도 운영한다.

지도 P.67-D2 **주소** 54 Hàng Buồm, Quận Hoàn Kiếm **전화** 0949-814-805 **홈페이지** www.hoangsrestaurant.com **영업** 10:00~23:00 **메뉴** 영어, 베트남어 **예산** 13만~29만 VND **가는 방법** 항부옴 거리 54번지에 있다.

더 이스트 The East ★★★★

기찻길 옆에 있는 분위기 좋은 베트남 레스토랑이다. 전통과 현대적인 느낌이 잘 어우러진 곳으로 라탄 전등, 전통 회화, 화병을 이용해 예술적인 느낌을 더했다. 식당의 풀 네임은 '더 이스트 테이스트 오브 인도차이나'로 인도차이나 음식에 집중해 요리한다. 메뉴도 한정적으로 선정해 요리한다. 포멜로 샐러드Pomelo Salad, 녹두 당면 볶음Vietnamese Mint Stir-Fried Glass Noodle, 대나무 통에 담아주는 소고기 볶음Grilled Beef in Bamboo Tube 등이 있다. 지역에서 재배한 향긋한 허브와 민트를 사용해 음식의 맛과 향을 적절히 안배했다. 북부 지방 전통 요리는 노스 시그니처The North Signature로 따로 구성했다. 저녁에는 예약하고 가는 게 좋다.

지도 P.70-D2 **주소** 5 Tống Duy Tân, Quận Hoàn Kiếm **전화** 0963-733-797 **홈페이지** www.theeast.vn **영업** 10:30~14:30, 17:00~22:00 **메뉴** 영어 **예산** 24만~36만 VND **가는 방법** 구시가 왼쪽의 똥주이떤 거리 5번지에 있다.

리틀 하노이 레스토랑 Little Hanoi Restaurant ★★★☆

오랫동안 외국 관광객에게 인기를 얻고 있는 베트남 음식점이다. 1998년부터 영업 중인 곳으로 맥주 거리(따히엔 거리)에 있었는데, 주변이 번잡해지면서 항베 거리로 이전해 영업하고 있다. 베트남을 처음 방문한 외국인들이 베트남 음식에 입문하기 좋은 곳이다. 향신료를 적절히 사용해 외국인 입맛에 알맞게 음식을 요리한다. 볶음 요리가 많은 편으로 맥주를 곁들여 식사하기 좋다. 쿠킹 클래스(요리 강습)도 운영한다. 파스텔 톤의 건물 외관과 달리 내부는 고풍스럽게 꾸몄다. 에어컨이 있어 쾌적하다.

지도 P.67-E3 **주소** 25 Hàng Bè, Quận Hoàn Kiếm **전화** 024-3926-0168 **영업** 10:00~24:00 **메뉴** 영어, 베트남어 **예산** 10만~18만 VND **가는 방법** 항베 거리 25번지에 있다.

홍호아이(홍화이) 레스토랑 Hong Hoai's Restaurant ★★★☆

구시가에 있는 자그마한 로컬 레스토랑이다. 실내는 아담하지만 1·2층으로 되어 있다. 다른 곳에 비해 청결하고 영어가 통하기 때문에 외국 관광객이 많이 찾아온다. 전통 베트남 음식점은 아니지만, 반쎄오Bánh Xèo, 분짜Bún Chả, 넴잔Nem Rán, 짜까Chả Cá, 퍼보Phở Bò, 보라롯Bò Lá Lốt 같은 부담 없이 먹기 좋은 베트남 음식을 선별해 요리한다. 볶음밥, 볶음 요리, 두부 요리, 뚝배기 요리도 있다. 직원이 친절하게 음식에 대해 설명해 준다.

지도 P.66-B3 **주소** 20 Bát Đàn, Quận Hoàn Kiếm **전화** 0915-033-556 **홈페이지** www.honghoaisrestaurant.com **영업** 10:00~22:00 **메뉴** 영어, 베트남어 **예산** 12만~17만 VND **가는 방법** 구시가의 밧단 거리 20번지에 있다.

짜까 탕롱 Chả Cá Thăng Long ★★★☆

하노이에서 맛볼 수 있는 특별 요리 '짜까' 전문 식당이다. 짜까는 일종의 가물치 튀김으로, 강황 가루를 넣은 밀가루를 입혀 노란색을 띤다. 이곳에서 선보이는 메뉴는 단 한 가지, 짜까뿐이다. 테이블마다 고체 연료를 이용하는 개인 화로가 놓여 있는데, 직원들이 이 화로로 음식을 조리하면서 먹는 방법까지 친절하게 알려준다. 짜까는 스프링 롤이 포함된 1인용 세트로 제공된다. 두 곳의 지점이 있는데, 탄(타잉) 거리 6번지 본점은 고풍스런 분위기다.

지도 P.66-A3 ▶ **주소** 6 Đường Thành, Quận Hoàn Kiếm **전화** 024-3824-5115, 024-3828-6007 **홈페이지** www.chacathanglong.com.vn **영업** 10:00~21:00 **메뉴** 영어, 베트남어 **예산** 짜까 18만 VND **가는 방법** ①본점은 탄(타잉) 거리 6번지에 있다. ②분점은 탄(타잉) 거리 2번지에 있다.

하이웨이 4 Highway 4 ★★★★

베트남 음식을 전통적인 방법으로 요리하는 곳이다. 상호인 하이웨이 4는 4번 국도(하이웨이 4)의 산악지역에서 채취한 음식 재료와 향신료를 사용한다는 뜻이다. 100가지 이상의 다채로운 메뉴를 선보이며, 이들 중에는 매우 창의적인 요리도 있다. 모두 사진이 첨부되어 있어 주문하는 데 어려움이 없다. 메뉴 고르기가 난감한 이들이라면 인기 메뉴를 엄선한 'Highway 4 Favourite' 표기를 주목해도 좋다. 베트남 전통주를 자체 양조해 판매하기 때문에 술과 곁들여 식사하기 좋다. 인삼, 꿀, 뱀과 각종 약재와 허브를 넣어 술을 빚는데, 그 효능은 각기 다르다. 잔술로 마셔도 되고 작은 병(450mℓ)에 담아 주문해도 된다. 수제 맥주 또한 맛볼 수 있다.

지도 P.67-E3 ▶ **주소** 3 Hàng Tre, Quận Hoàn Kiếm **전화** 024-3926-4200, 024-2215-5797 **홈페이지** www.highway4.com **영업** 10:00~23:00 **메뉴** 영어, 베트남어 **예산** 메인 요리 12만~35만 VND(+5% Tax) **가는 방법** 구시가의 항쩨 거리 3번지에 있다.

하노이 가든 Hanoi Garden ★★★★

오랫동안 인기를 끌어 온 정통 베트남 음식점이다. 도로에서 입구만 보이기 때문에 안쪽에 뭐가 있는지 제대로 파악하기 힘들지만, 안쪽으로 들어가면 준수한 분위기의 레스토랑이 반긴다. 깔끔하게 세팅된 실내와 야외 정원이 있어 구시가에 있는 레스토랑치고 쾌적한 분위기를 자랑한다. 부담 없는 맛의 베트남 음식을 선보이는 게 이곳의 미덕이다. 각종 육류와 해산물을 엄선해 요리하는데, 외국인도 어렵지 않게 즐길 수 있다. 신선한 식재료를 육수에 끓여 먹는 러우(핫팟Hot Pot)도 인기 있다.

지도 P.66-B4 **주소** 36 Hàng Mành, Quận Hoàn Kiếm **전화** 024-3824-3402 **홈페이지** www.hanoigarden.vn **영업** 10:00~14:00, 17:00~22:00 **메뉴** 영어, 베트남어 **예산** 17만~64만 VND(+10% Tax) **가는 방법** 구시가의 항만(항마잉) 거리 36번지에 있다. 홍응옥 다이내스티 호텔Hong Ngoc Dynastie Hotel(Khách Sạn Hồng Ngọc)을 바라보고 왼쪽에 있다.

에라 레스토랑 Era Restaurant ★★★☆

여행자 숙소가 밀집한 마머이 거리에 있는 분위기 좋은 베트남 음식점이다. 인테리어는 흑백 사진과 패턴 모양의 타일을 이용해 프랑스 스타일로 꾸몄다. 외국인 여행자를 겨냥한 곳으로 깔끔하고 정갈한 음식 덕분에 인기가 높다. 바비큐(개인 화로에 구워 먹는 베트남식 고기구이) Vietnamese Barbecue와 핫팟(전골 요리)을 메인으로 요리하기 때문에 여러 명이 함께 식사하기 좋다. 분짜Bún Chả, 짜까Chả Cá Hà Nội, 분보남보Bún Bò Nam Bộ, 치킨윙을 곁들여 식사하면 된다. 바비큐는 테이블에서 놓인 휴대용 가스버너에서 직접 구워 먹는데, 2인분부터 주문이 가능하다. 마가린을 넣고 고기를 굽기 때문에 기름이 튀는데 종이 앞치마를 제공해준다.

지도 P.67-D3 **주소** 48 Mã Mây, Quận Hoàn Kiếm **전화** 0934-453-789 **홈페이지** www.erarestaurant.com **영업** 10:30~23:00 **메뉴** 영어, 베트남어 **예산** 메인 요리 16만~35만 VND **가는 방법** 구시가 마머이 거리 48번지에 있다.

센테 Senté ★★★★

연꽃을 이용해 건강한 식단을 추구하는 곳이다. 레스토랑이 골목 안쪽에 숨겨져 있어 아늑하며, 안마당에 둘러싸인 식당 내부에는 녹색 식물이 가득하다. 식당 분위기 때문에 채식 전문 식당으로 오해하기 쉽지만 메인 요리는 대부분 생선, 새우, 닭고기, 돼지고기를 이용해 만든다. 두부, 연근, 버섯, 미역, 파파야, 포멜로 등을 이용해 만든 애피타이저(반찬)와 곁들여 식사하면 된다.

지도 P.66-A4 **주소** 20 Nguyễn Quang Bích, Quận Hoàn Kiếm **홈페이지** www.sente.vn **영업** 10:30~14:00, 17:30~22:00 **예산** 12만~38만 VND(+10% Tax) **가는 방법** 응우옌꽝빅 거리 20번지 골목 안쪽으로 들어가면 된다.

블루 버터플라이 Blue Butterfly ★★★☆

마머이 거리 69번지에 있는 오래된 가옥을 고스란히 보존해 레스토랑으로 리모델링했다. 100년 넘는 역사를 간직한 목조 건물 자체가 역사 유적에 가깝다. 고풍스러운 건물 내부는 나무 계단으로 연결되며, 2층 테라스에서 거리 풍경도 내려다보인다. 반쎄오, 넴루이, 분짜, 짜까를 포함한 베트남 음식을 메인으로 요리한다. 메뉴는 다양하지 않지만 하노이에서 꼭 맛봐야 할 음식은 선별해 요리한다. 코스 요리처럼 하나씩 음식을 내주는 세트 메뉴도 마련하고 있다. 쿠킹 클래스(요리 강습)를 함께 운영한다. 건물 자체가 주는 동양적인 정취 때문인지 유럽 관광객이 즐겨 찾는다.

지도 P.67-D3 **주소** 69 Mã Mây, Quận Hoàn Kiếm **홈페이지** www.bluebutterflycookingclass.com.vn **영업** 09:00~22:30 **메뉴** 영어, 베트남어 **예산** 메인 요리 19만~49만 VND(+5% Tax) **가는 방법** 구시가의 마머이 거리 69번지에 있다.

메종 1929 Maison 1929 ★★★★

복잡하기 그지없는 구시가에서 여유롭게 식사할 수 있는 레스토랑이다. 프렌치 빌라를 리모델링했는데, 건물 분위기와 달리 베트남 음식을 요리한다. 1929년에 만들어진 2층 건물로 발코니까지 딸려 있어 분위기가 좋다. 실내는 화사한 조명과 그림으로 인테리어를 꾸몄다.

베트남 사람들이 즐겨 먹는 가정식 요리를 고급화한 것이 특징인데, 뚝배기 조림, 돼지갈비, 오징어순대, 농어구이를 메인으로 요리한다. 특이하게도 점심 세트 메뉴를 15:00까지 제공해 준다. 애피타이저+메인 요리+디저트를 2코스 또는 3코스로 조합해 주문이 가능하다. 점심 세트는 음료까지 기본으로 포함된다. 전체적으로 외국 관광객이 좋아할 맛과 분위기다. 영어 가능한 직원들도 친절하다.

지도 P.66-B3 **주소** 2 Cửa Đông, Quận Hoàn Kiếm **영업** 11:30~23:00(주문 마감 22:00) **메뉴** 영어, 한국어, 베트남어 **예산** 18만~42만 VND(+8% Tax) **가는 방법** 구시가의 끄어동 거리 2번지에 있다.

찹스(구시가 마머이 지점) Chops ★★★☆

하노이에서 인기 있는 수제 버거 레스토랑이다. 2015년에 오픈했고, 현재는 5개 지점을 운영한다. 양질의 버거를 만들기 위해 값비싼 호주산 와규로 그날그날 패티를 만든다. 물론 소고기 외에도 다양한 패티를 선보인다. 닭 가슴살, 양고기, 치킨 가스, 팔라펠(채식), 두부(채식) 등으로 만든 20여 가지 버거가 마련되어 있다. 수제 맥주도 함께 판매하니 펍처럼 즐기기 좋다. 런치 콤보Lunch Combo(월~금 11:00~14:00) 메뉴를 이용하면 조금 더 알뜰하게 맛볼 수 있다. 아침시간(08:00~12:00)에는 브런치 메뉴를 제공한다. 참고로 본점에 해당하는 떠이호 지점Chops Tay Ho(주소 4 Quảng An)은 서호 주변의 호수 풍경과 어우러져 여유로운 분위기다.

지도 P.67-D2 ▶ **주소** 22 Mã Mây, Quận Hoàn Kiếm **홈페이지** www.chops.vn **영업** 08:00~23:00 **메뉴** 영어 **예산** 18만~26만 VND **가는 방법** 마머이 거리 22번지에 있다.

푸쿠 카페 Puku Cafe ★★★

하노이에서 흔치 않은 24시간 영업점이다. 단순히 커피만 파는 공간은 아니고, 레스토랑과 펍을 함께 운영한다. 작은 마당과 콜로니얼 건물이 어우러진 공간으로 밝고 경쾌한 색으로 꾸민 실내와 푹신한 쿠션이 아늑하다. 식사 메뉴는 샌드위치와 파스타를 주로 선보인다. 다분히 외국 관광객을 겨냥한 곳으로 잉글리시 브렉퍼스트, 샌드위치, 수제 버거, 피시 & 칩스, 파스타 같은 메뉴를 찾을 수 있다. 프리미어 리그를 비롯, 다양한 스포츠 중계를 시청하며 맥주를 마시는 스포츠 펍을 겸하고 있어 외국인 여행자들이 즐겨 찾는다.

지도 P.70-C2 ▶ **주소** 16 Tống Duy Tân, Quận Hoàn Kiếm **전화** 024-3938-1745 **홈페이지** www.facebook.com/PukuCafeHanoi **영업** 24시간 **메뉴** 영어, 베트남어 **예산** 커피 6만~11만 VND, 메인 요리 14만~25만 VND **가는 방법** 뚱주이떤 거리 16번지에 있다. 하노이 기차역에서 북쪽으로 600m 떨어져 있다.

리틀 볼 Little Bowl | Tiệm Chè Little Bowl

구시가 한약방 거리에 있는 자그마한 '쩨Chè' 노점이다. 코코넛 밀크와 얼음을 넣어 만든 베트남식 빙수를 맛볼 수 있다. 다른 곳과 달리 빙수를 컵에 담아주는 게 아니라 자그마한 그릇에 담아준다. 그래서 리틀 볼이라는 간판을 달았다. 현지인들이 찾는 노점과 달리 메뉴가 정해져 있어서 주문하기 쉽다. 사진이 첨부된 영어 메뉴판도 구비하고 있다. 녹두Mung Beans, 팥Red Bean, 캐러멜 푸딩, 아이스크림, 요거트, 바나나, 타로, 두리안, 잭 프루트 등을 조합해 빙수를 만든다. 열대 과일 향에 익숙하다면 두리안을 넣은 믹스 두리안 볼Mixed Durian Bowl을 추천한다.

지도 P.66-B2 **주소** 46 Lãn Ông, Quận Hoàn Kiếm **홈페이지** www.facebook.com/littlebowlhanoi **영업** 11:30~22:00 **메뉴** 영어, 베트남어 **예산** 3만~4만 VND **가는 방법** 블랙 버드 커피(란옹 지점) 맞은편인 란옹 거리 46번지에 있다.

쩨 본 무아 Chè 4 Mùa(Chè Bốn Mùa) ★★★

하노이 구시가에서 유명한 쩨Chè(베트남식 빙수) 식당으로, 1975년부터 영업 중이다. 구시가의 오래된 가게들이 그러하듯 공간이 협소한 편이다. 연꽃 씨Chè Sen, 녹두Chè Đậu Xanh, 검은콩 빙수Chè Đậu Đen 등으로 구분해 주문할 수 있는데, 뭐가 뭔지 모를 때는 이것저것 다 넣어주는 '쩨 텁껌Chè Thập Cẩm'을 주문하면 된다. 겨울에는 따뜻한 찹쌀 경단인 반 쪼이농(바잉쪼이농)Bánh Trôi Nóng도 즐겨 먹는다. 전반적으로 코코넛 밀크를 많이 넣지 않아 단맛은 강하지 않다. 유리 컵에 담아주는 빙수를 받아 들고, '목욕탕 의자'에 옹기종기 쪼그려 앉은 채 빙수 한 컵 비우고 나가면 그만인 곳. 그만큼 회전율이 빠르다. 사진이 첨부된 메뉴판을 보고 주문하면 된다.

지도 P.66-C3 **주소** 4 Hàng Cân, Quận Hoàn Kiếm **홈페이지** www.facebook.com/che4mua.hangcan **영업** 10:00~22:00 **메뉴** 영어, 베트남어 **예산** 2만 5,000~3만 5,000VND **가는 방법** 항껀 거리 4번지에 있다.

카페 장(지앙) *Giang Cafe* | Café Giảng ★★★★

1946년부터 70년 넘도록 영업해 온 하노이의 대표적인 에그 커피(베트남어로는 '까페 쯩 Cà Phê Trứng'이라고 한다) 전문점. 비좁은 진입로를 따라 들어가면 카페 입구가 나타난다. 실내는 예상외로 괴적하지만, 어느 로컬 카페처럼 '목욕탕 의자'가 놓인 자리는 언제나 손님으로 붐빈다. 의자에 앉은 뒤 종업원에게 수분하고, 나갈 때 1층 카운터에서 번호표를 제시해 계산하는 방식으로 운영된다. 에그 커피는 따뜻한 것과 차가운 것으로 구분해 주문할 수 있다. 하노이식 카페 문화를 체험하려는 외국인 여행자들도 이곳을 즐겨 찾는다.

지도 P.67-E3 ▶ **주소** 46B 39 Nguyễn Hữu Huân, Quận Hoàn Kiếm **전화** 024-6294-0495 **홈페이지** www.facebook.com/Giang.cafe **영업** 08:00~22:00 **메뉴** 영어, 베트남어 **예산** 4만~6만 VND **가는 방법** 구시가의 응우옌흐우후언 거리 39번지에 있다. 입구가 비좁고, 간판이 작아서 번지수를 유심히 살펴야 한다.

카페 럼 Cafe Lâm ★★★

남다른 이야기를 간직한 덕에 사람들의 발길이 끊이지 않는 카페다. '목욕탕 의자'가 놓인 실내에 들어서면 벽면에 그림들이 걸려 있는데, 이는 가난한 화가들이 저당 잡히고 커피와 맞바꿨던 작품이라고 한다. 궁핍했던 과거, 예술가들의 모임 장소로 사랑 받았던 곳임을 증거한다. 덕분에 세월이 흘렀음에도 문예적인 옛 정취를 그대로 간직하고 있다. 다만 커피 맛은 분위기에 비해 평범한 편. 외국인 관광객보다 현지인에게 인기 있다. 1952년부터 현재 위치에서 영업하다, 같은 거리(주소 29 Nguyễn Hữu Huân)에 2호점을 냈다.

지도 P.67-E3 **주소** 60 Nguyễn Hữu Huân, Quận Hoàn Kiếm **전화** 024-3824-5940 **홈페이지** www.cafelam.com **영업** 07:00~22:00 **메뉴** 영어, 베트남어 **예산** 4만 VND **가는 방법** 응우옌흐우후언 거리 60번지에 있다.

트랜퀼 북스 & 커피 Tranquil Books & Coffee ★★★★

하노이 구시가에 위치하지만 오토바이 통행이 적은 골목 안쪽에 들어선 북카페다. 덕분에 상대적으로 조용하고, 벽면 한 쪽 가득 책을 진열해 아늑한 분위기마저 감돈다. 이곳에선 에티오피아·케냐 원두로 내린 아메리카노 커피를 맛볼 수 있다. 외국인 관광객이 많이 가는 지역에서 살짝 비켜가 있어 한갓지게 커피를 즐기기 좋은 공간이다. 에어컨 시설의 복층 건물로 아늑하며, 골목에도 야외 공간을 마련해두었다. 문묘(미술 박물관)를 방문한다면 까오바꽛 지점 Tranquil Books & Coffee 19 Cao Bá Quát을 이용하면 된다.

지도 P.66-A4 **주소** 5 Nguyễn Quang Bích, Quận Hoàn Kiếm **홈페이지** www.facebook.com/cafetranquil **영업** 08:00~22:30 **메뉴** 영어, 베트남어 **예산** 커피 6만~9만 VND **가는 방법** 응우옌꽝빅 거리 5번지에 있다. 비스포크 트렌디 호텔Bespoke Trendy Hotel 옆에 있다. 항자 갤러리아(쇼핑몰)에서 150m.

반꽁 카페 Ban Công Cafe ★★★★

호안끼엠 호수와 가까운 구시가에 자리한 카페. 1940년대 건물을 리모델링했다. 1층은 커피 바, 2·3층은 카페로 사용되는데 빛 바랜 원목 테이블과 의자를 두어 고풍스러운 느낌을 준다. 여러 개의 방과 계단, 야외 발코니가 연결되어 있어 공간마다 조금씩 다른 분위기를 즐길 수 있다. 덕분에 포토제닉한 카페로 베트남 젊은이들에게 사랑 받고 있다. 메뉴로는 베트남 커피, 에그 커피, 아메리카노, 콜드 브루에 이르는 다양한 종류의 커피를 선보인다. 밀크 티, 스무디, 케이크 등 디저트도 다양하게 마련했다. 브런치 포함 분짜, 버거, 스테이크를 메인으로 요리한다.

지도 P.67-D3 ▶ **주소** 2 Đinh Liệt, Quận Hoàn Kiếm **전화** 0965-300-860 **홈페이지** www.facebook.com/bancongin hanoi **영업** 07:00~23:00 **메뉴** 영어, 베트남어 **예산** 커피 7만~8만 VND, 메인 요리 14만~38만 VND **가는 방법** 딘리엣 거리 2번지에 있다. 호안끼엠 호수 북단에서 북쪽으로 250m.

하노이 커피 스테이션 Hanoi Coffee Station ★★★☆

발코니가 매력적인 콜로니얼 건물에 들어선 카페다. 구시가에 위치한 탓에 입구는 다소 번잡스럽다. 건물 옆의 허름한 계단으로 올라가야 하는데, 카페 내부는 에어컨 시설을 새로이 정비해 깔끔하게 꾸몄다. 2층에 딸린 발코니에서는 거리 풍경을 바라보며 커피 마시기 좋다. 베트남 커피보다는 에스프레소와 에그 커피가 좀 더 유명하다. 브런치와 디저트 메뉴도 있어 가볍게 식사하기 좋다. 영어로 소통할 수 있는 친절한 스태프가 있다는 것도 장점. 주변에 여행자 숙소가 많아서 외국인 관광객이 많이 찾아온다.

지도 P.67-D4 ▶ **주소** 2F, 44 Hàng Bè, Quận Hoàn Kiếm **전화** 0936-864-089 **홈페이지** www.facebook.com/hanoicofffeestation **영업** 08:00~18:00 **메뉴** 영어, 베트남어 **예산** 커피 5만~7만 VND, 브런치 7만~10만 VND **가는 방법** 항베 거리 44번지의 징코 티셔츠Ginkgo T-shirts와 같은 건물 2층에 있다.

소울 스페셜티 커피 Soul Specialty Coffee ★★★★

구시가에서 있는 아담한 카페로 베트남 스페셜티 커피를 만든다. 부온마투옷Buôn Ma Thuột(베트남 커피 생산지 중 한 곳인 베트남 중부 지방)에서 자란 젊은이들이 운영하는데, 커피 재배, 수확, 건조, 세척, 로스팅, 추출에 이르는 일련의 과정을 바르게 진행한다는 원칙을 세웠다고 한다. 그만큼 커피 농장부터 시작해 한잔의 커피가 만들어지기까지 세심한 노력을 기울인다. 핀Phin(베트남 드립 커피), 에스프레소Espresso, 콜드 브루Cold Brew가 있다. 창의적인 커피를 맛보고 싶다면 시그니처 중에 선택하면 된다. 베트남 커피를 젊은 감각으로 재해석한 다양한 커피를 맛볼 수 있다. 원두커피와 드립백을 판매한다. 호찌민 시와 다낭에도 지점이 있다.

지도 P.66-A4 **주소** 12 Đường Thành, Quận Hoàn Kiếm **홈페이지** www.soulcoffee.vn **영업** 08:00~22:00 **메뉴** 영어, 베트남어 **예산** 6만~8만 VND **가는 방법** 드엉 탄(타잉) 12번지에 있다.

드림 빈스 커피 Dream Beans Coffee ★★★☆

구시가에서 조금 벗어난 한적한 골목에 있는 아담한 카페. 3층 건물로 내부는 협소하지만, 커피 맛은 좋다. 카페 안에 로스팅 기계가 있어서 신뢰감을 높여 준다. 두 개의 다른 지방에서 생산된 베트남 원두를 블렌딩해 사용한다. 에스프레소를 베이스로 아메리카노, 롱 블랙, 플랫 화이트, 라테, 카푸치노를 만든다. 블랙커피를 선호한다면 드립 커피를 주문하면 된다. 핀 드립, 프렌치 프레스, 사이폰, 에어로프레스 등 커피 추출 방법을 선택할 수 있다. 드립 커피를 주문하면 원두 무게를 재고, 갈아서 커피를 내리는 과정까지 친절하게 시현해 준다. 스페셜 커피로 인기 있는 에그 커피와 코코넛 커피까지 훌륭하다. 직원도 친절하고 영어도 잘 통해서 외국 관광객도 많이 찾는다.

지도 P.70-D1 **주소** 79 Lý Nam Đế, Quận Hoàn Kiếm **홈페이지** www.facebook.com/hanoidreambeans **영업** 07:30~17:00 **메뉴** 영어, 베트남어 **예산** 5만~7만 VND **가는 방법** 풍흥 벽화 거리의 철길 지나서 왼쪽으로 리남데 거리 79번지에 있다.

C.O.C 레거시 C.O.C Legacy Specialty Coffee ★★★★

구시가 중심가에 있지만 골목 안쪽에 있어 눈에 띄지 않는다. 간판을 보고 건물 틈 사이로 들어가서, 계단으로 2층을 올라가면 된다. 찾기도 힘들도, 허름한 건물에, 카페 내부도 작지만 그 자체로 매력적이다. 계단 복도에서 내려다보는 건물 분위기와 묘하게 어울린다. 독특한 분위기 때문에 입소문을 듣고 찾아오는 사람이 많다. 외국 여행자들도 많이 볼 수 있다. 핀 커피(베트남 드립 커피), 에그 커피, 코코넛 커피, 잭프루트 커피까지 커피 맛도 좋다. 바리스타들이 정성스럽게 커피를 만든다.

지도 P.67-D3 **주소** 84 Hàng Bạc, Quận Hoàn Kiếm **전화** 0876-775-636 **홈페이지** www.coccoffee.vn **영업** 08:30~19:30 **메뉴** 영어, 베트남어 **예산** 6만~8만 VND **가는 방법** 항박 거리 84번지와 86번지 사이로 들어가면 된다.

올 데이 커피(항분 지점) All Day Coffee ★★★★

베트남 젊은이들의 사랑을 받고 있는 트렌디한 느낌의 브런치 카페. 벽돌, 콘크리트, 철근, 타일을 이용해 넓고 쾌적하게 꾸몄다. 층고가 높은 2층 건물로 창문도 넓어서 밝고 시원하다. 카페 외관에 Vietnamese Specialty, Roasted Daily, Hand Brew, Egg Coffee, Food Desert라고 적혀 있다. 매일 로스팅해서 특별한 커피를 만들고, 식사와 디저트까지 구비하고 있음을 알 수 있다. 드립 커피는 베트남, 에티오피아, 코스타리카 세 나라의 원두를 사용한다. 하노이를 대표하는 에그 커피와 스테인리스 필터에 내려주는 베트남 커피도 기본적으로 구비하고 있다. 브런치 메뉴로는 아보카도 토스트, 샌드위치, 비프 버거, 파스타, 연어 스테이크가 있다. 커피 숍 로고가 그려진 머그잔과 로스팅한 원두를 매장에서 판매한다. 꽝중 거리에 본점(주소 37 Quang Trung)이 있다.

지도 P.65-D1 **주소** 55 Hàng Bún, Quận Ba Đình **전화** 024-6661-5616 **홈페이지** www.facebook.com/alldaycoffeevn **영업** 07:00~23:00 **메뉴** 영어, 베트남어 **예산** 커피 6만~11만 VND, 브런치 15만~20만 VND(+7% Tax) **가는 방법** 구시가 북쪽의 항분 거리 55번시에 있나.

로우 커피(항부옴 지점) RAAW Coffee Hàng Buồm ★★★★

구시가의 번잡함 속에서 여유로움을 찾을 수 있는 카페. 겉에서 보기에는 자그마한 카페처럼 보이지만, 입구를 들어서면 중정을 지나 안쪽으로 길게 이어지는 제법 큰 카페 내부가 나온다. 계단을 통해 2층에 오르면 발코니 딸린 공간까지 있다. 화이트 톤의 미니멀한 디자인과 프렌치 빌라의 빈티지한 감성이 어우러진다. 에어컨 시설로 쾌적하며, 발코니에서는 구시가 풍경을 감상하기 더 없이 좋다. 로스터리를 겸하고 있어 직접 로스팅한 원두를 이용해 커피를 추출한다. 베트남 중·북부 지방의 다양한 커피를 맛 볼 수 있다. 적당한 산미를 즐기는 사람에게 어울린다. 에스프레소와 콜드 브루를 활용한 시그니처 커피도 만든다.

지도 P.67-D2 **주소** 15 Hàng Buồm, Quận Hoàn Kiếm **전화** 0984-881-946 **홈페이지** www.raaw.coffee **영업** 08:00~23:00 **메뉴** 영어 **예산** 6만~9만 5,000 VND **가는 방법** 항부옴 거리 15번지에 있다.

만지 Manzi ★★★★

커피숍이라기보다 갤러리에 가깝다. 당초 갤러리를 운영하려던 주인장은 창작에 대한 규제가 심한 사회주의 정부의 눈을 피해 커피숍으로 영업 허가를 받았고, 작품은 인테리어로 걸어두는 실정이다. 커피는 물론이고 스무디, 칵테일, 와인까지 판매한다. 콜로니얼 양식의 프렌치 빌라에 들어선 공간인 만큼 분위기도 퍽 멋스럽다. 커다란 나무 창문을 열어둔 마루엔 따뜻한 햇볕과 바람이 들고, 작은 앞마당에서는 차분하게 나만의 시간을 보내기 좋다. 1층에서 커피를 마셨다면 2층에 올라가 전시된 작품을 둘러봐도 좋다. 회화, 조각, 사진 등이 방 하나를 가득 메우고 있다.

지도 P.65-D1 **주소** 14 Phan Huy Ích, Quận Ba Đình **전화** 024-3716-3397 **홈페이지** www.facebook.com/manzihanoi **영업** 08:00~22:00 **메뉴** 영어, 베트남어 **예산** 커피 4만~6만 VND, 칵테일 9만 VND **가는 방법** 구시가 북쪽의 판휘익 거리 14번지에 있다. 항더우 거리에 있는 급수탑에서 500m.

NIGHTLIFE 구시가의 나이트라이프

저렴한 비아 허이(생맥주)를 마시며 현지인들과 어울려 저녁 시간을 보내고 싶다면, 다음의 장소를 눈여겨볼 것. 따히엔 맥주 거리를 중심으로 수많은 노천 맥주 집과 펍이 몰려 있다.

따히엔 맥주 거리 Tạ Hiện Beer Street ★★★★☆

구시가에서 편하게 '비아 허이(생맥주)Bia Hơi' 한잔 기울이기 좋은 곳. 여행자 거리의 중심부인 따히엔 거리에 맥주 노점이 가득 늘어서기 때문에 '맥주 거리'라는 별칭으로도 불린다. 도로 위에 놓인 플라스틱 의자에 엉덩이를 붙이면 주문할 준비 완료. 사거리 코너를 중심으로 노점이 여러 군데 있으므로 아무 데나 자리를 잡으면 된다. 메뉴는 대부분 비슷한데 병맥주는 4만~8만VND, 바비큐는 1인당 20만VND 정도 예상하면 된다. 해가 환할 때도 술을 팔기 때문에 낮술을 걸치며 구시가 풍경을 구경하기에도 좋다. 저녁시간이 되면 바비큐 노점 식당까지 합세해 북새통을 이루니, 구시가를 통틀어 가장 높은 인구밀도를 자랑한다. 주변에 여행자 숙소가 많아서 외국인 여행자도 많이 찾아온다. 맥주 거리 안쪽으로 접어들면 여행자 친화적인 펍들이 즐비한데, 오랫동안 영업 중인 뗏 바Tet Bar(주소 2A Tạ Hiện 지도 P.67-D2)가 가장 유명하다. 맥주 거리 중간에 있는 프라그 펍Prague Pub과 헤이 바Hay Bar도 인기 있다.

지도 P.67-D3 ▶ 주소 Tạ Hiện & Lương Ngọc Quyến, Quận Hoàn Kiếm 영업 14:00~22:00 메뉴 베트남어 예산 맥주 4만~8만 VND 가는 방법 따히엔 거리와 르엉응옥꾸옌 거리가 교차하는 사거리에 있다. 띠히엔 거리에 있는 에센스 하노이 호텔 Essence Hanoi Hotel 옆 삼거리 코너에 있다. 호안끼엠 호수 북단에서 북쪽으로 400m.

비아 허이Bia Hơi **한잔의 행복**

'신선한 맥주'라는 뜻의 베트남어 비아 허이Bia Hơi 는 생맥주를 뜻합니다. 커피와 함께 베트남 사람들이 애용하는 기호식품이죠. 홉과 쌀을 섞어서 맥주를 만들기 때문에 알코올 도수가 2~4 정도로 맥주치고는 가볍습니다. 비아 허이는 공장에서 매일 저녁 만들어 아침이 되면 상점에 배달됩니다. 방부제를 넣지 않기 때문에 바로 마셔야 신선한 맛을 유지할 수 있어요. 생맥주 통에서 유리잔으로 맥주를 담아주기도 하고, 플라스틱 병에 담아서 음료수처럼 판매하기도 합니다. 유리잔 1잔에 1만 5,000VND(약 800원) 정도라 '세상에서 가장 싼 맥주'라고도 알려졌죠. 참고로 우리가 생각하는 일반적인 생맥주(드래프트 비어)는 '비아 뜨어이Bia Tươi'라고 부릅니다.

비아 허이는 아무래도 현지인들이 즐겨 마시는 저렴한 술입니다. 구시가 골목 곳곳에 비아 허이를 판매하는 곳을 어렵지 않게 발견할 수 있습니다. 외국 관광객이라면 영어가 통하는 따히엔 맥주 거리(P.109 참고)를 방문하는 게 편리하고요, 현지인과 어울리고 싶다면 밧단 거리에 있는 꽌 비아허이 밧단Quán Bia Hơi Bát Đàn(P.111)도 좋습니다.

네 칵테일 바 *Nê Cocktail Bar* ★★★★

구시가로부터 살짝 비켜간 골목에 있는 자그마한 칵테일 바. 어둑한 실내는 스피크이지 바(1920년대 미국의 금주령 시대의 비밀스러운 술집)를 연상시킨다. 바를 중심으로 몇 개의 테이블만이 놓인 아담한 규모지만, 감도 높은 인테리어와 묘한 분위기로 입소문이 자자하다. 게다가 베트남 바텐더 경연대회 우승자가 운영하는 곳이라 애주가들 사이에서는 익히 알려진 곳이다. 하노이의 문화적 뉘앙스를 담아 창의적인 칵테일을 만들어내는 곳으로도 이름 높다. 특히 진과 쿠앵트로를 기본 베이스로 시나몬, 팔각, 카더몬을 곁들인 퍼 칵테일(쌀국수 향을 첨가한 칵테일)*Pho Cocktail*을 처음으로 만들어낸 곳이기도 하다. 물론 모히토, 마가리타, 마티니, 니그로니, 피냐 콜라다 같은 클래식 칵테일도 함께 선보인다. 맛은 더할 나위 없이 훌륭하고, 퍼포먼스를 감상하는 재미도 쏠쏠하다.

지도 P.70-D2 ▶ **주소** 3B Tống Duy Tân, Quận Hoàn Kiếm **전화** 0904-886-266 **영업** 19:30~02:00 **메뉴** 영어 **예산** 칵테일 22만~28만 VND **가는 방법** 동주이떤 거리 3번지에 있다. 간판이 작아서 유심히 살펴야 한다.

꽌비아허이 밧단 *Quán Bia Hơi Bát Đàn* ★★★

구시가 밧단 거리에 있는 비아허이(베트남식 생맥주) 가게. 플라스틱 의자가 놓여 있는 긴 어느 로컬 레스토랑과 차이가 없지만, 골목 코너에 있어 구시가의 풍경을 감상하며 맥주 마시기 좋다. 현시인(베트남 아저씨들)에게 인기 있는 곳으로 저렴한 맥주와 안주를 곁들여 시간을 보내기 좋다. 상업화된 따히엔 맥주 거리에 비하면, 하노이 옛 감성이 남아 있다. 청결함이나 음식 맛을 논할 곳을 아니지만, 현지 분위기를 느끼고 싶다면 가볼 만하다. 볶음밥, 볶음국수뿐만 아니라 닭고기, 돼지고기, 소고기, 생선, 개구리, 염소 요리까지 식사 메뉴도 다양하다.

지도 P.66-A3 ▶ **주소** 50 Bát Đàn, Quận Hoàn Kiếm **영업** 10:00~23:00 **메뉴** 영어, 베트남어 **예산** 비아 허이 1만 5,000 VND, 병맥주 2만 5,000VND **가는 방법** 구시가 밧단 거리 50번지에 있다. 간판에 Bia 50 Bát Đàn이라고 적혀 있다.

갤러리 비스포크 칵테일 바 Gallery Bespoke Cocktail Bar ★★★☆

구시가에 있는 힙한 분위기의 칵테일 바. 개인의 기호에 따라 칵테일을 맞춤 형식으로 주문할 수 있어서 비스포크 칵테일 바라고 칭했다. 갤러리를 표방하고 있는 곳답게 사진을 전시해 인테리어를 꾸몄다. 복층 구조로 되어 있는데 2층에서는 라이브 음악도 연주해 준다. 1층에는 위스키 병이 가득 전시된 칵테일 바를 중심으로 가죽 소파를 배치했다. 모히토, 피나 콜라다, 마이타이, 싱가포르 슬링 같은 클래식한 칵테일 메뉴도 잘 갖추어져 있다. 베트남 술집이 그러하듯 실내에서 흡연이 가능하다. 관광객보다는 베트남 젊은이들이 주된 고객이다.

지도 P.66-A2 ▶ **주소** 95 Phùng Hưng, Quận Hoàn Kiếm **전화** 0941-111-420 **홈페이지** www.facebook.com/Gallery CocktailBar **영업** 19:00~02:00 **메뉴** 영어, 베트남어 **예산** 29만~32만 VND (+15% Tax) **가는 방법** 풍흥 거리 95번지에 있다.

하노이 홈브루 Hanoi Homebrew ★★★☆

로컬 크래프트 비어Local Craft Beer, 마이크로 브루어리Micro Brewery, 스포츠 바Sport Bar를 표방하는 곳이다. 한마디로 수제 맥주를 판매하는 자그마한 펍이다. 파스퇴르 스트리트 브루잉 컴퍼니(P.158)가 호찌민시에서 시작해 전국적으로 확장해 갔다면, 하노이 홈브루는 지역 수제 맥주 회사다. 소규모 양조장에서 직접 만든 IPA, 필스너, 페일 에일 등의 맥주를 판매한다. 비아 허이, 패션 프루트, 주시 파인애플, 초코 스타우트 등 독특한 수제 맥주를 맛 볼 수 있다. 탭에서 즉석에서 뽑아주는 시원한 생맥주는 기본. 병맥주와 캔 맥주도 보유하고 있다. 구시가 여러 곳에 매장을 운영한다. 공간은 넓지 않지만 거리 풍경을 감상하며 편하게 맥주 한 잔하기 좋다.

지도 P.66-B2 ▶ **주소** 1 Chả Cá, Quận Hoàn Kiếm **전화** 0368-428-198 **홈페이지** www.facebook.com/HaNoiHomebrew **영업** 11:00~23:30 **메뉴** 영어 **예산** 9만~13만VND **가는 방법** ①구시가 짜까 거리 1번지에 있다. ②호안끼엠 호수 오른쪽의 로쑤 거리 50번지(주소 50 Lò Sũ)에 지점이 있다.

SHOPPING 구시가의 쇼핑

하노이는 구시가 전체가 쇼핑센터라고 해도 무관하다. 작은 상점들이 다닥다닥 붙어 있고, 판매하는 물건도 못다 헤아릴 만큼 다양하다. 기념품을 구입하려면 항가이Hàng Gai 거리만 한 곳도 없다. 주말마다 야시장Weekend Night Market(P.83)이 서는 항다오 거리도 하노이 고유의 정취를 즐기기엔 더할 나위 없다.

항가이 거리(실크 스트리트) Hàng Gai ★★★☆

구시가에서 가장 화려한 거리다. 탕롱(하노이의 옛 이름) 시절에는 베옷(麻)을 팔던 거리였는데, 현재는 250m에 이르는 도로에 무려 60개의 실크 숍과 기념품 매장이 들어서 실크 스트리트Silk Street로 불린다. 각종 기념품, 옷, 소품을 판매하는데 가격을 흥정해야 하는 곳이 많다. 비슷한 물건을 팔기 때문에 몇 군데 둘러보고 구입하면 된다. 정가제로 운영되는 가게 중에는 타이어드 시티Tired City(주소 97 Hàng Gai), 싸파Sapa(주소 103 Hàng Gai), 인도차이나 실크Indochina Silk(주소 65 Hàng Gai), 떤미 디자인Tân Mỹ Design(주소 61 Hàng Gai)이 유명하다.

소규모로 운영되는 기념품 가게가 대부분이지만 대형 매장도 몇 곳 있다. 밧짱 도자기를 판매하는 어쎈틱 밧짱Authentic Bat Trang(주소 115 Hàng Gai)과 힐러리 클린턴이 방문했던 하동 실크Ha Dong Silk(주소 102 Hàng Gai)가 특히 유명하다. 실크 매장은 화려한 색상의 아오자이를 포함해 블라우스, 정장, 스카프, 가방, 쿠션 커버 등을 판매한다. 원단을 직접 골라 취향에 맞게 디자인을 부탁할 수 있는데, 주문 제작할 경우 최소 이틀의 시간이 필요하다. 저렴하게 아오자이를 대여하고 싶다면 항가이 거리 117번지에 있는 탄투이 Shop 117 Thành Thuy(주소 117 Hàng Gai)를 이용하면 된다.

지도 P.66-C4 ▶ **주소** Hàng Gai, Quận Hoàn Kiếm **운영** 09:00~22:00 **가는 방법** 호안끼엠 호수에서 북쪽으로 100m, 성 요셉 성당에서 북쪽으로 250m.

타이어드 시티 Tired City ★★★★

순도 100% '메이드 인 베트남'을 강조하는 크리에이티브 숍이다. 베트남의 젊은 아티스트들이 연합해 만든 프린트 제품을 판매한다. 베트남을 주제로 한 디자인, 혹은 전통 판화를 모티브로 한 디자인이 주를 이룬다. 티셔츠, 토트백, 에코 백, 달력, 수첩, 엽서, 책갈피 등 품목도 다양하다. 사회주의 이념을 홍보하는 프로파간다 포스터도 레트로풍으로 복원해 판매한다. 기념품으로 구입하기 좋고, 화려한 색감과 개성 넘치는 물건이 많아 둘러보는 재미가 쏠쏠하다. 하노이에 매장 12곳을 운영한다. 구시가와 성당 주변에 냐터 지점(주소 5 Nhà Thờ), 항쫑 지점(주소 67 Hàng Trống), 항박 지점(주소 8 Hàng Bạc), 항한 지점(주소 37 Hàng Hành)이 몰려 있다.

지도 P.66-C4 **주소** 97 Hàng Gai, Quận Hoàn Kiếm **홈페이지** www.tiredcity.com **영업** 08:00~22:00 **가는 방법** ①구시가의 항가이 거리 97번지에 있다. ②구시가의 항가이 거리 13번지(주소 13 Hàng Gai)에도 지점이 있다.

떤미 디자인 Tân Mỹ Design ★★★★

실크 매장이 가득한 항가이 거리에 있다. 하노이에서 가장 오래된 상점으로 알려진 이곳은 1969년부터 4대에 걸친 수예품 명가다. 자수를 넣은 베개 커버를 시작으로 현재는 침대 커버, 테이블 커버, 쿠션 커버, 가방, 지갑, 의류까지 생산한다. 장인의 자수 솜씨가 돋보이는 심플하면서도 세련된 디자인이 눈을 끈다. 홈 데코 & 인테리어 전문 매장으로, 본점보다 규모도 크고 스타일리시하게 꾸몄다. 자수를 이용한 의류와 침구, 쿠션, 패션 용품까지 다양한 제품을 전시·판매한다. 1층에는 트렌디한 느낌의 떤미 디자인 카페Tân Mỹ Design Cafe를 운영해 문턱을 낮췄다. 본점에 해당하는 떤미Tân Mỹ Embroidery는 인접한 항쫑 거리(주소 16 Hàng Trống)에 있다.

지도 P.66-C4 **주소** 61 Hàng Gai, Quận Hoàn Kiếm **전화** 024-3938-1154, 0936-631-368 **홈페이지** www.tanmydesign.com **영업** 09:00~20:00 **가는 방법** 항가이 거리 61번지에 있다. 호안끼엠 호수 북단에서 200m, 성 요셉 성당에서 450m 떨어져 있다.

징코 티셔츠 Ginkgo T-shirt ★★★☆

베트남 로컬 의류 브랜드로, 티셔츠가 주력 상품이다. 베트남 국기와 시클로, 오토바이 등의 아이콘으로 디자인한 제품이 주를 이루기 때문에 기념품으로도 손색이 없다. 바지와 원피스, 스커트는 물론이고 가방도 구입할 수 있다. 오가닉 제품이라, 시장에 파는 티셔츠와 비교해 상당히 좋은 품질을 자랑한다. 티셔츠는 35만~70만 VND 정도이며, 이곳 역시 공정 무역을 표방한다. 관광객이 많이 찾는 구시가에는 항베 거리(주소 44 Hàng Bè), 항가이 거리(주소 79 Hàng Gai), 따히엔 거리(주소 35 Tạ Hiện), 리꿕쓰 거리(주소 45 Lý Quốc Sư) 등 네 곳에 지점을 운영한다. 호찌민시(사이공), 하노이, 냐짱, 호이안에서도 매장을 찾아볼 수 있다.

지도 P.66-C4 **주소** 60 Hàng Gai, Quận Hoàn Kiếm **전화** 024-3926-4769 **홈페이지** www.ginkgo-vietnam.com **영업** 08:00~22:00 **가는 방법** 구시가의 항가이 거리 60번지에 있다.

머이 키친웨어 Mây Kitchenware & Coffee Shop ★★★☆

세라믹 도자기와 그릇, 찻잔을 판매하는 주방 용품 매장이다. 프렌치 빌라를 개조해 만들었는데, 겉에서 보는 것과 달리 빈티지한 감성이 가득하다. 벽돌 건물 내부는 중정을 지나 2층으로 연결되는 카페가 이어진다. 실내에 전시된 아기자기한 도자기만으로 충분히 매력적이다. 오래된 고목들을 선반으로 활용해 도예 전시실처럼 꾸몄다. 베트남 MZ들에게 인기 있는 곳으로 쇼핑보다는 스냅 사진 찍으러 오는 젊은이들이 많다. 기찻길 뒤쪽의 리담데 거리에 2호점 Mây Kitchenware Cơ Sở 2(주소 Ngõ 8 Lý Nam Đế)을 운영한다.

지도 P.65-D1 **주소** 80 Yên Phụ, Quận Ba Đình **홈페이지** www.facebook.com/maykitchenware38lacchinh **영업** 08:00~21:00 **가는 방법** 옌푸 거리 80번지에 있다. 롱비엔 기차역에서 북쪽으로 300m.

 # 구시가의 스파 & 마사지

더위에 지친 심신을 달래고 싶을 때, 마사지를 받으러 간다. 베트남 마사지는 오일을 이용한 아로마 마사지Aroma Massage를 기본으로 한다. 각종 허브를 거즈에 싸서 둥글게 만든 '허벌 볼Herbal Ball'을 이용한 허브 마사지Herb Massage, 돌을 뜨겁게 데워 등과 허리, 어깨를 어루만지는 핫 스톤 마사지Hat Stone Massage, 대나무 막대를 이용한 뱀부 마사지Bamboo Massage도 만나볼 수 있다. 혈을 지압하는 타이·중국식 마사지에 비하면, 이곳의 마사지는 부드러운 편이다.

오마모리 스파 Omamori Spa ★★★★

시각 장애인에게 취업 기회를 제공하기 위해 만든 블라인드 링크Blind Link에서 운영한다. 마사지는 세게 받아야 한다고 생각하는 사람들이 좋아할 만한 곳이다. 오일 없이 진행하는 오마모리 논-오일Omamori Non-Oil 마사지는 지압으로 뭉친 근육을 푼다. 시그니처 마사지는 '젠 인 더 하트Zen in the Heart Treatment'로 다양한 마사지 기술을 결합해 몸의 피로를 풀어준다. 모든 트리트먼트 메뉴는 60분, 75분, 90분, 120분 단위로 주문할 수 있다.

시설은 전반적으로 깔끔한 편이지만, 일반 마사지 룸은 여러 명이 함께 마사지를 받게 되어 있으니 유의할 것. 마사지 베드마다 커튼이 설치되어 있을 뿐이다. 개별 룸은 추가 요금(1인당 10만 VND)을 내야 한다. 마사지와 간단한 영어 능력을 겸비한 전문 안마사들이 상주하므로 기본적인 의사소통이 가능하고, 따라서 마사지 강도가 적당한지도 틈틈이 확인해 준다. 안마사는 남녀 구분 없이 순번대로 지정되며, 팁을 받지 말라는 강령이 내려올 만큼 서비스가 철저히 관리된다. 서호 주변에 머문다면 지점 Omamori Spa West Lake(주소 52/28 Tô Ngọc Vân)를 이용하면 편리하다.

지도 P.68-B1 **주소** 48 Ngõ Huyện, Quận Hoàn Kiếm **전화** 024-3773-9919, 024-6668-9666 **홈페이지** www.omamorispa.com **영업** 09:00~22:30 **요금** 오마모리(60분) 30만 VND, 오마모리 논-오일(60분) 35만 VND, 핫 스톤(60분) 40만 VND, 발 마사지(60분) 30만 VND, 시그니처 마사지(60분) 45만~50만 VND **가는 방법** 성 요셉 성당 주변의 응오후옌 골목 안쪽에 있다. 골목이 좁아서 안쪽까지 택시가 들어가지 못한다.

미도리 스파 Midori Spa ★★★☆

택시도 들어가지 못하는 구시가 골목 깊숙이 자리한 스파. 고급스러운 스파 테라피를 선보이기보다는 가성비 좋은 마사지를 즐기기 좋은 공간이다. 따라서 전용 스파 룸은 없고, 여럿이 한 공간에서 마사지를 받는 방식이다. 마사지 베드마다 커튼이 설치되어 있는 정도다. 다만 꼼꼼한 마사지와 손맛 덕에 만족도가 높다. 집중적으로 받고 싶은 곳을 체크하고 본격적인 마사지에 돌입한다. 베트남 마사지, 타이 마사지 위드 오일, 스웨디시 마사지로 구분된다. 세 종류의 마사지를 한꺼번에 받을 수 있는 미도리 마사지Midori Massage가 대표적인 테라피 메뉴. 카카오톡으로 문의 및 예약이 가능하다.

지도 P.68-B2 ▶ **주소** 60 Ngõ Huyện, Quận Hoàn Kiếm **전화** 024-3826-6060 **홈페이지** www.midorispa.org **영업** 09:00~23:30 **요금** 발 마사지(60분) 30만 VND, 베트남 마사지(60분) 32만 VND, 오일 마사지(60분) 36만 VND, 미도리 마사지(90분) 54만 VND **가는 방법** 성 요셉 성당과 가까운 후옌 골목(응오후옌) 60번지에 있다.

센 스파 Sen Spa Hanoi ★★★★

호안끼엠 호수와 성 요셉 성당 주변에서 접근성이 좋은 스파. 골목 안쪽에 있어 차분하며 깔끔한 시설로 마사지 받기 좋다. 마사지 전후에는 샤워도 가능하다. '센'은 연꽃을 뜻하는데, 이름처럼 동양적인 감각으로 인테리어를 꾸몄다. 발 마사지, 베트남 전신 마사지, 타이 마사지, 아로마 마사지, 핫 스톤 마사지, 딥 티슈 마사지까지 다양하다. 건식 마사지는 타이 마사지를, 강한 압을 원한다면 딥 티슈 마사지를 선택하면 된다. 아로마 오일은 시향해보고 선택할 수 있다. 한국 관광객에게 많이 알려진 업소다. 한국어 소통 가능한 직원도 있다. 카카오톡으로 예약할 수 있다. 오전 시간에는 10% 할인 혜택도 있다. 단점은 엘리베이터가 없다는 것. 배정받는 층까지 걸어서 올라가야 한다.

지도 P.68-C1 ▶ **주소** 38 Hàng Hành, Quận Hoàn Kiếm **전화** 0965-381-600 **홈페이지** www.senspahanoi.com **영업** 10:00~22:00 **요금** 발 마사지(60분) 27만 VND, 베트남 전신 마사지 39만 VND, 아로마 마사지(60분) 39만 VND, 타이 마사지 42만 VND **가는 방법** 성 요셉 성당에서 400m 떨어진 항한 거리 38번지에 있다.

오리엔트 스파 Orient Spa ★★★★

깨끗한 시설, 합리적인 가격을 자랑하는 스파 업소. 2017년 오픈 당시 대대적인 프로모션으로 인지도를 쌓았고 꾸준한 서비스로 만족스러운 평가를 받고 있다. 럭셔리하지는 않지만 개별적으로 스파를 즐길 수 있는 프라이빗 룸이 자리한다. 테라피 메뉴는 오일을 이용한 오리엔트 아로마 마사지Orient Aroma Massage와 오일 없이 지압으로 마사지 해주는 타이 마사지Thai Massage로 크게 구분된다. 할인가로 이뤄진 프로모션 패키지도 눈여겨볼 만하다. 한국어가 가능한 매니저가 있어서 소통이 편리한 것이 장점이다. 예약을 권장한다(한국 관광객이 많이 찾는 곳이라 카카오톡으로 예약을 진행할 수도 있다).

지도 P.68-B2 **주소** 26 Ấu Triệu, Quận Hoàn Kiếm **전화** 0977-903-499 **카카오톡** orientspa72 **홈페이지** www.orientspahanoi.com **영업** 09:30~22:00 **요금** 오리엔트 아로마 마사지(60분) 39만 VND, 타이 마사지(75분) 45만 VND, 핫 스톤 마사지(75분) 48만 VND, 발 마사지(60분) 35만 VND, 마사지 패키지(105분) 59만 VND **가는 방법** 성 요셉 성당을 바라보고 오른쪽 골목인 어우찌에우 거리 26번지에 있다.

미도 스파(2호점) Mido Spa ★★★☆

전신 마사지에 집중하는 업소. 럭셔리한 곳은 아니지만 시설은 깔끔하다. 1층은 발 마사지 받는 곳이 있고, 위층에는 스파 룸이 있다. 마사지 룸은 2인실, 3인실, 4인실로 구분되며, 침대와 침대 사이는 커튼이 설치되어 있다. 아로마 테라피, 스웨디시 마사지, 전통 타이 마사지, 오일 타이 마사지, 전통 베트남 마사지, 스포츠 마사지, 허벌 마사지, 콤비네이션 마사지 등 11가지 마사지로 세분해 테라피를 진행한다. 참고로 콤비네이션 마사지는 타이 마사지+지압+아로마+스포츠 마사지를 혼합한 테라피고, 타이 마사지는 상대적으로 강도가 센 편이니 유의할 것. 마사지는 60분, 75분, 90분, 120분으로 구분해 선택할 수 있다. 구시가에 네 곳의 지점을 운영하는데, 예약이 밀릴 경우 맞은편에 있는 항만(항마잉) 26번지 지점으로 인도한다. 한인 여행사에서 예약 대행을 진행하는 곳이라, 한국 관광객이 많이 찾는다.

지도 P.66-B4 **주소** 11 Hàng Mành, Quận Hoàn Kiếm **전화** 024-2242-5111 **홈페이지** www.midospa.com **영업** 09:00~23:00 **요금** 발 마사지(60분) 33만 VND, 아로마 테라피(60분) 47만 VND, 전통 타이 마사지(60분) 49만 VND, 미도 스파 시그니처(140분) 131만 VND **가는 방법** 구시가의 항만(항마잉) 거리 11번지에 있다.

세레네 스파(서린 스파) **Serene Spa** ★★★★

하노이의 대표적인 고급 스파로 분위기가 좋고, 마사지 만족도도 높다. 여행자 숙소와 레스토랑이 몰려 있는 마머이 거리에 있어 외국 관광객이 즐겨 찾는다. 한 거리에 세 개 지점을 운영하는데, 서로 인접해 있다. 각별히 친절한 업소 중 하나로, 마사지 받기 전에 웰컴 드링크를 제공한다. 아로마 오일도 시향한 뒤 선택할 수 있어 좋다. 바디 테라피는 아로마 오일 마사지를 기본으로 하는데, 핫 스톤 마사지를 결합한 세레네 오일 & 핫 스톤Serene Oil & Hot Stone이 인기 있다. 뭉친 근육을 풀어주는 딥 머슬 테라피Deep Muscular Therapy도 괜찮다. 마사지 전후로 지압의 세기를 틈틈이 물어보며 섬세하게 강도를 조절한다. 오랜 시간을 두고 심신을 치유하고 싶다면 2~4시간에 걸친 스파 패키지를 추천한다. 허벌 스팀 사우나+바디 스크럽+마사지+아로마 테라피+페이셜 트리트먼트를 결합해 총체적인 테라피를 선보인다.

스파 룸은 기본적으로 샤워 시설이 딸려 있으며 커플 룸(2인실)과 3인실로 구분된다. 한국 관광객도 많이 찾는 곳이라, 카카오톡으로도 예약이 가능하다. 오전에는 해피 아워로 10% 할인해 준다. 예약을 권장한다.

지도 P.67-D3 **주소** ①1호점 68 Mã Mây, Quận Hoàn Kiếm ②2호점 58 Mã Mây, Quận Hoàn Kiếm **전화** 0916-362-368 **카카오톡** serenespa **홈페이지** www.serenespa.vn **영업** 09:00~23:00 **요금** 세레네 오일 & 스톤(90분) 95만 VND, 딥 머슬 테라피(90분) 88만 VND, 타이 로열 마사지(90분) 86만 VND, 리프레싱 패키지(120분) 146만 VND, 릴랙싱 브리스풀 데이 스파 패키지(180분) 192만 VND **가는 방법** ①1호점은 마머이 거리 68번지에 있다. ②2호점은 마머이 거리 58번지에 있다. ③3호점에 해당하는 세레네 시그니처 스파 Serene Signature Spa는 마머이 거리 61번지에 있다.

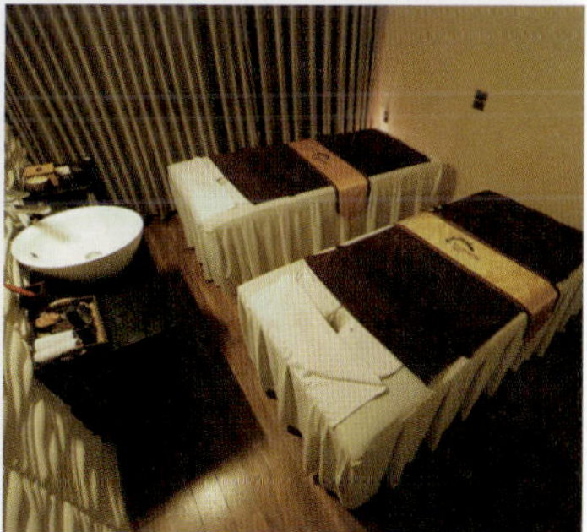

스파스 하노이 Spas Hanoi ★★★☆

갤러리처럼 꾸민 트렌디한 스파 업소로, 시설이 훌륭하다. 7층 규모의 건물에는 커플 룸(2인실)부터 4인실까지 다양한 스파 룸을 보유하고 있다. 1층에는 웰컴 드링크를 마시고, 마사지 사전 체크(강도와 집중적으로 마사지를 받고 싶은 곳 확인)를 진행하며 족욕을 받는 자쿠지 시설이 있다. 진행 순서는 여느 업소와 동일하다. 아로마 마사지(오일 마사지)를 기본으로 하며 발 마사지, 타이 마사지, 베트남 마사지, 핫 스톤 마사지로 구분된다. 210분간 진행되는 스파스 하노이 럭셔리 Spas Hanoi Luxury는 자쿠지+마사지 2시간+페이셜 1시간으로 구성된다.

지도 P.68-A2 ▶ **주소** 189 Hàng Bông, Quận Hoàn Kiếm **전화** 0976-232-322 **홈페이지** www.spashanoi.com **영업** 10:00~22:00 **요금** 아로마 마사지(60분) 42만 VND, 핫 스톤 마사지(90분) 65만 VND **가는 방법** 항봉 거리 189번지에 있다. 실크 패스 호텔Silk Path Hotel을 바라보고 왼쪽에 있다.

비 웰니스 스파 Be Wellness Spa ★★★★

비스포크 트렌디 호텔Bespoke Trendy Hotel에서 운영한다. 호텔의 부대시설이지만 리셉션을 통하지 않고 드나들도록 독립적으로 설계되어 있다. 고급 호텔에서 운영하는 곳답게 시설이 좋고, 체계적인 관리가 이루어진다. 친절한 서비스는 물론 꼼꼼한 마사지도 인상적이다. 아로마 오일을 이용한 마사지를 기본으로 하는데, 부드러운 릴랙세이션 트리트먼트 Relaxation Treatment와 강한 텐션 릴리프 트리트먼트Tension Relief Treatment가 있다. 바디 스크럽, 바디 랩, 페이셜 트리트먼트를 결합한 스파 패키지도 다양하다. 천연 재료로 만든 마사지 오일은 직접 시향하고 선택할 수 있다.

지도 P.66-A4 ▶ **주소** 10 Nguyễn Quang Bích, Quận Hoàn Kiếm **전화** 024-3923-4026 **홈페이지** https://bespokehotels.vn/trendyhn/be-wellness-spa **영업** 09:00~21:00(예약 마감 20:00) **요금** 아로마 오일 마사지(60분) 69만 VND, 핫 스톤 마사지(60분) 82만 VND, 허벌 테라피(60분) 90만 VND **가는 방법** 응우옌꽝빅 거리 10번지에 있는 비스포크 트렌디 호텔 1층에 있다.

라 벨 비 스파 La Belle Vie Spa ★★★★

고급스럽고 깔끔한 시설로 이름 높은 스파. 모든 스파 룸은 샤워 시설뿐 아니라 사우나까지 갖추고 있다. 모두 10개 스파 룸을 갖추고 있으며, 최대 23명까지 수용할 수 있다. 아로마 오일 마사지를 기본으로 하는데, 시향 후 마음에 드는 오일을 선택하면 된다. 시그니처 마사지는 오일 마사지와 타이식 허벌 콤프레스Herbal Compress가 조합되어 있다. 조금 더 럭셔리한 마사지를 원한다면 포 핸드 마사지Four Hands Massage가 있다. 두 명의 테라피스트가 4개의 손으로 마사지를 해 준다. 테라피스트들과는 손가락을 이용해 의사소통하면 된다. 손가락 한 개 또는 두 개를 펴 보이면 마사지 강도를 조절해 준다. 마사지 전후로 차와 다과를 제공해 준다. 한국 관광객이 많이 찾는 곳으로, 예약하고 가는 게 좋다. 세 곳의 지점이 있으므로 반드시 주소를 확인하고 갈 것.

지도 P.66-C4 **주소** 50 Lương Văn Can, Quận Hoàn Kiếm **전화** 024-6671-1336 **홈페이지** www.hanoilabellespa.com **영업** 09:00~23:00 **요금** 아로마 테라피(60분) 69만 VND, 타이 마사지(60분) 99만 VND, 시그니처 마사지(75분) 119만 VND, 핫 스톤 테라피(75분) 99만 VND, 포 핸드 마사지(60분) 189만 VND **가는 방법** 르엉반깐 거리 50번지에 있다.

HOAN K

EM LAKE
& FRENCH QUARTER

호안끼엠 호수 주변

하노이는 '호수의 도시'다. 호안끼엠 호수Hoan Kiem Lake는 그중에서도 단연 가장 유명한 호수다. 이곳은 하노이 시민들의 휴식처이자 여행자들의 이정표다. 호수 북쪽엔 구시가가 널따랗게 펼쳐지고, 동쪽과 남쪽엔 프렌치 쿼터French Quarter가 자리한다. 프랑스령 인도차이나 시절에 건설된 콜로니얼 건축물엔 세월의 흔적이 곳곳에 드러나고, 그 빛 바랜 풍경은 어느새 여행자에게 두런두런 이야기를 건넨다.

TO DO LIST

이것만은 놓치지 말자

LIST 01 호안끼엠 호수 산책하기

LIST 02 응옥썬 사당에서 소원 빌기

LIST 03 성 요셉 성당 앞에서 기념사진 찍기

LIST 04 수상 인형극 관람하기

LIST 05 호안끼엠 호수 주변 카페에서 풍경 감상하기

LIST 06 쌀국수 & 분짜 한 그릇 맛보기

LIST 07 호아로 수용소 다녀오기

LIST 08 오페라 하우스에서 공연 관람하기

LIST 09 기찻길 마을 거닐기

LIST 10 여성 박물관 관람하기

BEST COURSE 추천 코스

COURSE 1 호안끼엠 호수 주변 코스

호안끼엠 호수를 중심으로 오페라 하우스와 성 요셉 성당까지 둘러보는 코스. 호수를 따라 걸어 다녀야 하기 때문에 도보 여행에 적합하다.

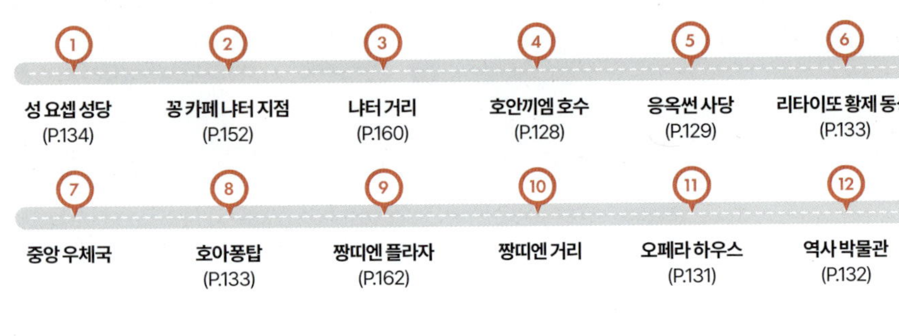

COURSE 2 호안끼엠 호수+구시가 코스

호안끼엠 호수를 중심으로 구시가를 둘러보는 일정이다. 호수 서쪽의 성 요셉 성당과 기찻길 마을을 함께 여행할 수 있다.

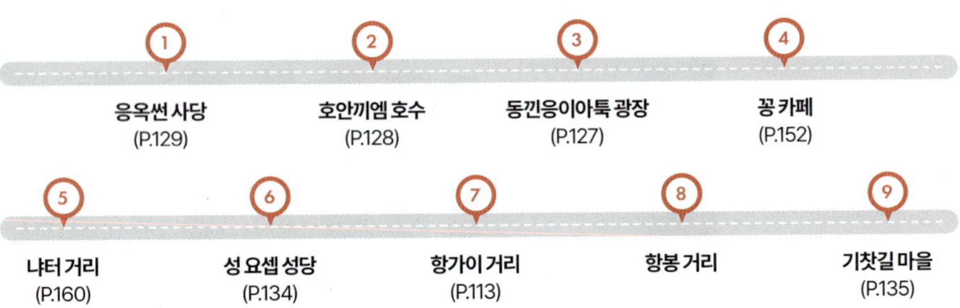

COURSE 3 호안끼엠 호수 남쪽 코스

호안끼엠 호수 남쪽의 베트남 여성 박물관과 호아로 수용소를 다녀오는 코스. 일정이 끝나고 구시가로 이동하면 된다.

1 호안끼엠 호수 (P.128)
2 거북이 탑
3 베트남 여성 박물관 (P.137)
4 분짜 흐엉리엔 (P.142)
5 메종 마루 (P.156)
6 경찰 박물관 (P.138)
7 꽌쓰 사원 (P.138)
8 호아로 수용소 (P.136)
9 성 요셉 성당 (P.134)
10 구시가

ATTRACTION 호안끼엠 호수 주변의 볼거리

호안끼엠 호수를 끼고 호수 북쪽에 널따랗게 펼쳐진 구시가는 탕롱 시절 궁궐로 들어가는 물건을 만들기 위해 형성된 거리로, 하노이 최대 볼거리다. 전통을 그대로 유지한 채 오랜 세월을 이어 온 상점들과 식당들이 곳곳에 가득하다.

호안끼엠 호수 북단의 작은 광장

동낀응이아툭 광장 Dong Kinh Nghia Thuc Square | Quảng Trường Đông Kinh Nghĩa Thục ★★

호안끼엠 호수 북단에 있는 자그마한 광장이다. 분수대를 중심으로 원형 로터리가 형성된 교통의 요지로 오토바이와 차량, 시클로, 사람들이 복잡하게 얽히고설켜 거리를 오가는 풍경을 맞딕뜨릴 수 있는 장소다. 만약 이곳에서 무단 횡단을 할 수 있다면, 제법 도심 지리에 익숙해졌다는 증거다. 광장의 이름인 '동낀응이아툭 Đông Kinh Nghĩa Thục'이란 몽건 시대였던 응우옌 왕조 때 설립된 사학으로, 프랑스가 베트남을 지배아던 1907년 3월에 개교한 현대적 교육 기관이다. 유교를 대신한 근대화 교육은 자연스레 민족의식을 고취하고 식민정책에 반대하는 반(反) 프랑스 운동을 태동하게 했으나, 사학의 지도자들이 독립운동가였다는 이유로 프랑스 식민정부가 10개월 만에 폐교령을 내린다. 한자 표기 때문에 동경의숙(東京義塾)으로 알려지기도 했다. 이때 동경은 동낀(동낑)Đông Kinh, 즉 하노이의 옛 이름이며 영어 지명 '통킹 Tonkin' 또한 이로부터 유래한 것이다. 주말이면 광장 앞 도로를 통제하고 무대를 설치해 여러 가지 행사를 연다. 참고로 '함까맙' Hàm Cá Mập(상아 턱 모양을 닮은 6층 건물 Shark Jaw Building)이라는 상징적인 건물이 있었는데, 광장을 확장하기 위해 2025년 4월에 철거했다.

지도 P.67-D4 ▶ 주소 Đinh Tiên Hoàng & Lê Thái Tổ **운영** 24시간 **요금** 무료 **가는 방법** 딘띠엔호앙 거리와 레타이또 거리가 만나는 호안끼엠 호수 북단에 있다.

하노이 여행의 이정표가 되는 곳

호안끼엠 호수 Hoan Kiem Lake | Hồ Hoàn Kiếm ★★★★★

하노이 도심에 펼쳐진 호수. 아름다운 전설과 흥미진진한 이야깃거리가 깃든 도시의 이정표다. 둘레 700m에 지름 250m로 규모는 아담하다. 과거에는 물빛이 녹색을 띠고 있어서 룩투이 호수(녹수호 绿水湖)Hồ Lục Thủy라고도 불렸다. '호안끼엠'은 '검을 돌려주다'라는 뜻인데, 한자로 쓰면 환검(還劍)이 된다. 이는 중국 명나라의 지배로부터 베트남을 독립시킨 레러이Lê Lợi(1384~1433년) 장군의 업적을 상징하는 단어다. 장군이 호수를 거닐던 어느 날, 한 거북이가 나타나 신성한 검을 건네주며 "중국을 물리치면 반드시 이 검을 되돌려줘야 한다"고 말했다. 거북이와 약조한 덕에 그는 10년간의 전쟁에서 승리했고, 호수에 다시 나타난 거북이에게 신성한 검을 돌려주었다고 한다. 그 후 장군은 레 왕조Lê Dynasty를 창건하며 국왕(레타이또Lê Thái Tổ, 黎太祖, 재위 1428~1433년)의 자리에 올랐다. 이를 기리듯, 호안끼엠 호수 중앙에는 거북이 탑(Tháp Rùa)이 세워져 있다. 북쪽에는 응옥썬 사당Đền Ngọc Sơn이 펼쳐지고, 호수 주변으로는 호젓한 산책로가 형성되어 있다. 나무 그늘 아래 벤치가 놓여 있고, 야외 카페도 많아 휴식을 즐기기 좋다. 주말이면 주변 도로를 통제해 보행자 전용 도로(워킹 스트리트)Phố Đi Bộ Hồ Gươm로 만든다. 다양한 공연과 행사가 열리는 동안, 거리는 시원한 밤공기를 즐기려는 시민들로 넘실거린다.

지도 P.68-C1~3, P.69-D1~3 **주소** Đường Lê Thái Tổ & Đường Đinh Tiên Hoàng **운영** 24시간 **요금** 무료 **가는 방법** 구시가 남쪽에 있다.

호안끼엠 호수에 떠 있는 작은 사당

응옥썬 사당(玉山祠) Ngoc Son Pagoda | Đền Ngọc Sơn ★★★★

호안끼엠 호수 한복판에 위치한 도교·유교사당이다. 13세기부터 존재했던 사당이지만 현재 모습은 1864년에 만들어진 것이다. 녹색 호수 위에 솟아난 섬의 모습이 옥으로 만든 산처럼 보인다 하여 '응옥썬(옥산 玉山)'이라 불려왔다. 사당 앞에는 정자 Đình Trấn Ba가 있는데, 여기서 보면 호안끼엠 호수 풍경이 시원스레 펼쳐진다. 베트남 사람들은 소원을 빌 때 이곳을 찾는다. 관광지이기도 하지만, 종교적인 역할을 하는 곳인 만큼 사당을 방문할 때는 예를 갖추는 것이 좋다(노출이 심한 옷을 삼가는 게 좋다).

사당과 이어지는 붉은색 나무 다리의 이름은 '아침 햇살이 깃들다'라는 뜻의 서욱교(棲旭橋)Cầu Thê Húc다. 다리를 건너면 득월루(得月樓)Đắc Nguyệt Lâu라는 누각을 올린 출입문이 나타난다. 사당 내부에는 몽골 제국(원나라) 해군을 격퇴한 쩐흥다오 장군Trần Hưng Đạo(P.244), 문(文)을 상징하는 반쓰엉데꿘(문창대제 文昌帝君)Văn Xương Đế Quân, 무(武)를 상징하는 꽌번쯔엉(관운장 關雲長, 관우)Quan Vân Trường을 함께 모신다. 한편에는 충의(忠義)라는 한자가 크게 적혀 있는 것을 볼 수 있다. 유리관 안에 전시된 박제 거북이는 1968년에 호안끼엠 호수에서 포획된 것으로 무려 길이가 2m, 무게는 260kg이다. 호수에 깃든 전설 때문인지 호기심 어린 눈빛으로 바라보는 이들이 많다.

지도 P.69-D1 **주소** Đường Đinh Tiên Hoàng, Quận Hoàn Kiếm **운영** 07:00~19:00(금~일요일 07:00~22:00) **요금** 5만 VND **가는 방법** 호안끼엠 호수 북단으로 탕롱 수상 인형극장 맞은편에 입구가 있다.

하노이에서 만나는 베트남 공연 문화

하노이에서의 여정에 낭만을 더하는 두 곳의 극장과 만난다. 베트남 전통 수상 인형극을 상연하는 탕롱 수상 인형극장, 그리고 프랑스식 건축 미학을 엿볼 수 있는 오페라 하우스다.

#탕롱 수상 인형극장, 물 위에 드리운 낭만

수상 인형극은 베트남을 대표하는 전통 공연이다. 홍강 삼각주 지역의 농민들이 한 해의 벼농사를 끝내고 즐기던 인형극 놀이가 수상 인형극으로 발전한 것이다. 10세기부터 베트남 북부에서 시작된 수상 인형극은 단순히 흥겨운 놀이가 아니라, 연못이나 물이 고인 논에서 인형극을 펼침으로써 땅과 강에 깃든 혼들도 즐겁게 해주려는 데 목적이 있었다. 수상 인형극은 베트남어로 '무어 조이 느억*Múa Rối Nước*'(물 위에서 춤추는 인형)이라고 부른다.

탕롱 수상 인형극장에서는 하노이 최고의 수상 인형극단이 공연을 펼친다. 극장 내부에는 공연을 위해 만든 작은 연못이 있고, 공연장 좌우 발코니에는 성우들과 전통 악기 연주자들이 앉아 있다. 인형을 조종하는 단원들은 커튼 뒤에 숨어서 대나무 막대를 움직여 인형을 조종한다. 공연이 시작되기 전에 전통 악기에 대한 소개가 간략히 이어진다.

공연은 러닝 타임 1시간 동안 짤막한 단막극 17편으로 구성된다. 주인공은 농부, 어부, 선녀, 황제, 물고기, 거북이, 물소, 용 등 다양한 캐릭터로 휙휙 바뀐다. 용춤, 농사 경작, 개구리 잡기, 물놀이 하는 어린이, 요정 춤 등 유쾌하고도 친숙하게 볼 수 있는 내용이 주를 이룬다. 물론 호안끼엠 호수의 전설과 연관된 역사적인 내용도 포함되어 있다. 모든 내용은 베트남어로 진행되지만, 인형들만으로도 내용을 충분히 짐작할 수 있다. 공연이 끝난 뒤엔 단원들이 정답게 커튼 콜을 한다.

탕롱 수상 인형극장 Thang Long Water Puppet Theatre Nhà Hát Múa Rối Thăng Long ★★★★

지도 P.67-D4 **주소** Đinh Tiên Hoàng, Quận Hoàn Kiếm **전화** 024-3824-9494, 024-3825-5450 **홈페이지** www.thanglongwaterpuppet.org **공연 시간** 15:00, 16:10, 17:20, 18:30, 20:00 **요금** 20만 VND(1등석), 15만 VND(2등석), 10만 VND(3등석) **가는 방법** 호안끼엠 호수 북단에 해당하는 딘띠엔호앙 거리 57번지에 있다.

공연 총 1시간, 일일 4회(관광객이 몰릴 때는 오전과 밤 공연을 추가해 6회 공연)
예매 상설 예매소가 08:30부터 문을 여니, 여행 중간 들러 미리 티켓을 사두어도 된다.
좌석 맨 앞부터 1등석, 2등석, 3등석으로 구분해 요금을 달리 받는다.
TIP 한국어 브로슈어에 공연 순서가 적혀 있다. 인기 공연이므로 서둘러 예약하기를 권한다.

#오페라 하우스, 베트남을 오감으로 느끼다

도심 한가운데 우뚝 선 우아한 콜로니얼 건축물. 프랑스 식민 지배자들이 누렸던 호사스러운 사교 문화를 엿보게 한다. 프랑스가 베트남을 지배하던 시기인 1911년, 파리의 오페라 하우스(팔레 가르니에Palais Garnier)를 그대로 모방해 건축했다고 전해지는 이 건물은 아치형 문과 발코니, 박공벽을 아름답게 조각한 것이 특징이다. 차이점이라면 더위를 피하기 위해 건물 입구는 이중 현관으로 되어 있고, 천장을 높게 만들어 통풍에도 신경을 썼다는 것. 높이 34m에 이르는 건물의 곳곳은 유려한 조각품으로 장식되어 있다. 안으로 들어가 더 가까이 살펴보고 싶을 테지만, 아무 때나 내부로 입장할 순 없다. 오페라, 발레, 연극, 클래식 콘서트 등 공연이 열릴 때만 입구의 빗장이 풀린다.

오페라 하우스에서 비정기적으로 창작 무용극도 공연된다. 베트남의 대표적인 행위 예술 극단인 룬 프로덕션Lune Productions의 공연으로, 베트남의 문화와 전통, 토착신앙, 생활상을 주제로 한 창작극을 선보인다. 배우들의 노래와 춤, 강렬한 몸짓이 공연의 재미를 더한다. 대나무 곡예와 아크로바트, 서커스, 현대 무용이 생동감 넘치게 어우러지고, 전통 타악기를 이용해 극의 긴장감을 고조시킨다. 베트남 마을을 주제로 한 '랑또이(마이 빌리지)Làng Tôi(My Village)', 베트남의 과거와 현재를 대비시킨 '아오쇼A O Show', 산악지역에서 생활하는 소수민족의 생활상을 주제로 한 '테다Teh Dar' 등이 주요 공연 목록을 이룬다.

오페라 하우스 Opera House Nhà Hát Lớn Hà Nội ★★★☆

지도 P.69-F4 ▶ **주소** 1 Tràng Tiền, Quận Hoàn Kiếm **전화** 024-3933-0113 **홈페이지** www.hanoioperahouse.org.vn(오페라 하우스), www.luneproduction.com(공연 예약) **운영** 24시간(내부 입장 불가) **가는 방법** 짱띠엔 거리 끝에 있다. 호안끼엠 호수 남단에서 500m.

공연 비정기적으로 상연하므로 공연 여부를 미리 확인해야 한다.

예매 상설 매표소를 찾거나, 극단 홈페이지(www.luneproduction.com)를 통해 예약이 가능하다.

좌석 VIP석 210만 VND, 일반석 70만 VND

TIP 공연 중에는 사진 촬영이 금지되지만, 공연이 끝난 후 출연자들과 기념사진을 찍을 수 있다.

베트남 역사를 한눈에 볼 수 있는

역사 박물관(국립 베트남 역사 박물관)
Vietnam National Museum of History | Bảo Tàng Lịch Sử ★★★☆

한때 프랑스 영사관 및 총독 관저로 쓰였던 건물로, 전형적인 콜로니얼 양식을 띤다. 1910년부터는 프랑스 식민정부에서 동아시아 지역 연구와 답사를 위해 설립했던 국립 극동 아시아 연구원(Ecole Francaise d'Extreme Orient)의 본부로 사용되었다. 1932년부터 국립 극동 아시아 연구원에서 발굴한 유물들을 전시했으며, 베트남이 독립하면서 1958년부터 국립 역사 박물관으로 사용되고 있다.

역사 박물관의 전시 면적은 2,200m2로 선사 시대부터 현재에 이르기까지 연대기 순서에 따라 섹션을 구분해 총 7,000여 점의 유물을 전시하고 있다. 1층 전시실은 동썬Đông Sơn(B.C. 7세기~B.C. 2세기)과 싸후인Sa Huỳnh(B.C. 1000년~A.D. 200년)에서 발굴된 고대 유적부터 딘 왕조Đinh Dynasty(9세기), 리 왕조Lý Dynasty(1009~1225년), 쩐 왕조Trần Dynasty(1226~1400년)까지 근대 역사를 소개하고 있다.

2층 전시실은 호 왕조Hồ Dynasty(1400~1407년)부터 응우옌 왕조Nguyễn Dynasty(1802~1945년)를 거쳐 1945년 8월 혁명을 통해 독립을 선포하기까지의 내용으로 꾸몄다. 응우옌 왕조 시대에 쓰이던 자수를 넣어 만든 걸개, 자개 제품, 불교 미술품이 볼 만하다. 8번 전시실에 참파 왕국Cham Pa Kingdom의 유물을 별도로 전시하고 있다. 참파 왕국은 베트남 중부에 들어섰던 힌두 문명으로 시바, 비슈누, 가루다, 가네쉬 같은 힌두교 신들의 석조 조각이 전시되어 있다.

지도 P.69-F3 ▶ **주소** 1 Tràng Tiền, Quận Hoàn Kiếm **전화** 024-3825-3518 **홈페이지** www.baotanglichsu.vn **운영** 화~일요일 08:00~12:00, 13:30~17:00(휴무 월요일) **요금** 4만 VND, 카메라 촬영 1만 5,000VND 추가 **가는 방법** 오페라 하우스를 바라보고 왼쪽 길(짱띠엔 거리)을 따라 250m.

하노이를 건설한 황제의 동상

리타이또 황제 동상 Statue of Emperor Ly Thai To | Tượng Lý Thái Tổ ★★

호안끼엠 호수 동쪽의 작은 공원에 세워진 동상이다. 리타이또(李太祖)Lý Thái Tổ(재위 1009~1028년) 황제는 오늘날의 하노이가 있게 한 인물로 리 왕조Lý Dynasty의 시조다. 본명은 리꽁우언(李公蘊)Lý Công Uẩn. 국왕이 된 지 1년 만인 1010년에 호아르Hoa Lư(P.234)에서 탕롱(昇龍)Thăng Long(오늘날의 하노이)으로 천도하며 국가의 기틀을 마련했다. 종교적으로는 불교를 국교로 삼았고, 중국 송나라와 외교 관계를 유지했으며, 백성을 사랑한 성군으로 평가 받는다. 이름만 바뀌었을 뿐, 탕롱은 천년의 세월 동안 여전히 베트남의 수도로 군림하고 있다.

`지도 P.69-E2` **주소** Đường Đinh Tiên Hoàng, Quận Hoàn Kiếm **운영** 24시간 **요금** 무료 **가는 방법** 호안끼엠 호수 오른쪽에 있는 인민위원회 청사와 중앙 우체국 사이에 있다.

호수 옆 작은 탑

호아퐁탑 Hoa Phong Tower | Tháp Hòa Phong

호안끼엠 호수 남쪽 가장자리에 위치한 석탑. 1740년 창건한 바오언 사원(보은사 報恩寺)Chùa Báo Ân의 입구에 자리한다. 석탑은 사원이 올라선 지 약 100년 후인 1842년 건설했는데, 정작 그 본령인 사원은 흔적도 없이 사라졌다. 하노이를 점령한 프랑스 식민정부가 새로운 도로 건설 계획(1882년)에 따라 사원을 허물었기 때문이다. 사원이 있던 자리에는 우체국과 총독 관저를 건설했다. 오늘날의 중앙 우체국과 영빈관이 그것이다.

`지도 P.69-D3` **주소** 75b Đinh Tiên Hoàng, Quận Hoàn Kiếm **운영** 24시간 **요금** 무료 **가는 방법** 호안끼엠 호수 오른쪽에 있는 중앙 우체국 맞은편 도로에 있다.

프랑스 식민정부에서 건설한 관저

영빈관 Government Guest House | Nhà Khách Chính Phủ ★★

1919년, 통킹Tonkin(당시 프랑스 식민 지배 당시 북부 베트남의 국가 병칭)을 통치하던 프랑스 식민정부의 총독 관저로 쓰였다. 베트남의 해방으로 베트남 민주 공화국을 설립한 1945년 8월 혁명 이후에는 통킹궁Tonkin Palace으로 불리며 비엣민Việt Minh(호찌민이 이끄는 베트남 독립동맹회)의 정부 청사로 쓰이기도 했다. 현재는 베트남을 방문한 외국 귀빈의 접견장으로 사용된다. 건물 내부는 일반에 공개하지 않으므로 바깥에서만 볼 수 있다. 맞은편에는 1901년 건설된 대표적인 콜로니얼 양식의 호텔 소피텔 레전드 메트로폴이 있다.

`지도 P.69-E3` **주소** 12 Ngô Quyền, Quận Hoàn Kiếm **홈페이지** www.nhakhachchinhphu.gov.vn **운영** 24시간 **가는 방법** 응오꾸옌 거리 12번지에 있다. 리타이또 황제 동상 뒤쪽으로 150m, 소피텔 레전드 메트로폴(호텔)에서 100m.

프랑스 식민정부에서 건설한 가톨릭 성당

성 요셉 성당(하노이 대교회) Saint Joseph Cathedral | Nhà Thờ Lớn Hà Nội ★★★☆

프랑스 식민 지배 시절이던 1886년에 건설한 로마 가톨릭 성당이다. 프랑스 건축가(Monseigneur Pigneau de Behaine)가 설계해서 만들었으며, 1912년 개축하면서 두 개의 사각형 첨탑을 추가하며 고딕 양식으로 변모했다. 길이 64.5m, 넓이 20.5m, 높이 31.5m 크기로 하노이 대교구 성당 역할을 했다. 성당 내부는 아치형 천장에 스테인드글라스로 치장되어 있으나 외벽은 거뭇하게 변했고, 우아함도 그만큼 빛 바랬다. 성당 앞 광장에는 평화의 여왕Regina Pacis이라 적힌 기단 위에 성모 마리아 상이 세워져 있다.

1975년 베트남 통일 이후 성당은 폐쇄되었다가 1985년부터 종교 행위를 허용하고 있다. 미사는 평일에는 1일 2회(05:30, 18:30), 일요일에는 8회(05:00, 07:00, 08:30, 10:00, 11:30, 16:00, 18:00, 20:00) 열린다. 그중 일요일 11:30 미사는 영어로 진행된다. 성당 앞으로 뻗은 냐터 거리Đường Nhà Thờ는 처치 스트리트Church Street라고 불리는데, 유럽풍의 레스토랑과 카페가 즐비하고 고급 부티크 숍이 늘어서 있어 꽤나 근사하다.

지도 P.68-B2 ▶ **주소** 3 Nhà Thờ, Quận Hoàn Kiếm **전화** 024-3838-5967 **운영** 월~토요일 08:00~11:00, 14:00~17:00, 일요일 07:00~11:30, 15:00~21:00 **요금** 무료 **가는 방법** 호안끼엠 호수 동쪽으로 350m 떨어진 냐터 거리에 있다.

아날로그 감성을 불러일으키는 기찻길
기찻길 마을 Train Street | Đường Tàu ★★★★

철로 바로 옆에 성냥갑처럼 들어선 가옥들이 눈길을 끈다. 유서 깊은 마을도, 사적지도 아니지만 1902년에 건설된 롱비엔 대교(철교)에서 이어지는 철로가 마을을 가로지르니 그 모습이 이채롭다. 기차는 하노이 역에서 출발해 이곳 '기찻길 마을'을 통과한다. 운행 편수는 많지 않아 마을 사람들은 평화로운 일상을 영위해 왔다. 베트남에서는 흔한 풍경이지만, 낡은 주택가 옆으로 바짝 놓인 철로의 모습이 아날로그적인 정취를 선사하는 까닭에 많은 관광객에게 사랑받고 있다.

최근 인기 관광지로 급부상하면서 철도 옆 가정집들이 카페로 바뀌는 변화를 겪었다. 시간을 잘 맞추면 기차가 지나가는 풍경을 볼 수 있지만, 카페마다 손님을 모셔오기 위한 경쟁이 심해서 호객행위가 빈번하다. 안타깝게도 '오버 투어리즘'(과도한 여행객 방문이 현지인 생활권을 침해하는 현상)과 기념사진을 찍으려는 관광객이 몰리면서 안전문제까지 대두됐다. 기차 운행에 방해가 되는 경우도 있어서, 단속이 강화될 때는 공안(경찰)이 입구를 막아 놓고 출입 자체를 통제하는 경우도 있다. 방문 전 최근 상황을 확인해 보는 게 좋다.

지도 P.70-D2 **주소** 3 Trần Phú, Phố Đường Tàu Hà Nội **운영** 24시간 **요금** 무료 **가는 방법** 구시가 서쪽의 풍흥 거리와 접해서 철도가 지난다. 관광객을 위한 기찻길 마을 입구는 쩐푸 거리에 있다.

독립 투쟁의 역사가 고스란히 느껴지는 형무소

호아로 수용소(호아로 형무소) Hoa Lo Prison | Nhà Tù Hỏa Lò ★★★★

1896년에 프랑스 식민정부가 건설한 베트남 최대의 정치범 수용소였다. 450명을 수용할 수 있는 규모였으나 1930년대에는 2,000명 가까이 수용되어 있었다고 한다. 프랑스 지배에 반기를 드는 '반역자'들을 수용했는데, 베트남 입장에서 보면 독립투사들이 대거 투옥되었던 곳이다. 프랑스 지배자들이 중앙 형무소(Maison Centrale)라고 불렀던 것과 달리 베트남 사람들은 '호아로(화로 火爐)'라고 부르며 투쟁의 의지를 다졌다.

베트남 전쟁 기간 동안에는 북부 베트남군이 미군 포로를 수용하며 포로수용소로 전환되었다. 열악한 시설과 고문으로 인해 악명이 높았다. 이를 비꼬는 의미에서 '하노이 힐튼Hanoi Hilton'이라는 명칭으로 서방에 알려지기도 했다(하노이에 있는 진짜 힐튼 호텔은 1999년에 문을 열었다). 참고로 미국 공화당 대통령 후보였던 존 매케인John McCain, 초대 베트남 대사를 지냈던 피트 피터슨Pete Peterson이 호아로 수용소에서 포로 생활을 하기도 했다. 전투기가 격추돼 추락할 때 존 매케인이 입고 있었던 전투기 조종복도 전시되어 있다.

현재 호아로 수용소는 하노이 시내 중심가에 위치해 있다. 대형 호텔과 오피스 빌딩이 들어선 '하노이 타워Hanoi Tower'를 건설하며 수용소 부지를 매각했지만, 역사 교육을 위해 일부는 그대로 남겨두었다. 포로를 수용했던 방들과 고문 도구, 당시 상황을 설명하기 위해 만든 모형과 사진들이 전시되어 있다. 뒤뜰에 있는 단두대는 프랑스가 베트남 정치범을 처형할 때 쓰던 것이다.

지도 P.68-A3 **주소** 1 Hỏa Lò, Quận Hoàn Kiếm **전화** 024-3824-6358 **운영** 08:00~17:00 **요금** 5만 VND **가는 방법** 하노이 타워 빌딩을 바라보고 왼쪽에 있다. 호안끼엠 호수 남단에서 800m.

베트남 여성의 삶을 주제로 꾸민 수준급의 박물관

베트남 여성 박물관 Vietnamese Women's Museum | Bảo Tàng Phụ Nữ Việt Nam ★★★★

베트남 여성의 삶에 초점을 맞춘 박물관이다. 베트남의 다수 인종인 비엣족을 비롯해 산악에 거주하는 소수민족까지 다양한 여성들의 삶에 대해 소개하고 있다. 1층 로비에는 베트남의 어머니를 형상화한 황금 동상이 세워져 있다. 전시실은 층을 구분해 '가정에서의 여성(Women in Family)'(2층), '역사 속의 여성(Women in History)'(3층), '여성의 패션(Women's Fashion)'(4층)에 관한 주제로 꾸몄다. 2층 전시실로 올라가면 결혼과 출산에 관한 내용을 시작으로, 농업과 어업은 물론 요리와 육아, 집안일까지 도맡았던 베트남 여성의 삶 전반에 관한 내용을 일목요연하게 전시하고 있다. 3층 전시실은 독립 투쟁과 사회주의 통일로 이어지는 베트남의 현대사에서 여성의 역할을 다루고 있으며, 주요 여성 혁명가들이 함께 소개되어 있다. 4층에서는 베트남 여성의 패션에 관한 전시가 펼쳐지는데, 다양한 민족의 의상과 제작 기법, 장신구 등을 감상할 수 있다.

지도 P.68-C4 ▶ **주소** 36 Lý Thường Kiệt, Quận Hoàn Kiếm **홈페이지** www.baotangphunu.org.vn **전화** 024-3825-9936 **운영** 08:00~17:00 **요금** 4만 VND **가는 방법** 리트엉끼엣 거리 36번지에 있다. 호안끼엠 호수 남단에서 500m.

베트남 불교의 총본산
꽌쓰 사원(舘使寺) Quan Su Pagoda | Chùa Quán Sứ ★★

15세기에 지어진 유서 깊은 사원. 하노이에만 600여 개의 크고 작은 사원이 있는데, 그중 가장 중요하게 여겨지는 곳이다. 꽌쓰는 관사(舘使)라는 글자에서 왔다. 레 왕조Lê Dynasty 때 다이비엣(당시 베트남 국가 명칭)으로 사신을 파견했는데, 황제가 사신들의 거처를 만들 것을 지시하면서 관사(대사관)로 건축됐기 때문이다. 서방에 '앰배서더 파고다 Ambassador's Pagoda'라 알려진 까닭이다. 사신들도 불교 신자였기 때문에 관사에 머무는 동안 종교 활동을 하며 자연스레 불교 사원의 역할을 하게 됐다. 1822년부터는 일반 신자도 출입이 가능해졌으며, 1858년부터 베트남 불교 협회 본부가 위치하며 베트남 불교의 총본산으로 우뚝 섰다. 레 왕조 시절에 건설됐던 오래된 사원들이 화재로 소실되면서 이곳의 존재감은 한층 더 부각됐다. 다만 사원의 중요도에 비해 규모는 크지 않고, 시내 중심가에 있기 때문에 신비로운 산사의 느낌은 없다. 관광객보다는 베트남 사람들이 소원을 빌기 위해 찾아오는 종교 시설이므로, 노출이 심한 옷은 삼가는 것이 좋다.

지도 P.68-A3 **주소** 73 Quán Sứ, Quận Hoàn Kiếm **운영** 07:30~11:30, 13:30~17:30 **요금** 무료 **가는 방법** 꽌쓰 거리 73번지에 있다. 호안끼엠 호수 남단에서 1km, 호아로 수용소에서 300m, 하노이 기차역에서 500m 떨어져 있다.

정부 홍보용 경찰 박물관
경찰 박물관(공안 박물관) Hanoi Police Museum | Bảo Tàng Công An Hà Nội ★★

하노이 경찰 70년의 역사를 일목요연하게 정리한 박물관. 베트남에서 경찰은 '꽁안(공안)Công An'으로 불리기에, '공안 박물관'으로 알려지기도 했다. 1945년부터 2015년까지 실제 사용된 제복, 계급장, 차량 등을 전시하고, 경찰사를 시대별로 분류해 주요 사건을 소개하고 있다. 1946~1954 프랑스 식민 지배에 대한 저항, 1954~1965 남북 분단 기간 중 치안 유지, 1965~1975 베트남 전쟁 중 경찰의 활약상, 1975~1986 베트남 통일 이후 치안 유지, 1886~2015 마약 소탕 등 범죄 조직 검거로 나뉜 섹션을 따라 전시실을 둘러볼 수 있다. 정부 홍보 목적이 강하긴 하지만 최근에 지어진 박물관이라 시설이 좋고, 관람 동선도 잘 설계되어 있다. 외국인 관광객을 배려해 베트남어, 영어, 프랑스어 설명을 병기했다.

지도 P.68-A3 **주소** 67 Lý Thường Kiệt, Quận Hoàn Kiếm **전화** 024-3939-6941 **운영** 08:00~17:00 **요금** 무료 **가는 방법** 리트엉끼엣 거리 67번지에 있다. 호안끼엠 호수 남단에서 900m.

현지인들을 위한 원단 도매 시장

홈 시장(쩌 홈) Hom Market | Chợ Hôm ★★

시내 중심가에서 남쪽으로 떨어져 있는 재래시장. 하노이 시민들에게는 아오자이 원단이 도매가에 거래되는 곳으로 유명하다. 2층으로 올라가면 원단(옷감) 가게가 가득 들어선 것을 볼 수 있다. 옷과 과일을 판매하는 1층은 여느 재래시장과 차이가 없다. 오래된 상설시장으로, 상점이 빼곡히 들어서 있어 쾌적함을 기대하긴 힘들다. 기념품 매장이 거의 없고, 영어도 통하지 않는 까닭에 외국 관광객은 거의 찾지 않는다.

지도 P.63-E4 ▶ **주소** 79 Phố Huế, Quận Hai Bà Trưng **운영** 06:00~18:00 **가는 방법** 호안끼엠 호수에서 남쪽으로 2km 떨어진 후에 거리 79번지에 있다.

도심 속의 시민 공원

통녓 공원(통일 공원) Thong Nhat Park | Công Viên Thống Nhất ★★

하노이 도심 속 시민 공원. 바이머우 호수Bay Mau Lake(Hồ Bảy Mẫu) 주변에 약 50헥타르(약 15만 평) 면적으로 형성됐다. 1958년에 공사를 시작해 1961년에 완공됐는데, 당시는 베트남이 남북으로 분단되어 있던 시절이라 통일의 염원을 담아 '통일 공원'이라 이름 지었다. 수변에 가로수가 늘어서 있어 산책하기 좋다. 공원 한편에는 미니 철도도 놓여 있다. 호수를 따라 휘도는 미니 철도는 미니어처 형태로 하노이에서 사이공(호찌민 시)에 이르는 네 개의 기차역이 연결되도록 만들어졌다. 이렇다 할 볼거리는 없지만, 저녁이면 산책을 즐기는 현지 사람들의 삶을 엿볼 수 있다.

지도 P.64-C4, P.65-D4 ▶ **주소** 354 Lê Duẩn, Quận Hai Bà Trưng **운영** 06:00~22:00 **요금** 4,000VND **가는 방법** 레주언 거리 Lê Duẩn와 쩐년통 거리 Trần Nhân Tông가 만나는 사거리에 있다. 정문은 레주언 거리에 있다. 호안끼엠 호수에서 남쪽으로 2km, 하노이 기차역에서 남쪽으로 1km 떨어져 있다.

FOOD & DRINK 호안끼엠 호수 주변의 먹거리

호안끼엠 호수 주변도 구시가만큼이나 오래된 노포들이 많다. 특히 이 일대는 경관이 아름답기 때문에 전망 좋은 자리에는 근사한 카페가 자리한다. 프랑스 식민 지배 시절 건설된 콜로니얼 건물이 많은 프렌치 쿼터에는 유럽풍의 건물을 개조한 레스토랑이 두드러지게 많다.

쌀국수 & 분짜

퍼가 응우옛 Phở Gà Nguyệt ★★★☆

닭고기 쌀국수인 '퍼 가Phở Gà'를 전문으로 하는 로컬 식당이다. 닭고기를 삶아서 육수를 내고, 닭고기는 부위별로 손질해 진열대에 올려 놓는다. 선택지는 국물 있는 쌀국수와 국물 없는 쌀국수 두 가지다. 육수가 들어간 일반적인 쌀국수는 '퍼 느억Phở Nước', 간장 양념으로 비벼먹는 비빔국수는 '퍼 쫀Phở Trộn'이라 불린다. 닭고기 특수 부위를 선택해 고명을 추가해도 된다. 닭고기 쌀국수만 팔기 때문에 굳이 '퍼 가'를 달라고 말할 필요는 없다. 음식 재료를 준비해 아침과 저녁시간에만 문을 연다. 아무래도 아침에는 국물 있는 쌀국수, 저녁에는 비빔 쌀국수를 먹는 사람들이 많다. 로컬 식당답게 저렴한 가격으로 맛 좋은 음식을 즐길 수 있다. 영어 메뉴판을 마련했으니 주문 시 참고하면 좋다.

지도 P.68-B1 ▶ **주소** 5B Phù Doãn, Quận Hoàn Kiếm **홈페이지** www.facebook.com/phoganguyet **영업** 06:00~10:00, 18:00~01:00 **메뉴** 영어, 베트남어 **예산** 6만~10만 VND **가는 방법** 푸도안 거리 5번지에 있다.

반미 마마 Bánh Mì Mama ★★★☆

성당 주변에서 유독 외국인에게 인기 있는 반미(바게트 샌드위치) 노점이다. 테이크아웃 형태로 운영되는데, 번호표를 받아 들고 차례를 기다리면 된다. 돼지고기, 넴루이(돼지꼬치구이), 닭고기, 달걀 프라이를 선택하고, 버터, 치즈, 소시지 등을 추가하면 외국인 입맛에도 어울린다. 무엇보다 저렴한 것이 매력. 다른 곳과의 차이점이라면 바게트를 바삭하게 구워 파니니처럼 만들어 준다는 것. 당연히 따뜻할 때 먹어야 맛이 좋다. 사람이 많을 때는 30분 이상 기다려야 하는 경우도 있다. 하루치 준비한 재료가 소진되면 일찍 문을 닫는다.

지도 P.68-B2 ▶ **주소** 54 Lý Quốc Sư, Quận Hoàn Kiếm **영업** 08:00~19:00 **메뉴** 영어, 베트남어 **예산** 2만 5,000~3만 5,000 VND **가는 방법** 성 요셉 성당을 바라보고 오른쪽에 있는 리꿕쓰 거리 54번지에 있다.

퍼 10(퍼 므어이 리꿕쓰) Phở 10 ★★★★

구시가에서 잘 알려진 쌀국수 식당 가운데 하나다. 리꿕쓰 거리에 있는 쌀국숫집이라 현지인들은 '퍼 리꿕쓰Phở Lý Quốc Sư'라고 부른다. 소고기 쌀국수인 '퍼 보'를 전문으로 한다. 영어 메뉴판을 갖추고 있으며, 소고기 고명에 따라 10종류의 쌀국수로 구분된다. 식당 내부는 테이블과 일반 좌석이 있어 로컬 식당보다 깔끔한 편이다. 이름난 식당인 만큼 식사시간에는 자리가 날 때까지 기다려야 하는 경우가 많다. 하노이 시내에 여러 곳의 지점을 운영한다. 2018년 베트남을 방문한 문재인 대통령이 찾았던 쌀국수 식당의 본점이기도 하다.

지도 P.68-B1 **주소** 10 Lý Quốc Sư, Quận Hoàn Kiếm **전화** 024-3825-7338 **홈페이지** www.pho10lyquocsu.vn **영업** 06:00~22:00 **메뉴** 베트남어 **예산** 7만~10만 VND **가는 방법** 리꿕쓰 거리 10번지에 있다. 성 요셉 성당에서 북쪽으로 250m.

퍼 틴 버호(퍼 틴 1955) Phở Thìn Bờ Hồ ★★★☆

호안끼엠 호수 옆에 있는 틴 쌀국수(퍼 틴)란 뜻으로 '퍼 틴 버호'라고 부른다. 골목 안쪽에 테이블을 놓고 장사하는 전형적인 길거리 음식점으로, 호안끼엠 호수를 휘도는 도로로부터 골목으로 살짝 들어서야 나타나는 자그마한 쌀국수 노점이다. 1955년에 문을 연 노포라, '퍼 틴 1955'라는 상호도 걸려 있다. 골목이 비좁아 어둡고 허름한 탓에 쾌적한 시설은 기대하기 어려우나, 오래된 세월만큼 진한 육수와 부드러운 면발의 소고기 쌀국수를 맛볼 수 있다. 쌀국수는 대·중·소로 사이즈를 선택할 수 있다. 중간에 휴식 시간이 있으니 영업 시간을 확인하고 방문해야 한다. 로득 거리에 있는 퍼 틴Phở Thìn(P.142)과 혼동하지 말 것.

지도 P.69-D1 **주소** 61 Đinh Tiên Hoàng, Quận Hoàn Kiếm **홈페이지** www.pho-thin-bo-ho.business.site **영업** 06:00~13:00, 17:00~22:30 **메뉴** 영어, 베트남어 **예산** 6만~10만 VND **가는 방법** 호안끼엠 호수 농쪽 도로에 해당하는 딘띠엔호앙 거리 61번지에 있다.

퍼 틴 *Phở Thìn* ★★★★

허름하지만 유서 깊은 쌀국수 식당이다. 1979년부터 한 가지 음식을 고집스럽게 만들어 낸 덕에, 하노이 시민들이 사랑하는 맛집으로 등극했다. 점심시간이면 줄 서서 기다리는 경우도 허다하다. 메뉴판도 없고 소고기 쌀국수 이외에 다른 음식은 요리하지 않는다. 음식에 들어가는 소고기도 '찐Chính'(삶은 고기) 한 종류뿐이라 주문을 망설일 필요도 없다. 육수가 깊고 담백하며, 고명으로 파를 듬뿍 넣어 준다. '틴 쌀국수 식당'이란 뜻으로, 꽌퍼틴Quán Phở Thìn이라고도 불린다. 손님으로 늘 붐비는 탓에 분점을 함께 운영하는데, 거리 이름과 번지수를 확인하고 찾아가면 된다. 호안끼엠 호수 주변에 있는 퍼 틴 버호Phở Thìn Bờ Hồ(P.141)와 다른 곳이니 혼동하지 말아야겠다.

지도 P.65-E4 **주소** 13 Lò Đúc, Quận Hai Bà Trưng **전화** 024-3717-1555 **홈페이지** www.phothinloduc.com **영업** 06:00~22:00 **메뉴** 베트남어 **예산** 8만 VND **가는 방법** 로둑 거리 13번지에 있다. 호안끼엠 호수 남쪽으로 1.5km 떨어져 있어 택시를 타고 가는 게 좋다.

분짜 흐엉리엔 *Bún Chả Hương Liên* ★★★☆

하노이에서는 꽤나 흔한 '분짜' 식당이나, 오바마 전 대통령이 재임 시절(2016년 5월 23일) 방문했던 곳이라 '분짜 오바마'라는 별칭을 얻은 곳. 주문지에 원하는 음식을 체크해야 하는 전형적인 서민 식당이다. 넴꾸아베Nem Cua Bể(다진 게살로 만든 스프링 롤)를 추가로 주문하면 좋다. 오바마 전 대통령이 시식하고 간 식단을 그대로 본떠서 만든 콤보 오바마(분짜+스프링 롤+하노이 맥주)도 있다. 지나치게 유명해진 터라, 로컬 음식을 체험하려는 관광객들로 항상 붐빈다.

지도 P.65-E4 **주소** 24 Lê Văn Hưu, Quận Hai Bà Trưng **전화** 024-3943-4106 **홈페이지** www.facebook.com/bunchahuonglienobama **영업** 08:00~20:00 **메뉴** 영어, 베트남어 **예산** 분짜 6만 VND, 콤보 오바마 13만 VND **가는 방법** 레반흐우 거리 24번지에 있다. 호안끼엠 호수 남쪽으로 1.5km 떨어져 있어 택시를 타고 가는 게 좋다.

퍼 보 어우찌에우 Phở Bò Ấu Triệu ★★★★

80년 넘도록 대를 이어 장사하는 로컬 식당이다. 성당 옆 골목(어우찌에우 거리)에 있는데, 아침 시간에만 잠깐 문을 연다. 식당 자체가 작아서 도로에 플라스틱 의자를 잔뜩 내 놓고 장사한다. 간판도 없는데 아는 사람은 다 아는 맛집으로 미쉐린 가이드에 선정되기도 했다. 전형적인 하노이 스타일 소고기 쌀국수를 맛 볼 수 있다. 푹 고아낸 진한 육수에 고기를 듬뿍 올려준다. 좋은 고기를 직접 구입해 푹 삶아 우려내기 때문에 육수 맛이 좋다. 소고기 종류는 익힌 고기와 생고기를 섞어 넣으면 된다. 고명으로는 쪽파와 고수를 올려준다. 외국인은 자리에 앉으면 직원이 알아서 한 그릇 가져다준다. 구글 검색은 Phở Tư Lùn Ấu Triệu로 해야 한다.

`지도 P.68-B2` **주소** 34 Ấu Triệu, Quận Hoàn Kiếm **영업** 06:30~10:00 **메뉴** 베트남어 **예산** 7만 VND **가는 방법** 성당 옆 골목 어우찌에우 거리 오리엔트 스파 Orient Spa 옆에 있다. 간판이 없기 때문에 Phở Bò Ấu Triệu라고 적힌 빨간 유니폼을 입은 직원들을 찾으면 된다.

퍼 인(레타이또 지점) Phở Inn Lê Thái Tổ ★★★☆

호안끼엠 호수 주변에 있는 쌀국수 식당이다. 실내는 아담하지만 에어컨 시설이라 쾌적하다. 무엇보다 위치가 좋다. 체인점 형태로 운영되는 곳으로 노이바이 공항에도 지점을 운영한다. 쌀국수는 대중적인 맛으로 외국 관광객 입맛에도 무난하다. 소고기 쌀국수를 메인으로 요리한다. 소고기 종류, 미트볼, 소갈비 등 다양하게 선택할 수 있다. 사진 메뉴판이 잘되어 있어서 주문하기도 편리하다. 베스트셀러는 두 종류의 소고기(익힌 고기와 생고기 슬라이스)를 넣은 퍼쓰언뉴구보 Phở Sườn Như Gù Bò이다. 소갈비를 넣은 퍼쓰언꺼이Phở Sườn Cây Tender Rib도 인기 있다. 곱빼기는 슈퍼볼Super Bowl로 주문하면 된다. 라임과 고추는 셀프 서비스로 가져오면 된다.

`지도 P.68-C1` **주소** 6 Lê Thái Tổ, Quận Hoàn Kiếm **전화** 024-7303-8286 **홈페이지** www.facebook.com/phoinn.vn **영업** 06:30~22:00 **메뉴** 영어, 베트남어 **예산** 8만~20만 VND **가는 방법** 호안끼엠 호수를 끼고 있는 레타이또 거리 6번지에 있다.

꽌 안 응온(하노이 본점) Ngon Restaurant | Quán Ăn Ngon ★★★★

대중적인 베트남 음식을 근사한 분위기의 레스토랑으로 들여와 엄청난 인기를 누리고 있는 '꽌 안 응온'의 하노이 본점이다(참고로 '응온'은 맛있다는 뜻이다). 매장은 마당이 넓은 콜로니얼 건물을 개조했는데, 덕분에 마당 한편에서 음식을 요리하는 모습을 볼 수 있다. 단체로 온 현지인들까지 북적거릴 때면 식당 전체가 흥겨운 분위기로 변한다. 베트남 전국 요리를 한자리에서 맛볼 수 있다는 점이 이곳의 매력인데, 쌀국수부터 해산물, 핫팟(러우)까지 방대한 음식을 요리하는 만큼 어떤 음식을 주문해야 할지 고민스럽다. 이때 사진이 첨부된 메뉴판을 참고하거나, 음식 조리대를 먼저 둘러보면 주문할 때 도움이 된다. 하노이에 다른 지점이 있으므로, 택시를 탈 때 반드시 가고자 하는 곳의 주소를 함께 보여주어야 한다.

지도 P.70-C3 ▶ **주소** 18 Phan Bội Châu, Quận Hoàn Kiếm **전화** 024-3942-8162, 0902-126-963 **홈페이지** www.ngonhanoi.com.vn **영업** 07:00~22:00 **메뉴** 영어, 베트남어 **예산** 단품 **메뉴** 8만~18만 VND, 시푸드 25만~63만 VND, 핫팟(러우) 38만~57만 VND **가는 방법** 판보이쩌우 거리 18번지에 있다. 하노이 기차역에서 500m, 호안끼엠 호수 남단에서 1.3km.

피자 포피스 Pizza 4P's ★★★★☆

일본인이 운영하는 피체리아. 이탈리아 정통 방식으로 커다란 화덕에 피자를 구워 낸다. 오픈 키친으로, 천장이 높고 시원스러운 인테리어가 고급스럽다. 한가운데에 부라타burrata 치즈를 올린 피자가 이곳의 시그니처 메뉴. 마르게리타와 같은 클래식 메뉴는 물론이고 데리야키 치킨 피자 같은 일본식 피자도 있다. '반반(하프 하프Half Half)'으로 주문하면 한 번에 두 가지 피자를 맛볼 수 있다. 항상 붐비기 때문에 예약하고 가는 게 좋다. 호찌민 시에 본점을 두고 있으며, 하노이에는 오페라 하우스와 가까운 짱띠엔 거리(주소 43 Tràng Tiền)에 2호점을 운영하고 있다. 롯데 호텔 주변에 머문다면 롯데 센터 1F 지점(주소 1F, Lotte Center, 54 Liễu Giai)을 이용하면 된다.

지도 P.68-C1 **주소** 11B Báo Khánh, Quận Hoàn Kiếm **전화** 028-3622-0500 **홈페이지** www.pizza4ps.com **영업** 10:00~23:00(주문 마감 22:30) **메뉴** 영어, 일본어, 베트남어 **예산** 24만~42만 VND(+10% Tax) **가는 방법** 호안끼엠 호수 오른쪽에서 연결되는 바오칸(바오카잉) 거리 11번지에 있다.

즈엉 레스토랑 Duong's Restaurant ★★★★

외국인 관광객을 겨냥한 베트남 레스토랑이다. 2014년 톱 셰프(베트남 요리 경연 프로그램)Top Chef에 출연해 4위를 기록한 주인장 호앙즈엉Hoàng Dương이 운영한다. 여느 투어리스트 레스토랑과 달리, 코스로 제공되는 세트 메뉴를 맛볼 수 있다. 파인 다이닝을 추구하는 곳이라 음식마다 고유의 식재료를 사용하고 플레이팅에도 신경을 썼다. 친절하고 영어가 잘 통하기 때문에 유럽 관광객들에게 특히 인기 있다. 여행자 숙소가 몰려 있는 후옌 골목(응오 후옌)에 1호점을 운영하는데, 장사가 잘 돼서 마머이 거리에 2호점을 오픈했다. 레스토랑 인테리어는 그다지 고급스럽지 않다.

지도 P.68-B2 **[1호점] 주소** 27 Ngõ Huyện **전화** 024-3636-4567 **홈페이지** duongsrestaurant.com **영업** 11:00~22:00 **메뉴** 영어, 베트남어 **예산** 메인 요리 18만~58만 VND, 코스 **메뉴** 45만 VND(+10% Tax) **가는 방법** 응오 후옌 골목 안쪽으로 60m.

지도 P.67-D3 **[2호점] 주소** 101 Mã Mây **전화** 024-2210-2299 **영업** 11:00~22:00 **메뉴** 영어, 베트남어 **가는 방법** 마머이 거리 101번지에 있다.

꺼우고 레스토랑 Cau Go Restaurant | Nhà Hàng Cầu Gỗ ★★★☆

고급스러운 분위기로 인기 있는 레스토랑이다. 고풍스러우면서도 트렌디한 인테리어가 구시가의 번잡함을 잊게 해준다. 야외 발코니에도 테이블이 있다. 신선한 식재료를 이용해 보기 좋게 요리하는 것이 이곳 요리의 특징이다. 호안끼엠 호수를 내려다보며 낭만적인 식사를 즐기기에 더할 나위 없지만, 음식 값은 분위기에 걸맞게 비싸다. 외국인(유럽인) 관광객이 많이 찾는 편이라 아무래도 외국인 입맛에 맞추어져 있다. 창가 쪽 자리를 원한다면 예약은 필수다.

지도 P.67-D4 **주소** 9 Đinh Tiên Hoàng, Quận Hoàn Kiếm **전화** 024-3926-0808 **홈페이지** www.caugorestaurant.com **영업** 10:00~22:00 **메뉴** 영어, 베트남어 **예산** 메인 요리 20만~59만 VND(+15% Tax) **가는 방법** ①호안끼엠 호수 북단에 해당하는 딘띠엔호앙 거리 9번지에 있다. ②건물 뒤편에 해당하는 꺼우고 거리 73번지(73 Cầu Gỗ)로 들어가서 전용 엘리베이터를 타면 된다.

홈 레스토랑 Home Restaurant ★★★☆

하노이뿐만 아니라 호찌민 시(사이공), 호이안 등에 지점을 운영하는 고급 레스토랑이다. 하노이 지점은 벽난로가 남아 있는 프렌치 빌라를 스타일리시한 인테리어로 꾸몄다. 마당의 파라솔 아래에도 테이블이 놓여 있다. 육류와 해산물 위주의 메인 요리는 각 지역에서 생산된 신선한 식재료를 사용한다. 분짜Bún Chả, 넴잔Nem Rán(스프링 롤), 고이 쏘아이Gỏi Xoài(해산물을 곁들인 망고 샐러드) 같은 애피타이저와 하노이 전통 음식도 잘 갖추어져 있다. 단품으로 주문해도 좋지만 뷔페 형태의 올 유 캔 잇All-You-Can-Eat(60만 VND+10% Tax)을 선택하면 원하는 음식을 무제한으로 주문할 수 있어 편리하다. 저녁시간에는 낭만적인 분위기 속에서 와인을 곁들인 정찬을 즐길 수 있다. 이때는 예약하고 가기를 권한다. 통녓 공원 주변에 있기 때문에, 시내 중심가로부터의 접근성은 떨어진다.

지도 P.63-D4 **주소** 75 Nguyễn Đình Chiểu, Quận Hai Bà Trưng **전화** 024-3958-8666 **홈페이지** homevietnameserestaurants.com **영업** 11:00~13:30, 17:00~21:30 **메뉴** 영어, 베트남어 **예산** 메인 요리 25만~59만 VND(+10% Tax) **가는 방법** 통녓 공원(통일 공원) 오른쪽의 응우옌딘찌에우 거리 75번지에 있다. 호안끼엠 호수 남단에서 남쪽으로 2km 떨어져 있다.

응온 가든 Ngon Garden ★★★★

꽌 안 응온(P.143)을 운영하는 '응온' 레스토랑 체인 중 한 곳이다. 꽌 안 응온의 업그레이드 버전으로 생각하면 된다. 다른 곳과 차이점이라면 넓은 정원(중정)을 갖추고 있다는 것. 프렌치 빌라 내부는 색감 가득한 회화 작품으로 인테리어를 장식했는데, 녹색 식물이 가득한 야외 정원 덕분에 한결 편안하다. 길 건너편에는 띠엔꽝 호수Thien Quang Lake가 있어 도심과는 전혀 다른 여유로운 풍경이 펼쳐진다. 하노이 전통 음식, 후에 지방 요리를 포함해 해산물과 전골 요리까지 다양한 음식을 요리한다. 아침시간에는 쌀국수 위주의 간단한 식사만 가능하다. 분위기에 걸맞게 음식 값은 비싸다.

지도 P.65-D4 ▶ **주소** 70 Nguyễn Du, Quận Hai Bà Trưng **전화** 0902-226-224 **홈페이지** www.ngongarden.com **영업** 07:00~22:00 **메뉴** 영어, 베트남어 **예산** 18만~95만 VND(+10% Tax) **가는 방법** 띠엔꽝 호수를 끼고 있는 응우옌주 거리 70번지에 있다.

으우담 차이 Ưu Đàm Chay ★★★★

하노이의 대표적인 채식 전문 레스토랑이다. '으우담'은 우담바라(불교에서 말하는 신성한 꽃)를 칭하는데, 인테리어 또한 불상을 이용해 선(禪)적이고 명상적인 분위기로 꾸몄다. 음식은 버섯, 두부, 연근, 호박, 과일 등 신선한 식재료를 이용해 자극적이지 않게 요리한다. 향신료를 많이 쓰지 않고 신선한 식재료의 맛을 살려 조리하는 것이 특징이다. 스프링 롤, 샐러드, 연꽃밥, 파인애플 볶음밥, 두리안 피자, 망고 찰밥, 러우(핫팟) 등 메뉴도 다양하다. 채식주의자가 아니더라도 한 번쯤 식사해 봄 직한 레스토랑이다.

지도 P.65-D4 **주소** 55 Nguyễn Du, Quận Hoàn Kiếm **전화** 0981-349-898 **홈페이지** www.facebook.com/Uudamchay **영업** 10:30~21:30 **메뉴** 영어, 베트남어 **예산** 메인 요리 15만~25만 VND, 러우(핫팟) 34만 VND **가는 방법** 동주 거리 55번지에 있다. 호안끼엠 호수 남단에서 남쪽으로 1km 떨어져 있다.

멧 레스토랑 MẸT Vietnamese Restaurant ★★★☆

하노이에서 관광객이 즐겨 찾는 베트남 레스토랑이다. 2011년에 오픈해 현재는 5개 지점을 운영한다. 관광객이 많이 찾는 구시가와 성 요셉 성당 주변에 있어 위치 선정부터 접근성이 좋다. 과거부터 즐겨먹던 하노이 음식을 외국인 입맛에 맞게 요리해 준다. 하노이 관련한 내용으로 꾸민 벽화와 그림으로 인테리어를 꾸몄다. 에어컨 시설로 쾌적하며 영어 소통 가능한 직원도 친절하다. 추천 메뉴는 분짜 Bún Chả, 반쎄오 Bánh Xèo, 넴루이 Nem Lụi, 모닝글로리 마늘 볶음 Rau Muống Xào Tỏi, 새우와 돼지고기를 넣은 바나나 꽃 샐러드 Nộm Hoa Chuối Tôm Thịt, 대나무에 담아주는 소고기 구이 Bò Nướng Ống Tre가 있다. 메인 요리를 주문하면 공깃밥을 함께 제공해 준다. 채식 메뉴도 가능하다.

지도 P.68-C1 **주소** ①항쫑 지점 29 Hàng Trống ②항가이 지점 110 Hàng Gai **홈페이지** www.metvietnameserestaurant.com **영업** 10:00~22:00 **메뉴** 영어, 베트남어 **예산** 12만~23만 VND **가는 방법** 항쫑 거리 29번지에 있다.

룩락 Luk Lak ★★★★

분위기 좋고 비싼 고급 레스토랑이다. 소피텔 레전드 메트로폴(호텔)에서 25년간 근무했던 마담 빈Madame Bình 셰프가 독립해 만들었다. 1층은 카페, 2층은 레스토랑으로 꾸몄는데, 화려하고 대조적인 색감을 강조한 인테리어가 눈에 띈다. 콜로니얼 양식의 클래식한 건물에 현대 미술 작품을 걸어 묘한 조화를 자아낸다. 규모가 큰 만큼 공간이 파티션으로 나눠져 있고 단체석도 보유하고 있다. 하노이의 대표적인 럭셔리 호텔에서 근무했던 경력을 살려 서구적인 베트남 음식을 요리한다. 신선한 식재료에 다양한 향신료, 허브 소스를 사용하는 것이 특징이다. 분짜와 넴(스프링 롤) 같은 대중적인 음식도 있지만 셰프만의 독특한 조리 기법으로 요리한 시그니처 메뉴도 많다. 아침시간에는 쌀국수 위주의 간편식을 제공하며, 외국 관광객보다는 현지인에게 인기 있다.

지도 P.69-F4 **주소** 4A Lê Thánh Tông, Quận Hoàn Kiếm **전화** 0943-143-686 **홈페이지** www.luklak.vn **영업** 07:00~22:00 **메뉴** 영어, 베트남어 **예산** 메인 요리 23만~49만 VND(+5% Tax) **가는 방법** 레탄똥 거리 4번지에 있다. 오페라 하우스에서 남쪽으로 200m.

라 바디안 La Badiane ★★★★

프랑스 요리 전문 음식점으로, 파리와 하노이의 유명 레스토랑에서 오랫동안 일했던 벤자민 라스칼루Benjamin Rascalou 셰프가 독립해 만든 곳으로 2008년 오픈 이래 변함없는 인기를 누리고 있다. 골목 안으로 살짝 숨겨진 프렌치 빌라의 아늑함, 그리고 미각과 시각을 만족시키는 음식이 이곳의 인기 비결. 오픈 키친이라 조리 과정도 살펴 볼 수 있다. 애피타이저, 메인 요리, 디저트 중에서 하나씩 고를 수 있는 런치 세트 메뉴(63만~79만 VND)가 매력적이다. 국내 TV 예능 프로그램에도 등장해 한국 관광객에게도 많이 알려져서 예약하고 가기를 권한다.

지도 P.70-C3 **주소** 10 Nam Ngư, Quận Hoàn Kiếm **전화** 024-3942-4509 **홈페이지** www.labadiane-hanoi.com **영업** 월~토요일 11:30~14:30, 18:00~ 22:00(휴무 일요일) **메뉴** 영어, 프랑스어 **예산** 메인 요리 47만~65만 VND **가는 방법** 남능으 거리 10번지에 있다. 판보이쩌우 거리에 있는 '꽌 안 응온' 옆 골목에 있다. 하노이 기차역에서 400m.

엘 가우초 El Gaucho ★★★★

베트남과 태국에서 이름난 고급 스테이크 레스토랑. 베트남에서는 하노이와 호찌민 시(사이공), 다낭에 체인점을 운영한다. 적색 벽돌을 노출시킨 복층 건물로, 층고가 높은 실내를 감각적인 조명 기구로 멋스럽게 꾸몄다. 안심Fillet Stake, 티본스테이크T-Bone Stake, 꽃 등심Rib Eye Stake, 안심 끝 부분Fillet Mignon, 채끝Strip Loin, 토마호크Tomahawk까지 양질의 소고기 스테이크를 맛볼 수 있다. 고기가 좋으니 이곳에서 직접 만드는 수제 버거도 훌륭하다. 애피타이저로는 구운 마늘과 식전 빵을 제공해 주며, 굽기는 레어Rare부터 웰던Welldone까지 다섯 단계로 구분해 주문할 수 있다. 고기 종류는 USDA 프라임, 블랙 앵거스Black Angus, 와규Wagyu로 구분해 등급에 따라 가격을 책정했는데, 단점이라면 가격이 만만치 않다는 것. 안심 스테이크가 5만 원을 호가하는데, 베트남 물가를 고려하면 매우 비싸다. 와인까지 곁들이면 가격은 더 올라간다.

지도 P.69-E4 ▶ 주소 11 Tràng Tiền, Quận Hoàn Kiếm 전화 024-3824-7280 홈페이지 www.vn.elgaucho.asia 영업 11:00~23:00 메뉴 영어 예산 안심 스테이크(350g) 160만~250만 VND, 수제 버거 49만~79만 VND(+10% Tax) 가는 방법 오페라 하우스 앞쪽의 짱띠엔 거리 11번지에 있다. 호안끼엠 호수 남단에서 400m.

모카 다이닝 Moca Dining ★★★★

성 요셉 성당 앞에 있는 오래된 레스토랑이다. 1997년에 고풍스런 카페로 문을 열었다. 현재는 리모델링을 통해 칵테일 바를 결합한 모던한 레스토랑으로 변모했다. 콜로니얼 양식의 외관과 어울리는 유럽풍으로 인테리어를 꾸몄다. 프랑스·베트남 요리를 접목한 컨템포러리 레스토랑으로 운영된다. 전문 파티시에가 만든 디저트까지 파인 다이닝 레스토랑다운 면모를 보인다. 에그 누들, 파스타, 리소토, 오리 가슴살 요리, 양고기, 립아이, 와규 스테이크를 메인으로 요리한다. 점심에는 서머 테이블Summer Table, 저녁에는 더 퍼스트The First 등의 코스 메뉴를 갖추고 있다. 저녁시간에는 예약하고 가는 게 좋다.

지도 P.68-C2 ▶ 주소 16 Nhà Thờ, Quận Hoàn Kiếm 전화 0819-961-997 홈페이지 www.mocadining.com 영업 10:00~22:00 메뉴 영어 예산 45만~150만 VND 가는 방법 성 요셉 성당 앞 냐터 거리 16번지에 있다.

껨 짱띠엔(깸 짱띠엔) Kem Tràng Tiền ★★★

짱띠엔 거리에 있는 껨(아이스크림) 가게. 1958년부터 영업 중인 하노이의 명소다. 근사한 카페를 연상했다면 충격을 받을지도 모른다. 여기저기 오토바이를 세워 놓고 아이스크림을 먹는 현지인들로 가득하기 때문. 저렴한 가격으로 하노이 젊은이들에게 절대적인 지지를 받는다. 콘에 담아주는 '껨옥꿰Kem Ốc Quế'와 생크림처럼 부드러운 '껨뜨어이Kem Tươi'가 인기다. 추운 겨울에는 사람이 많지 않다. 일부러 찾아갈 필요는 없고, 오페라 하우스 가는 길에 잠시 들르면 적당하다.

지도 P.69-E3 **주소** 35 Tràng Tiền, Quận Hoàn Kiếm **전화** 024-3824-0294 **홈페이지** www.kemtrangtien.vn **영업** 08:00~22:00 **메뉴** 베트남어 **예산** 1만 7,000VND **가는 방법** 짱띠엔 거리 중간에 있다. 호안끼엠 호수 남단에 있는 짱띠엔 플라자(쇼핑몰)에서 200m, 오페라 하우스에서 300m.

카페 딘(딩) Cafe Đinh ★★★☆

호안끼엠 호수 북단에 있는 허름하고 오래된 로컬 카페. 이런 곳에 커피숍이 있을까 하는 의문도 들지만, 하노이 시민들에게는 잘 알려진 에그 커피 전문점이다. 기념품 가게 안쪽으로 좁고 어둑한 입구를 지나 2층으로 올라가야 한다. 천장이 낮고 어둑한 실내는 시설이 열악한 데다, 좁은 공간에서 흡연을 허용하기 때문에 담배 냄새로 불편을 겪을 수 있다. 거기에 좌석은 쪼그리고 앉아야 하는 야트막한 나무 의자뿐이다. 자그마한 발코니가 딸려 있는데, 그곳이 거리 풍경을 내다볼 수 있는 명당자리다. 하노이 로컬 카페기 이떤지 경험할 수 있는 곳이니, 쾌적함을 기대해서는 안 된다. 커피 값은 저렴하다.

지도 P.67-D4 **주소** 13 Đinh Tiên Hoàng, Quận Hoàn Kiếm **홈페이지** www.facebook.com/Dinh.cafe **영업** 07:00~22:00 **메뉴** 영어, 베트남어 **예산** 3만 VND **가는 방법** 호안끼엠 호수 북단의 딘띠엔호앙 거리 13번지에 있나. 입구가 잘 안 보이기 때문에 번지수를 유심히 살펴야 한다.

꽁 카페(냐터 지점) Cộng Cà Phê ★★★★

사회주의 콘셉트로 사랑 받는 카페. 향수를 자극하게 만드는 빈티지한 인테리어, 현대적으로 재해석한 사회주의 디자인이 눈길을 끈다. 상호 '꽁Cộng'은 베트남 사회주의공화국Cộng Hòa Xã Hội Chủ Nghĩa Việt Nam의 첫 글자를 따온 것인데, 2007년 하노이에 1호점을 연 이후 엄청난 인기를 기반으로 베트남 전역에 체인을 확장했다. 현재는 하일랜드 커피, 쭝응우옌 커피와 더불어 베트남의 대표적인 커피 체인점으로 성장했다. 다양한 베트남 커피를 마실 수 있는데, 한국 관광객에게는 코코넛 커피Coconut Coffee(Cà Phê Cốt Dừa)가 유독 인기 있다. 참고로 아메리카노는 없고, 비나카노Vinacano(베트남 스타일 아메리카노)를 만들어 준다. 달콤한 것을 원한다면 연유가 들어간 박씨우Bạc Xiu를 주문하면 된다.

하노이에서는 19개 지점을 운영한다. 호안끼엠 호수 북단의 꺼우고 지점(주소 116 Cầu Gỗ), 구시가의 항디에우 지점(주소 54 Hàng Điếu), 오페라 하우스 남쪽의 리트엉끼엣 지점(주소 4 Lý Thường Kiệt), 바딘 광장과 가까운 디엔비엔푸 지점(주소 32 Điện Biên Phủ), 서호 주변의 쭉박 지점(15A Trúc Bạch), 꽌쓰 사원과 가까운 꽌쓰 지점(주소 68 Quán Sứ), 롯데 호텔 주변의 반푹 지점(주소 101 Vạn Phúc)이 접근성이 좋다.

지도 P.68-C2 ▶ **주소** 27 Nhà Thờ, Quận Hoàn Kiếm **전화** 0911-811-133 **홈페이지** www.congcaphe.com **영업** 07:00~23:00 **메뉴** 영어, 베트남어 **예산** 4만 5,000~6만 5,000VND **가는 방법** 성 요셉 성당 앞의 냐터 거리에 있다.

쭝응우옌 레전드 Trung Nguyên Legend ★★★☆

베트남을 대표하는 커피 브랜드 '쭝응우옌 커피'에서 운영한다. 베트남 커피를 고급화한 브랜드로 유명하다. 여행자들에게 인기 있는 G7 커피 믹스를 만드는 회사로 잘 알려져 있다. 필터에 내려주는 블랙커피(까페 덴Cà Phê Đen)와 연유를 넣은 밀크 커피(까페 쓰어Cà Phê Sữa)를 기본으로 한다. 핫(Nóng)과 아이스(Đá)로 구분해 주문하면 된다. 원두 등급을 구분해 가격을 다르게 책정했는데, 숫자가 높을수록 원두가 좋다는 뜻이다(참고로 이곳에서 최상급 원두는 '레전드 커피'라 칭한다). 매장에서 다양한 원두와 믹스 커피를 판매한다. 실내에서 흡연이 가능해 비흡연자라면 불편할 수 있다. 호안끼엠 호수 남쪽의 짱띠엔 플라자 맞은편에도 지점(주소 2 Hàng Bài)이 있다.

지도 P.68-B1 　주소 5 Lý Quốc Sư, Quận Hoàn Kiếm 　전화 024-3710-0525 　홈페이지 www.trungnguyenlegend.com 　영업 07:00~22:00 　메뉴 영어, 베트남어 　예산 커피 6만~9만 VND, 레전드 커피 15만 VND 　가는 방법 리꿕쓰 거리 5번지에 있다. 성 요셉 성당에서 북쪽으로 300m.

로딩 티 Loading T ★★★★

프랑스 식민 지배 시절에 건설된 오래된 건물을 카페로 활용한다. 빛 바랜 파스텔 톤의 건물 외관과 어두컴 실내가 모던함과는 거리가 멀지만, 레트로한 분위기 덕분에 편안하고 아늑한 분위기다. 로컬 커피숍인데도 불구하고 실내는 에어컨 시설로 시원하다. 2층 입구에 야외 좌석도 만들어준다. 금연이라 쾌적하며, 잔잔한 샹송도 틀어준다. 베트남 커피와 에그 커피 이외에 셰이크, 밀크 티까지 음료가 다양하다. 주변에 여행자 숙소가 많아서 외국인 관광객도 많이 찾는다. 덕분에 영어 소통에 지장이 없고, 주인장이 친절하다.

지도 P.68-B1 　주소 8 Chân Cầm, Quận Hoàn Kiếm 　전화 0903-342-000 　홈페이지 www.facebook.com/cfLoadingT 　영업 08:00~22:00 　메뉴 영어, 베트남어 　예산 5만~9만 VND 　가는 방법 펀찜 거리 8번시에 있는 건물 2층에 있다. 간판이 작아서 눈에 잘 안 띈다. 블랙버드 커피 맞은편을 살피면 된다.

블랙버드 커피 Blackbird Coffee ★★★★

서구적인 느낌의 카페. 통유리 건물에 커피 바를 정면에 배치해 바리스타들이 커피 만드는 모습을 볼 수 있도록 했다. 아담한 복층 시설로 규모가 작아서 아늑하다. 에스프레소 머신에서 추출한 커피와 핸드 드립으로 내려주는 커피로 구분된다. 베트남 커피보다는 우리에게 익숙한 아메리카노, 라테, 콜드 브루를 마시기 좋다. 직접 로스팅한 원두도 판매한다.

두 개 지점을 운영한다. 한약방 거리에 있는 란옹 지점(주소 63B Lãn Ông 지도 P.66-B3)은 안마당과 발코니까지 갖춘 2층 건물로 공간이 여유롭다. 두 곳 모두 에어컨 시설이고 실내는 금연이라 쾌적하다. 외국 관광객이 많이 찾는 곳이라 영어가 잘 통한다.

지도 P.68-B1 ▶ **주소** 5 Chân Cẩm, Quận Hoàn Kiếm **전화** 0389-513-053 **홈페이지** www.facebook.com/blackbirdcoffeevn **영업** 07:00~21:00 **메뉴** 영어, 베트남어 **예산** 5만~9만 VND **가는 방법** 쩐껌 거리 5번지에 있다. 성요셉 성당에서 250m.

노트 커피 The Note Coffee ★★★

호안끼엠 호수 주변에 있는 아담한 카페. 거리까지 나와 친절하게 인사하는 직원을 만날 수 있는 곳이다. 특별한 건 없지만 이곳을 다녀간 사람들이 적어 놓은 메모가 벽면에 빼곡하게 붙어 있어 그걸 구경하는 재미가 쏠쏠하다. 형형색색의 메모지로 장식된 인테리어 덕분에 SNS에 올리기 좋은 사진을 찍을 수 있다. 외국인 관광객에게도 친절하고, 영어도 잘 통해서 여러모로 편리한 곳이다. 1층에서 주문하고 2층 좌석에 올라가면 된다.

지도 P.66-C4 **주소** 64 Lương Văn Can, Quận Hoàn Kiếm **전화** 024-3938-0468 **홈페이지** www.facebook.com/TheNoteCoffee **영업** 07:00~23:00 **메뉴** 영어, 베트남어 **예산** 커피 5만~7만 VND **가는 방법** 호안끼엠 호수 왼쪽의 르엉반깐 거리 64번지에 있다.

하노이 소셜 클럽 Hanoi Social Club ★★★★

카페를 겸한 레스토랑으로, 외국 관광객들이 즐겨 찾는다. 3층 규모로 1920년대에 만들어진 오래된 콜로니얼 양식의 건물을 개조해 사용하는데, 곳곳의 인테리어가 빈티지한 분위기를 선사한다. 옥상은 야외 정원으로 꾸몄고, 실내 좌석은 편하게 널브러지는 분위기다. 버거, 토스트, 파스타, 팔라펠, 모로코 쿠스쿠스, 샐러드 같은 지중해식 음식을 주로 선보인다. 외국인을 상대하는 곳인 만큼 직원과의 영어 소통에 문제가 없다. 주말 저녁에는 매장 한편에서 어쿠스틱 음악을 라이브로 연주한다.

지도 P.68-A2 **주소** 6 Ngõ Hội Vũ, Quận Hoàn Kiếm **전화** 024-3938-2117 **홈페이지** www.facebook.com/TheHanoiSocialClub **영업** 08:00~22:00 **메뉴** 영어, 베트남어 **예산** 커피 6만~8만 VND, 메인 요리 14만~20만 VND **가는 방법** 꽌쓰 Quán Sứ 거리에서 연결되는 호이부 골목(응오 호이부) Ngõ Hội Vũ에 있다.

메종 마루 **Maison Marou** ★★★★

베트남의 수제 초콜릿 브랜드로 유명한 마루 초콜릿Marou Faiseurs de Chocolat(홈페이지 www.marouchocolate.com)에서 운영한다. 초콜릿 숍과 프렌치 카페를 접목했는데, 매장에서 직접 초콜릿을 만들기 때문에 진하고 달콤한 향이 침샘을 자극한다. 커피 또는 핫 초코를 곁들여 에클레어, 마카롱, 타르트, 초콜릿 무스 같은 디저트를 즐기기 좋다. 주요 관광지에서 조금 떨어져 있지만 넓고 쾌적한 실내가 매력적이다. 선물용 초콜릿 세트를 진열해 놓고 판매한다.

참고로 창업자는 프랑스 태생의 빈센트 마루Vincent Mourou이며, 본점은 호찌민 시(사이공)에 있다. 100% 베트남에 생산된 카카오를 이용해 초콜릿을 만든다. 한 종류의 카카오를 넣어 만든 싱글 오리진 초콜릿은 카카오 생산지의 지명에 따라 6종류로 나뉜다.

지도 P.65-D4 ▶ **주소** 91a Thọ Nhuộm, Hoàn Kiếm **전화** 024-3717-3969 **홈페이지** www.maisonmarou.com **영업** 09:00~22:00 **메뉴** 영어 **예산** 커피·디저트 9만~15만 VND **가는 방법** ①본점은 터뉴옴 거리 9번지에 있다. ②성 요셉 성당 앞의 냐터 거리에 지점(주소 20 Nhà Thờ)을 운영한다.

하일랜드 커피(호안끼엠 지점) Highlands Coffee ★★★☆

하일랜드 커피는 전국에 체인점을 둔 베트남 대표 커피 회사다. 쾌적하게 단장한 매장, 부담스럽지 않은 가격을 내세워 현지인들의 절대적인 지지를 받는다. 호안끼엠 지점은 유리 창 너머로 호수와 거리 풍경을 바라보며 여유 있는 시간을 보내기 좋다. 현지인들이 좋아하는 메뉴는 단연 달콤한 베트남식 연유 커피 Phin Sữa Đá다. 매장 한편에서는 자체 생산한 원두와 믹스커피를 판매한다. 하노이에만 84개 지점이 있다. 구시가 항박 거리(주소 1 Hàng Bạc), 역사박물관(주소 216 Trần Quang Khải), 하노이 기차역(주소 129 Lê Duẩn), 쭉박 호수(주소 9 Thanh Niên) 등이 여행 동선과 맞물리는 주요 지점이다.

지도 P.68-C2 **주소** 38 Lê Thái Tổ, Quận Hoàn Kiếm **홈페이지** www.highlandscoffee.com.vn **영업** 07:00~23:00 **메뉴** 영어, 베트남어 **예산** 4만~7만VND **가는 방법** 호안끼엠 호수 왼쪽 도로에 해당하는 레타이또 거리 38번지에 있다.

러닝 빈 The Running Bean ★★★☆

호찌민 시(사이공)에서 유명한 브런치 카페로 하노이에 분점을 열었다. 트렌디한 카페가 몰려 있는 냐터 거리(성 요셉 성당 앞거리)에 있다. 벽돌을 그대로 노출하고 통유리와 철제 빔을 이용해 인테리어를 꾸몄다. 젊은 감성에 충실한 카페로 빈티지하면서도 인더스트리얼한 느낌을 준다. 전문 커피숍답게 베트남 커피와 에스프레소, 콜드 브루까지 다양한 커피를 만들어 낸다. 스페셜 커피는 원두 종류(베트남, 케냐, 에티오피아, 콜롬비아)와 커피 추출 방법(핸드 드립, 프렌치 프레스, 에어로프레스)을 선택해 주문할 수 있다. 샐러드, 샌드위치, 파스타, 잉글리시 브렉퍼스트, 스무디 볼, 스위트 와플까지 브런치도 다양하다.

지도 P.68-C2 **주소** 22 Nhà Thờ, Quận Hoàn Kiếm **전화** 024-7308-8066 **홈페이지** www.facebook.com/therunningbeanhanoi **영업** 08:00~22:00 **메뉴** 영어, 베트남어 **예산** 커피 8만~10만 VND, 브런치 15만~29만 VND **가는 방법** 성 요셉 성당 앞쪽의 냐터 거리 22번지에 있다.

NIGHTLIFE 호안끼엠 호수 주변의 나이트라이프

호안끼엠 호수 북단과 성 요셉 성당 주변으로 흘러 들어가면, 분위기 좋은 술집이 넘실거린다. 관광객이 많이 찾는 지역이라 외국인을 위한 술집도 어렵지 않게 발견할 수 있다.

파스퇴르 스트리트 브루잉 컴퍼니 Pasteur Street Brewing Company ★★★★

베트남에서 흔치 않게 수제 맥주Craft Beer를 제조하는 곳이다. 미국인이 운영하는 곳으로 본점은 호찌민 시(사이공)에 있다. 미국 홉과 유럽 몰트(맥아)를 이용하며, 열대 과일을 첨가한 독특한 맥주도 마련한다. 70여 종의 맥주를 만드는데, 당일 만든 수제 맥주를 제공하기 때문에 판매되는 맥주는 조금씩 변동된다. 다양한 맥주를 맛보고 싶다면 6종류의 샘플을 플레이팅한 샘플링 플라이트Sampling Flight(28만 5,000VND)를 권한다. 간단한 스낵 메뉴는 물론, 수제 버거와 같은 식사 메뉴도 있다. 점심에는 수제 버거와 맥주를 결합한 콤보 메뉴를 할인된 가격에 제공한다. 하노이 지점은 성당 옆 조용한 골목에 있는데, 주변에 여행자 숙소가 많아 외국인들이 즐겨 찾는다. 2층에 루프톱 형태의 야외 공간도 있어 여유롭다. 주말에는 어쿠스틱 밴드가 라이브 공연을 펼치기도 한다.

지도 P.68-B2 ▶ 주소 1 Ấu Triệu, Quận Hoàn Kiếm 전화 024-6294-9462 홈페이지 www.pasteurstreet.com 영업 11:00~24:00 메뉴 영어 예산 맥주(175㎖) 5만~6만 VND, 맥주(325㎖) 11만~20만 VND 가는 방법 성 요셉 성당을 바라보고 오른쪽 골목(어찌에우 거리) 안쪽으로 150m.

빈민(빙밍) 재즈 클럽 Binh Minh's Jazz Club ★★★☆

하노이에서 흔치 않은 재즈 클럽이다. 재즈 색소폰을 연주하는 꾸옌반민Quyền Văn Minh이 운영한다. 잔잔한 조명 아래 잔잔한 재즈 음악을 라이브로 들을 수 있다. 평상시는 레스토랑으로 운영되지만, 21:00가 되면 공연이 시작되면서 재즈 클럽으로 변모한다. 입장료는 없지만 19:00부터는 맥주 값이 인상된다. 특별한 건 없지만 레스토랑 규모가 작아서 무대와 테이블이 가까운 것이 장점이다. 다만 실내에서 흡연이 가능하므로 비흡연자라면 유의할 것. 평일 입장료 5만 VND, 주말 입장료 10만 VND을 받는다. 식사 메뉴는 기본적인 베트남 음식을 요리하며, 해피 아워(17:00~19:00)에는 맥주 값이 할인된다. 15년 넘게 영업하고 있지만, 여러 차례 이사를 해왔기 때문에 출발 전 홈페이지에서 현재 위치를 확인해야 한다.

지도 P.69-F4 ▶ 주소 1 Tràng Tiền, Quận Hoàn Kiếm 전화 024-3933-6555 홈페이지 www.minhjazzvietnam.com 영업 17:00~23:00 메뉴 영어, 베트남어 예산 맥주·칵테일 12만~20만 VND 가는 방법 오페라 하우스 뒷길에 해당하는 짱띠엔 거리 1번지 골목 Số 1 Tràng Tiền에 있다.

폴라이트 & 코(폴라이트 펍) Polite & Co ★★★☆

하노이에 거주하는 외국인들 사이에서 이름난 펍이다. 시끄럽고 복잡한 하노이 구시가와 대비되는 어둑한 실내가 평온함을 선사한다. 1995년부터 영업 중인 곳으로, 지속적인 리모델링을 통해 쾌적한 분위기를 유지하고 있다. 내부는 복층 구조로 층고가 높아 답답하지 않다. 생맥주, 수제 맥주, 칵테일, 위스키, 와인 등 다양한 주류를 판매한다. 맥주보다는 위스키가 다양해 클래식한 젠틀맨 클럽을 연상시킨다. 실내 흡연이 허락되기 때문에 비흡연자는 불편할 수 있다. 해피 아워(16:00~20:00)에는 술값이 할인된다.

지도 P.68-C1 ▶ **주소** 5b Bảo Khánh **전화** 096-894-9606 **홈페이지** www.facebook.com/politeandcohanoi **영업** 16:00~24:00 **메뉴** 영어 **예산** 칵테일 18만~28만 VND **가는 방법** 호안끼엠 호수 동쪽에서 연결되는 바오칸(바오카잉) 거리 5번지에 있다. 하노이 펄 호텔 Hanoi Pearl Hotel 맞은편에 있다.

따디오또 Tadloto ★★★☆

프렌치 쿼터의 칵테일 바로, 유서 깊은 건물들 사이에 위치한다. 붉은색의 철문과 도로에 놓인 의자가 얼핏 노천 바를 연상시키지만, 내부 인테리어는 예술적인 느낌으로 충만하다. 어둑한 실내 한편에 현대 미술 작품을 걸어 둔 것이 눈에 띈다. 맥주, 칵테일, 와인, 위스키까지 다양한 주류를 판매하며, 낮 시간에도 문을 연다. 이때는 라멘과 스시 같은 일본 음식을 내어 놓는다. 라디오 진행자이자 작가인 응우옌꿔득Nguyễn Quí Đức이 운영하는 곳인데, 지역 예술가들의 사교장으로도 잘 알려져 있다. 외신에 여러 차례 소개되면서 외국 관광객두 어렵지 않게 만날 수 있다.

지도 P.69-F3 ▶ **주소** 24 Tông Đản, Quận Hoàn Kiếm **전화** 024-6680-9124 **홈페이지** www.facebook.com/tadiotohanoi **영업** 09:00~24:00 **메뉴** 영어, 베트남어 **예산** 맥주·칵테일 9만~16만 VND **가는 방법** 오페라 하우스에서 한 블록 북쪽으로 떨어진 똥단 거리 24번지에 있다.

SHOPPING 호안끼엠 호수 주변의 쇼핑

성 요셉 성당 주변에 기념품 숍들이 몰려 있다. 독특한 아이템을 판매하는 편집 숍과 도자기 그릇 전문 매장까지 감각적인 제품을 판매하는 곳이 많다.

냐터 거리 Nhà Thờ ★★★

성 요셉 성당 앞쪽으로 이어지는 도로. '처치 스트리트'라고도 불린다. 110m에 불과한 자그마한 거리지만 하노이에서 유명한 카페와 부티크 숍이 몰려 있다. 꽁 카페, 카페 루남, 스타벅스 같은 대형 커피 체인점들이 들어서면서 쇼핑 상점들은 점점 줄어드는 추세다. 눈에 띄는 곳은 흐우라라Hữu Là La(주소 2 Nhà Chung, 홈페이지 www.facebook.com/tiemhuulalaa)다. 여성복 부티크 숍으로, 한 땀 한 땀 자수를 놓아 만든 원피스와 아오자이, 드레스를 선보인다. 정성스럽게 만든 만큼 가격은 비싸다. 냐터 거리와 가까운 곳에 있는 나구Nagu(주소 78 Hàng Trống, 홈페이지 www.nagu-vietnam.com)는 일본인이 운영하는 소품 숍으로 앙증맞은 테디베어 인형을 판매한다. 직접 디자인한 파우치, 가방, 아동복도 있다.

지도 P.68-C2 ▶ 주소 Nhà Thờ, Quận Hoàn Kiếm 영업 09:00~21:0
가는 방법 성 요셉 성당 앞쪽으로 냐터 거리가 이어진다. 호안끼엠 호수에서 250m.

세렌더 Cerender ★★★★

공예품을 소개하는 편집 숍. 모든 제품은 도자기 마을로 알려진 밧짱Bát Tràng(P.218 참고)에서 만든다. 사실 하노이 대부분의 공예 상점이 식사에 필요한 밥그릇이나 국그릇을 파는 곳인 데 비해, 이곳에서는 장식용이나 선물용으로 좋은 감각적인 제품을 주로 선보인다. 손으로 빚은 도자기에 직접 그림을 그려 넣는 것이 이곳만의 매력. 독특한 색감과 패턴이 어우러져 예쁘면서 실용적이다. 꽃병, 접시, 종지 그릇, 머그잔, 티스푼, 컵받침, 수저 받침대 같은 부피가 작은 물건도 여럿이다.

지도 P.68-C3 ▶ 주소 11 Tràng Thi, Quận Hoàn Kiếm 전화 0938-632-481 홈페이지 www.facebook.com/cerender.homedecor 영업 09:00~21:00 가는 방법 짱티 거리 11번지에 있다. 호안끼엠 호수 남단에서 100m.

컬렉티브 메모리 Collective Memory ★★★☆

성 요셉 성당 옆 냐쭝 거리에 자리한 편집 숍이다. 여행 작가 부부가 전국을 여행하면서 수집한 각종 기념품과 30여 개의 로컬 브랜드 디자인 제품을 알차게 선보인다. 베트남의 정취가 물씬한 문양과 디자인으로 제작한 쿠션 커버, 티셔츠, 에코 백, 장지갑, 엽서, 포스터, 지도, 액세서리 등 여행을 기념하기에 좋은 소품과 함께 도자기 그릇, 머그 잔, 차(茶), 커피, 천연 비누, 에센스 오일, 핫 소스 등 생활 용품도 만날 수 있다. 감각적이고 독특한 제품이 많아 둘러보는 재미가 쏠쏠하다.

지도 P.68-B2 ▶ **주소** 12 Nhà Chung, Quận Hoàn Kiếm **전화** 0986-474-243 **홈페이지** www.collectivememory.vn **영업** 09:30~19:00 **가는 방법** 냐쭝 거리 12번지에 있다. 성 요셉 성당을 바라보고 왼쪽으로 60m.

마스터 탄 Master Tan ★★★★

관광객이 좋아할 만한 기념품을 모아 놓은 상점이다. 약초(베트남 허브)를 이용한 천연 제품을 만든다. 치료 목적으로 사용되는 약초를 현대적인 제품으로 만들어 판매한다고 보면 된다. 호랑이 연고, 천연 비누, 아로마 오일, 향(인센스)을 비롯해 향신료, 말린 과일, 꿀, 차, 그릇까지 다양한 물건을 한자리에서 구입할 수 있다. 외국 관광객이 주된 고객이라 직원들이 영어로 소통한다. 차를 시음해 볼 수도 있고, 말린 과일도 맛보게 해주는 등 친절하다. 구시가 항다오 거리|Master Tan Hang Dao(주소 102 Hàng Đào)와 수상 인형극장 옆 Master Tan ĐTH(주소 57 Đinh Tiên Hoàng)에도 매장을 운영한다.

지도 P.68-B1 ▶ **주소** 35 Lý Quốc Sư, Quận Hoàn Kiếm **홈페이지** www.mastertan.vn **영업** 09:00~22:00 **가는 방법** ①1호점은 성 요셉 성당과 가까운 리꿕쓰 거리 35번지에 있다. ②2호점은 호안끼엠 호수를 끼고 있는 딘띠엔호앙 거리 57번지(주소 57 Đinh Tiên Hoàng)에 있다.

치에 Chie Dupudupa ★★★☆

2011년에 문을 연 수공예 디자인 숍으로, 공정무역을 지향한다. 북부 산악 지역에서 생활하는 소수민족의 수공예품을 판매하는 이곳은 베트남 전통을 보존하고 소수민족의 생계를 지원하기 위해 다양한 활동을 펼친다. 소수민족 전통의상과 스커트, 베틀로 짜서 만든 장식용 천, 인디고 염색으로 만든 스카프, 테이블 매트, 숄더백, 파우치, 동전 지갑, 장지갑, 인형 등을 판매하는 것이 그 일환이다. 화려한 색감과 패턴의 몽족 전통 의상이 특히 눈길을 끈다.

지도 P.68-C1 **주소** 66 Hàng Trống, Quận Hoàn Kiếm **전화** 024-3938-7215 **홈페이지** www.chiedupudupa.com **영업** 08:30~21:00 **가는 방법** 구시가의 항쫑 거리 66번지에 있다. 성 요셉 성당에서 250m 떨어져 있다.

짱띠엔 플라자 Tràng Tiền Plaza ★★★

프랑스 식민정부에서 1901년에 만든 건물이다. 호안끼엠 호수 주변의 프렌치 쿼터에 남아 있는 전형적인 콜로니얼 건축물로 꼽힌다. 2002년부터 쇼핑몰로 사용했으며, 대대적인 보수 공사를 마치고 2013년에 백화점으로 변모했다. 6층 건물로 패션, 의류, 화장품, 침구·생활용품, 마트, 레스토랑이 입점해 있다. 루이비통, 페라가모, 구찌, 베르사체, 버버리, 롤렉스, 카르티에 같은 명품 매장이 많다. 4층에는 아디다스, 나이키 같은 스포츠 매장이 있고, 5층에는 CGV 영화관이 있다. 관광객을 위한 기념품 매장이 많지 않아 외국인에게 큰 인기는 없다.

지도 P.69-D3 **주소** Tràng Tiền & Hai Bà Trưng, Quận Hoàn Kiếm **전화** 024-3934-9559 **홈페이지** www.trangtienplaza.net **영업** 09:30~21:30 **가는 방법** 호안끼엠 호수 남단의 짱띠엔 거리 초입에 있다. 호안끼엠 호수 옆, 오페라 하우스 가는 길에 있다.

알루비아 초콜릿 Alluvia Chocolate ★★★☆

베트남의 대표적인 초콜릿 브랜드 중의 하나다. 하노이, 호찌민시(사이공), 다낭, 호이안을 포함해 10곳에 매장을 운영한다. 알루비아 초콜릿은 충적토가 풍부한 메콩 델타(베트남 남부) 지역의 농장에서 재배한 코코아를 이용해 만든다. 싱글 오리진 다크 초콜릿은 카카오 함량은 100%, 85%, 70% 세 종류가 있다. 커피, 코코넛, 아몬드, 계피, 박하, 라임, 녹차, 망고, 딸기, 블루베리 등 견과류와 과일을 첨가한 초콜릿까지 다양하다. 베트남을 주제로 그린 포장지는 베트남스러운 느낌을 더했다. 매장 내에서 시식이 가능하며, 8개입과 16개입 선물용 박스도 판매한다.

지도 P.68-C1 **주소** 68 Hàng Trống, Quận Hoàn Kiếm **홈페이지** www.alluviachocolate.com **영업** 09:00~22:00 **가는 방법** ①성 요셉 성당과 가까운 항쫑 거리 68번지에 있다. ②호안끼엠 호수 북단의 딘띠엔호앙 거리 25번지(주소 25 Đinh Tiên Hoàng)에 있다.

빈콤 센터(빈콤 바찌에우)
Vincom Center | Vincom Bà Triệu ★★★

베트남의 대표적인 쇼핑몰인 '빈콤'에서 운영한다. 아파트와 오피스 건물까지 3동의 건물로 구분되어 주거복합단지를 형성한다. 쇼핑센터는 일반 백화점과 마찬가지로 화장품과 향수, 시계, 보석 매장이 1층을 차지하며, 의류, 신발, 가방, 전자제품, 슈퍼마켓, 레스토랑과 카페가 층별로 들어서 있다. 의류 브랜드 망고Mango와 자라Zara, 유니클로Uniqlo가 입점해 있고, 6층에는 CGV 영화관이 있다. 여행자들이 머무는 구시가와 호안끼엠 호수에서 가장 가까운 쇼핑몰이다. 하노이에 여러 개의 빈콤 센터가 있으므로 택시를 탈 때는 거리 이름까지 합쳐서 '빈콤 바찌에우'라고 말해야 한다.

지도 P.63-D4 **주소** 191 Bà Triệu, Quận Hai Bà Trưng **전화** 024-3974-1919 **홈페이지** www.vincom.com.vn **영업** 10:00~22:00 **가는 방법** 호안끼엠 호수에서 남쪽으로 2km 떨어진 바찌에우 거리 191번지에 있다.

TEMPLE OF LITERATURE & BA DINH SQU

문묘 & 바딘(바딩) 광장 주변

베트남의 독립을 선포한 바딘(바딩) 광장 주변은 하노이의 심장과 같은 지역이다. 성지로 추앙 받는 호찌민 묘를 중심으로 주석궁, 호찌민 생가, 못꼿 사원, 호찌민 박물관에 이르는 역사적인 장소가 한데 몰려 있기 때문이다. 하노이 고성과 문묘도 빼놓을 수 없다. 2010년부터 유네스코 세계문화유산으로 보호되고 있는 하노이 고성은 탕롱 시절 황제들이 머물던 황궁이 자리한 곳이고, 공자 사당인 문묘에서는 유교 국가로서 베트남의 면모를 엿볼 수 있다. 생활의 풍경으로 가득한 구시가와 달리, 이곳에서는 역사의 아스라한 뒤안길을 거니는 여정이 이어진다.

TO DO LIST

이것만은 놓치지 말자

LIST 01 호찌민 묘 참배하기

LIST 02 호찌민 생가 방문하기

LIST 03 미술 박물관에서 다녀오기

LIST 04 문묘 둘러보기

LIST 05 바딘 광장에서 기념사진 찍기

LIST 06 '떰비'에서 베트남 요리 맛보기

LIST 07 호찌민 박물관에서 호찌민 탐구하기

LIST 08 하노이 고성(탕롱 황성) 거닐기

LIST 09 깃발 탑 올라가보기

LIST 10 못꼿 사원에서 소원 빌기

BEST COURSE 추천 코스

COURSE 1 바딘(바딩) 광장+문묘 코스

바딘(바딩) 광장과 문묘 주변의 볼거리를 두루 여행하는 코스. 성지로 여겨지는 호찌민 묘 주변은 공안(경찰)의 통제에 따라 정해진 방향으로 이동해야 한다.

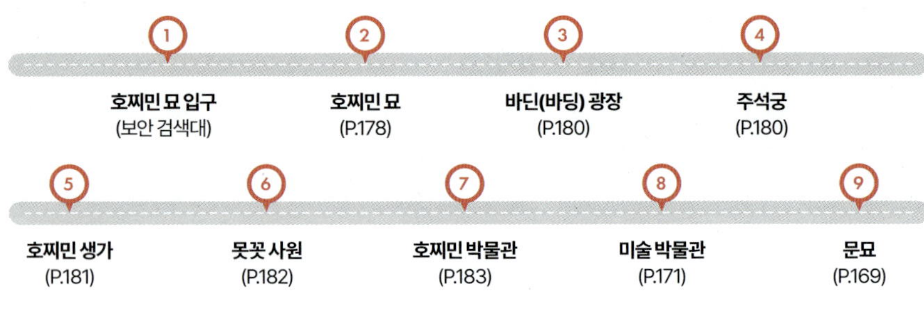

1. 호찌민 묘 입구 (보안 검색대)
2. 호찌민 묘 (P.178)
3. 바딘(바딩) 광장 (P.180)
4. 주석궁 (P.180)
5. 호찌민 생가 (P.181)
6. 못꼿 사원 (P.182)
7. 호찌민 박물관 (P.183)
8. 미술 박물관 (P.171)
9. 문묘 (P.169)

COURSE 2 구시가+바딘(바딩) 광장 도보 여행 코스

구시가(또는 호안끼엠 호수)에서 출발해 바딘(바딩) 광장까지 걸어가는 코스. 3km에 이르는 길을 걸으며 하노이 주요 볼거리를 둘러볼 수 있다.

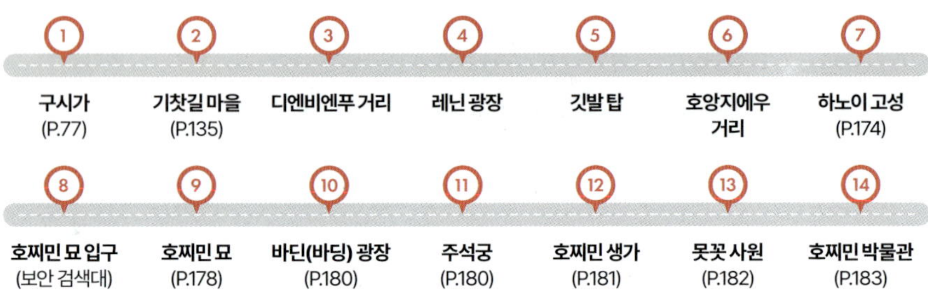

1. 구시가 (P.77)
2. 기찻길 마을 (P.135)
3. 디엔비엔푸 거리
4. 레닌 광장
5. 깃발 탑
6. 호앙지에우 거리
7. 하노이 고성 (P.174)
8. 호찌민 묘 입구 (보안 검색대)
9. 호찌민 묘 (P.178)
10. 바딘(바딩) 광장 (P.180)
11. 주석궁 (P.180)
12. 호찌민 생가 (P.181)
13. 못꼿 사원 (P.182)
14. 호찌민 박물관 (P.183)

COURSE 3 바딘(바딩) 광장+서호(호떠이) 코스

호찌민 묘를 참배하고 바딘(바딩) 광장 북쪽의 서호 지역을 둘러보는 코스. 서호 주변은 카페가 많아서 쉬어가기 좋다.

1. 호찌민 묘 입구 (보안 검색대)
2. 호찌민 묘 (P.178)
3. 바딘(바딩) 광장 (P.180)
4. 주석궁 (P.180)
5. 호찌민 생가 (P.181)
6. 못꼿 사원 (P.182)
7. 호찌민 박물관 (P.183)
8. 꽌탄(꽌타잉) 사당 (P.192)
9. 쩐꿕 사원 (P.195)
10. 서호 (P.194)

ATTRACTION 문묘 & 바딘(바딩) 광장 주변의 볼거리

호찌민 묘를 시작으로 주석궁, 호찌민 생가, 못꼿 사원, 호찌민 박물관, 하노이 고성(탕롱 황성), 문묘까지 베트남의 역사적 랜드마크가 모여 있다. 베트남 전쟁과 사회주의 이념을 엿볼 수 있는 장소가 많고, 내내 엄숙한 분위기가 흐른다.

유교 국가였음을 단적으로 보여주는 곳
문묘(文廟) Temple of Literature | Văn Miếu ★★★★

베트남의 근간이 고스란히 드러나는 곳이며, 이곳이 유교 사회였음을 단적으로 보여주는 장소다. 문묘는 공자(B.C. 551년~B.C. 479년)를 모신 사당으로 공묘(孔廟) 또는 공자묘(孔子廟)로 불린다. 하노이 문묘는 공자의 고향이자 세계에서 가장 큰 공자 사당을 모신 중국 산둥성(山東省) 취푸(曲阜)에 세운 공묘를 본떠서 만들었다. 궁궐처럼 성벽에 둘러싸였으며, 출입문과 내벽으로 분리된 5개의 안뜰을 갖고 있다. 리타똥(李聖宗)Lý Thánh Tông(리 왕조 3대 황제, 재위 1054~1072년) 때인 1070년에 건설된 문묘는 1076년에 국자감(國子監)Quốc Tử Giám을 신설하면서 거대한 규모로 변모했다. 국자감은 유학을 가르치던 베트남 최초의 국립대학이다.

문묘의 첫 번째 출입문은 문묘문(文廟門)Văn Miếu Môn이다. 신분제도가 없어진 지금은 자유롭게 출입이 가능하지만 과거에는 황제와 관료들만 출입이 가능했다. 그래서 출입문은 3개의 문으로 나뉘어 있다. 중앙에 있는 문은 황제 전용으로 쓰였으며, 왼쪽 문은 무관들이, 오른쪽 문은 문관들이 출입했다고 한다. 문묘문을 지나면 잔디가 곱게 깔린 첫 번째 안뜰과 두 번째 안뜰이 나온다. 학자들이 도시의 복잡함을 벗어나 휴식하고 여가 시간을 보냈다고 하는데 정원 말고는 특별한 볼거리는 없다.

세 번째 출입문인 규문각(奎文閣)Khuê Văn Các부터는 분위기가 살짝 바뀐다. 규문각은 높다란 석조 기둥에 겹지붕을 얹은 누각이다. 규(奎)는 별자리 중의 하나인 규성(奎星)을 의미하며, 모두 16개로 이루어진 별자리가 '문(文)'자를 닮아서 학문을 관장하는 별로 여겨진다. 그러니 '규문'은 학문의 최고 경지를 나타낸다. '규문각'을 세운 것은 학문의 최고 경지에 이른 공자를 칭송하기 위한 것이다. 1802년에 건설된 규문각은 현재도 하노이를 상징하는 도시 아이콘으로 쓰인다.

규문각을 지나면 천광정(天光井)Thiên Quang Tinh이라 불리는 연못 좌우에 비석을 보관한 정자가 있다. 거북이 등 위에 올려진 비석은 진사제명비(進士題名碑)로 관리 등용 시험에 합격한 사람들의 이름과 고향이 한자로 적혀 있다. 진사제명비는 1448년부터 만들어졌으며, 모두 116개로 현재는 82개만 남아 있다. 관리 등용 시험은 국자감이 만들어지고 400년이나 지나서 레탄똥(黎聖宗)Lê Thánh Tông(레 왕조의 4대 황제, 재위 1460~1497년) 때인 1442년에 최초로 실시되었다. 그 후 1780년까지 3년 주기로 실시되었다고 한다.

네 번째 출입문인 대성문(大成門)Đại Thành Môn을 지나면 대성전(大成殿)Điện Đại Thành이 나온다. 문묘의 가장 중심이 되는 대성전 내부에는 공자를 중심으로 세 명의 제자인 안회(顏回), 증자(曾子), 자사(子思)와 맹자(孟子)를 함께 모셨다. 대성전 좌우에도 공자 제자들의 제단을 모신 사당이 있는데 현재는 책과 기념품을 판매하는 상점으로 쓰인다.

대성전 뒤쪽의 다섯 번째 안뜰은 국자감이 있던 자리다. 1076년 리년똥(李仁宗)Lý Nhân Tông(리 왕조 4대 황제, 재위 1072~1127년) 시절에 건설되었으며, 1946년 프랑스 군대의 폭격으로 폐허가 되었다. 현재 모습은 2000년에 복원한 것으로 베트남 최고의 유교 학자이자 왕족 교육을 주관했던 쭈반안Chu Văn An(朱文安, 1292~1370년), 문묘를 건설한 리탄똥, 국자감을 만든 리년똥, 진사제명비를 최초로 만든 레탄똥을 모신 사당을 볼 수 있다. 국자감 좌우에 종루(鐘樓)와 고루(鼓樓)를 세웠다.

지도 P.70-B2·B3 **주소** Đường Quốc Tử Giám & Đường Văn Miếu, Quận Đống Đa **전화** 024-3845-2917 **운영** 08:00~17:00 **요금** 7만 VND **가는 방법** 꾁뜨잠 거리에 입구가 있다. 미술 박물관에서 남쪽으로 400m, 하노이 기차역에서 서쪽으로 2km.

베트남의 미적 전통과 조우하는 곳

미술 박물관 Fine Arts Museum | Bảo Tàng Mỹ Thuật ★★★☆

하노이에 자리한 대부분의 박물관이 전쟁과 투쟁, 독립 등 다소 무거운 주제를 다루는 한편, 미술 박물관에서는 비교적 여유로운 마음으로 베트남의 예술과 전통 문화를 향유할 수 있다. 넓은 정원을 간직한 3층짜리 콜로니얼 건물로 들어서면 회화와 조각, 불교 미술 등 베트남 예술의 정수가 펼쳐진다. 본관(박물관 입구에서 정면에 보이는 건물) 1층부터 진행 방향을 따라 32개 전시실을 둘러 보면 연대순으로 전시된 작품과 만날 수 있다.

1층은 동썬Đông Sơn에서 발굴된 청동기 유물, 레 왕조Lê Dynasty 시대의 천수천안 관음보살 불상과 와불, 떠이썬 왕조 Tây Sơn Dynasty에서 만든 실물 크기의 목조 조각을 포함해 응우옌 왕조Nguyễn Dynasty 때까지의 역사적인 미술품을 전시하고 있다. 2·3층에는 근대 미술, 설치 미술, 베트남 주요 작가들의 회화가 전시되어 있다. 인물화와 풍경화를 포함해 래커를 이용한 베트남 전통 회화, 실크 페인팅 같은 독특한 소재를 이용한 작품도 많다. 1970년대 이후 작품들은 민족주의적인 색채가 강해지면서 그림 속에서도 베트남의 투쟁과 독립 역사가 고스란히 드러난다. 본관 왼편에 자리한 별관(박물관 입구에서 봤을 때 왼쪽 건물)에서는 소수민족의 전통 의상과 전통 판화, 불교 미술, 도예 작품 등을 감상할 수 있다.

지도 P.70-C2 **주소** 66 Nguyễn Thái Học, Quận Ba Đình **전화** 024-3733-2131 **홈페이지** www.vnfam.vn **운영** 08:30~17:00 **요금** 4만 VND **가는 방법** 응우옌타이혹 거리 66번지에 있다. 문묘에서 북쪽으로 400m, 레닌 공원에서 남쪽으로 350m.

관광객이 찾지 않는 작은 박물관
B52 승리 박물관 B-52 Victory Museum | Bảo Tàng Chiến Thắng B.52 ★★

B52 폭격기를 중심으로 전시를 마련한 전쟁 박물관이다. 베트남 전쟁 막바지, 미군은 하노이에 대한 대대적인 공습 작전을 펼쳤다. 라인배커 2Linebacker II라고 명명된 공습 작전(크리스마스를 끼고 있어 크리스마스 폭격Christmas Bombings이라고 불리기도 한다)은 1972년 12월 18일부터 29일까지 이어졌다. 파리 평화협정(1973년 1월 27일)으로 인해 미군이 철수하기 전에 베트남 군 시설에 대한 파괴를 목적으로 시행된 작전이다. 당시 미군은 가장 막강한 폭격기였던 B52 폭격기를 이용해 2만 톤 이상의 폭탄을 투하했다. 군사시설 타격을 목표로 했지만 1,600명 이상의 민간인이 사망하기도 했다. 베트남 방공 부대는 미군 폭격에 맞서 34대의 B52 폭격기를 포함해 81대의 전투기를 격추시켰는데, 베트남 전쟁이 끝나고 이를 기념하기 위해 B52 승리 박물관을 만들었다.

지도 P.64-A2 **주소** 157 Đội Cấn, Quận Ba Đình **전화** 024-6273-0994 **운영** 화~목, 토~일 08:00~11:00, 13:30~16:30(휴무 월·금요일) **요금** 무료 **가는 방법** 도이껀 거리 157번지에 있다. 호찌민 박물관에서 서쪽으로 700m.

격추된 전투기 잔해가 남아 있는 호수
흐우띠엡 호수 Huu Tiep Lake | Hồ Hữu Tiệ ★★

좁은 골목의 주택가에 둘러싸인 자그마한 호수다. 한자로 쓰면 유첩호(有捷湖)다. 비행기 잔해가 호수에 처박혀 있어 비현실적인 풍경을 자아낸다. 이는 베트남 전쟁 당시 하노이를 폭격하기 위해 출동했던 미군 B52 폭격기다. 때문에 B52 호수B-52 Lake라고 알려지기도 했다. 1972년 12월 27일 23:05 베트남군에 의해 격추된 미군 비행기 일부가 흐우띠엡 호수에 떨어진 것인데, 당시 미군 조종사 2명은 사망하고 4명은 생존해 전쟁포로로 수감됐었다고 한다.

지도 P.64-A2 **주소** Ngõ 55 Hoàng Hoa Thám, Quận Ba Đình **운영** 24시간 **요금** 무료 **가는 방법** 호앙호아탐 55번 골목 안쪽에 있다. B52 승리 박물관에서 북쪽으로 300m, 하노이 식물원 Công Viên Bách Thảo Hà Nội에서 남서쪽으로 600m 떨어져 있다.

탕롱 황성 내부에 있는 작은 전망대

깃발 탑(국기 게양대) Flag Tower | Cột Cờ ★★☆

디엔비엔푸 거리를 걷다 보면 벽돌로 쌓아올린 탑 꼭대기에서 금성홍기(베트남 국기)가 나부끼는 모습을 선명하게 볼 수 있다. 과거 탕롱 황성(오늘날의 하노이 고성, P.174 참고)의 남문 터에 올라섰던 건물로, 응우옌 왕조가 들어서면서 1805년 국기 게양을 위해 새로 건설한 것이다(하지만 응우옌 왕조는 하노이에서 후에로 수도를 옮겼다). 사각형 기단 위에 3층 규모로 세워진 탑의 높이는 33.4m(깃대까지 합치면 41m)다. 프랑스군의 폭격으로 폐허가 된 고성과 달리 원형을 그대로 보존하고 있는데, 그 이유는 프랑스 군대가 이곳을 군사 목적의 감시탑으로 사용했기 때문이다. 한때 군사 박물관을 통해 드나들어야했던 깃발 탑의 입구는 하노이 고성(탕롱 황성)으로 바뀌었다. 군사 박물관이 새로운 장소로 확장 이전했기 때문이다. 깃발 탑 내부는 계단을 통해 전망대까지 올라 갈 수 있는데, 고성과 주변 풍경을 감상할 수 있다.

깃발 탑 맞은편에는 레닌 공원 Lenin Park(Công Viên Lê-nin)이 있다. 1985년에 청동으로 만든 5.2m 크기의 레닌 동상이 세워져 있다. 강렬한 인상의 레닌 동상은 그 자체로 베트남이 사회주의 국가임을 느끼게 해준다.

지도 P.70-C2 ▶ 주소 28A Điện Biên Phủ, Quận Ba Đình **운영** 08:00~17:00 **요금** 2만 VND **가는 방법** 레닌 공원 맞은편 디엔비엔푸 거리에 있다. 호앙지에우 거리에 있는 하노이 고성 정문(주소 19 Hoàng Diệu)을 통해 출입해야 한다.

유네스코 세계문화유산이 된 탕롱의 심장부

하노이 고성(탕롱 황성)

Hanoi Citadel(Thang Long Imperial Citadel) | Hoàng Thành Thăng Long ★★★

황궁(왕궁)을 중심으로 만들어진 도성. 쩐 왕조Trần Dynasty(1225~1400년)와 레 왕조Lê Dynasty(1428~1788년)를 거쳐 1810년 후에(훼)Huế로 천도할 때까지 베트남의 수도로 쓰였다. 1010년 탕롱(하노이의 옛 이름)Thăng Long을 수도로 정한 리타이또 황제(P.133 참고)에 의해 건설됐으며, 총 면적은 4만 7,700m²에 이른다. 안타깝게도 기나긴 전쟁을 겪으면서 대부분 건물이 파괴되었고 성벽은 흔적도 없이 사라졌다. 호앙지에우 거리에서 고성 유적이 발굴되면서 2010년부터 유네스코 세계문화유산으로 지정됐고, 현재는 대부분 군사지역으로 묶여 있어 일부 구역만 일반에 공개되고 있다.

영어 명칭은 탕롱 시타델Thang Long Citadel과 하노이 시타델Hanoi Citadel이 혼용되어 쓰인다. 현지어로는 탕롱 시대에 건설된 황성(皇城)이란 의미로 호앙탄 탕롱Hoàng Thành Thăng Long이라고 부른다. 규모나 역사적인 가치에 비해 볼거리는 많지 않다. 관람 동선은 입구(매표소)를 지나 도안몬(단문)→디엔낀티엔(경천전)→유물 전시실→D67 건물→허우러우(후루) 순으로 이뤄진다.

지도 P.70-C1 **주소** 19 Hoàng Diệu, Quận Ba Đình **전화** 024-3734-5927 **홈페이지** www.hoangthanhthanglong.vn **운영** 08:00~17:00 **요금** 10만 VND **가는 방법** 호앙지에우(황지에우) 거리 19번지에 정문(매표소)가 있다. 깃발 탑(레닌 공원)에서 400m, 호안끼엠 호수에서 2km 떨어져 있다.

도안몬(단문 端門) Đoan Môn

고성에서 가장 빼어난 건축물. 15세기 레 왕조Lê Dynasty 때 건설된 출입문으로 외궁과 내궁을 연결했다. 길이 47m, 높이 13m의 성문 위에 누각을 세운 형태인데, 2층 누각까지 올라갈 수 있다. 5개의 아치형 출입문 중 정중앙의 가장 큰 출입문에는 황제만이 드나들 수 있었고, 위쪽에 단문(端門)이라 적힌 석조 현판이 걸려 있다. 나머지 출입문은 문관과 무관, 왕족들이 사용했다. 참고로 내궁은 황제의 집무실과 침전이 있던 곳으로 뜨검탄Tử Cấm Thành, 즉 자금성(紫禁城)으로 불렸다. 내궁에 있던 궁전들은 전란으로 대부분 파괴됐다.

디엔낀티엔(경천전 敬天殿) Điện Kính Thiên

황궁 정중앙에 위치한 황제의 집무실로 경천전 (敬天殿)이라 부른다. 레 왕조를 건설한 레타이또 황제 Lê Thái Tổ(1428~1433년)가 중국의 지배 기간 동안 피해를 입었던 황궁을 재건하면서 궁궐도 재건했다고 전한다(1428년). 그러나 프랑스가 베트남을 침략하는 과정에서 전란으로 인해 파괴됐고 현재는 왕궁의 석조 기단과 계단만 남아 있을 뿐이다(석조 기단 위에 목조 건물을 건설했었다고 한다). 기단은 길이 57m, 너비 41.5m, 높이 2.3m로 되어있다. 석조 계단에는 황제를 상징하는 용이 조각되어 있다.

허우러우(후루 後樓) Hậu Lâu

D67 건물 뒤편의 석조 3층 누각이다. 탕롱을 건설한 리 왕조Lý Dynasty가 아니라 후에로 천도한 응우옌 왕조Nguyễn Dynasty(1802~1945년)에서 건설했다. 응우옌 왕조의 황제들이 하노이를 방문했을 때 대동했던 후궁들이 머물던 곳이다. 1870년 프랑스군의 침략으로 파괴되었으나, 지형적 위치가 훌륭한 덕에 1876년 프랑스가 군사 목적으로 재건해 전망대로 썼다.

유물 전시실 Archaeological Artifacts Display | Nhà Trưng Bày Hiện Vật Khảo Cổ

고성과 주변 지역에서 발굴된 유물을 진열한 전시실로, 도안몬(단문)과 디엔낀티엔(경천전) 사이에 자리한다. 주변 건물과 달리 유럽풍의 콜로니얼 건축물이라 눈길을 끈다. 탕롱 시절에 건설된 황궁과 궁전 건설에 쓰였던 건축 재료, 정교한 모양의 기와 장식, 도자기, 그릇, 접시, 무기, 왕족들이 사용하던 장신구를 관람할 수 있다. 중국(당나라부터 청나라까지)과 일본에서 건너온 도자기도 함께 전시하고 있는데, 이를 통해 교역의 흔적을 엿볼 수 있다. 추가 입장료 없이 관람 가능하다.

D67 건물 Nhà D67

디엔낀티엔(경천전) 뒤꼍의 파란색 건물. 베트남 전쟁 때 북부 베트남군(베트남 인민군) 작전 본부로 쓰였던 곳이다. 호찌민Hồ Chí Minh과 보응우옌잡Võ Nguyên Giáp 등 주요 지도자들이 이곳에 모여 군사작전을 논했다. 미군 폭격에 대비해 지하 10m까지 벙커를 만들어 군사 작전을 수행했다고 전한다. 작전 상황실, 회의실을 포함해 군사 지도, 통신 장비, 흑백 사진 등이 전시되어 있다.

호앙지에우 18번지 고고학 유적지 18 Hoàng Diệu Archaeological Site

호앙지에우 Hoàng Diệu 거리를 사이에 두고 하노이 고성과 마주한다. 디엔낀티엔(경천전)을 지나 고성을 나오면 큰 길 맞은편에 입구가 있다. 국회의사당 신축 부지에서 유물이 출토되면서 총 면적 1만 9,000m²에 이르는 발굴 현장을 역사 유적지로 보존하고 있다. 2002년 12월부터 2004년 3월까지 대대적인 발굴 작업이 이뤄졌고, 탕롱을 건설한 리 왕조 Lý Dynasty(1009~1225년)뿐만 아니라 1,300년 전의 유물까지 발견됐다고 한다. 엄청난 양의 도자기와 기와, 대포, 무기, 장신구와 보석 또한 이곳에서 발굴됐다.

하노이 고성(탕롱 황성)의 북쪽 출입문
북문(北門) North Gate | Cửa Bắc ★★

탕롱(하노이의 옛 이름)을 감쌌던 도성의 북쪽 출입문. 1805년 응우옌 왕조 시절에 건설됐으며, 석조 현판에는 한자로 정북문(正北門)이라고 적혀 있다. 9m 높이로 꼭대기에는 망루가 설치되어 있다. 도성을 감싸고 있던 5개의 출입문 중에 유일하게 남아 있는 출입문이라 역사적인 가치를 지닌다. 잘 들여다보면 움푹 파인 자국이 보이는데, 이는 프랑스 군대가 탕롱(하노이)을 함락하기 위해 군사 작전을 벌이면서 생긴 포탄 자국이다. 1873년 1차 전투를 이끈 응우옌찌프엉Nguyễn Tri Phương(1806~1873년)과 1882년 2차 전투를 이끌던 호앙지에우Hoàng Diệu(1829~1882년)는 전투에는 패했으나 프랑스 군대에 항복하지 않고 자결한 충신으로 여겨진다.

지도 P.64-C1 **주소** 46 Phan Đình Phùng, Quận Ba Đình **운영** 24시간 **요금** 무료(하노이 고성 입장료에 포함) **가는 방법** 끄어박 교회 맞은편의 판딘풍 거리 46번지에 있다. 하노이 고성(탕롱 황성)에서 북쪽으로 800m, 구시가 북단의 항더우 거리에서 서쪽으로 800m 떨어져 있다.

북문 앞에 있는 가톨릭 교회
끄어박 교회 Cua Bac Church | Nhà Thờ Cửa Bắc ★★

끄어박(북문) 맞은편에 있는 가톨릭 교회로 1932년 축조됐다. 프랑스 식민정부에서 하노이에서 건설한 3대 교회 중 한 곳이다. 하노이의 도시 계획을 총괄했던 에르네스트 에브라Ernest Hébrard(1875~1933년)가 역사 박물관(P.132)과 더불어 건축을 감독했고, 완공 당시에는 순교자 교회Church of Martyrs(Église des Martyrs)로 불렸다. 전체적으로 아르데코 양식을 취하면서도 기와지붕을 얹어 마무리한 이 건물엔 프랑스·베트남 건축 양식이 혼재하고 있다. 둥근 아치형 창문에 프랑스 꽃 장식을 더해 햇볕이 건물 안으로 들어오도록 디자인했고, 내부에는 스테인드글라스가 장식되어 있다.

지도 P.64-C1 **주소** 56 Phan Đình Phùng, Quận Ba Đình **전화** 024-3733-5450 **운영** 08:00~12:00, 14:00~17:30 **요금** 무료 **가는 방법** 판딘풍 거리 56번지에 있다. 쪽박 호수에서 남쪽으로 300m, 하노이 고성(탕롱 황성)에서 북쪽으로 800m, 구시가 북단의 항더우 거리에서 서쪽으로 800m 떨어져 있다.

민족의 영웅이 잠든 곳

호찌민 묘 Ho Chi Minh's Mausoleum | Lăng Hồ Chí Minh ★★★★

위대한 지도자 '박 호Bác Hồ'(호 아저씨)가 잠든 곳. 베트남인에게는 무덤이 아니라 성지에 가까운 장소다. 1969년 9월 2일, 전쟁 중이던 하노이에서 사망한 호찌민은 이 같은 유언을 남겼다. "시신을 화장하고 그 유해를 베트남 북, 중, 남부 지방 언덕에 묻어 달라. 이것이 위생적이고, 농토에도 유용할 것이다." 하나 그 뜻은 지켜지지 않았다. 폭격을 피하기 위해 동굴에 감추었던 시신은 옛 소련의 방부 처리 전문가에 의해 약 1년간 보존 작업을 거쳤고, 묘역은 모스크바 붉은 광장의 레닌 묘에서 영감을 얻어 건축됐다. 1973년 9월 2일부터 시작된 공사는 베트남 통일 직후인 1975년 8월 29일에 끝났다. 화강암과 대리석으로 이뤄진 3층 규모의 이 웅장한 무덤엔 별다른 치장이 없다. 그저 정면 상단에 '쭈띡 호찌민Chủ Tịch Hồ Chí Minh'(호찌민 주석)이라는 문구만 적혀 있다. 정문에는 근위병이 삼엄한 경호를 하고 있으며, 묘역 앞에는 소철나무 79그루가 자라고 있다. 이는 호찌민 생애 79번의 봄을 상징한다.

호찌민 묘 좌우에는 간결한 글씨체로 사회주의 표어가 쓰여 있다. 오른쪽 문구는 '위대한 호찌민 주석은 우리의 마음속에 영원히 살아 있다Chủ Tịch Hồ Chí Minh Vĩ Đại Sống Mãi Trong Sự Nghiệp Của Chúng Ta', 왼쪽 문구는 '베트남 사회주의 공화국이여 영원하라Nước Cộng Hòa Xã Hội Chủ Nghĩa Việt Nam Muôn Năm'다. 무덤 내부에는 방부 처리해 유리관에 모셔진 호찌민 시신이 그가 살아 있을 때처럼 검소한 복장을 입고 잠들어 있다. 사망한 지 50년이 지났는데도 시신 상태가 양호한 이유는 러시아에서 전문가들이 정기적으로 방문해 시신을 관리하기 때문이다. 이 때문에 1년에 2~3개월은 호찌민 묘 내부 출입이 불가능하다. 보통 10~12월에 시신 방부 처리를 하는데, 이 기간에는 상대적으로 베트남 참배객의 발길이 적은 편이다.

호찌민 묘를 방문하려면 깍듯이 예를 갖춰야 한다. 외국인도 예외 없다. 입장 전 호찌민 묘 좌우에 설치된 보안 검색대를 통과해야 하며, 가방과 카메라, 심지어 라이터까지 소지품은 사물함에 맡겨야 한다. 반바지나 미니스커트, 어깨가 드러난 옷을 입어서도 안 된다. 정숙을 유지하고 두 줄로 서서 입장해야 하며, 손을 주머니에 집어넣거나 팔짱을 껴서도 안 된다. 껌을 씹어서도 안 된다. 촬영은 묘역 바깥에서만 가능하다. 다만 장난치며 사진 찍는 관광객에게 제복을 입은 경호원들이 다가와 시정을 요구하기도 한다. 유원지가 아니므로 무례한 행동을 삼가야 한다. 방문 가능한 시간과 요일 또한 엄격히 정해져 있다. 호찌민 묘→주석궁→호찌민 생가까지 정해진 길을 따라 관람해야 한다.

지도 P.64-B2 **주소** Lăng Hồ Chí Minh, Đường Hùng Vương, Quận Ba Đình **운영** 07:30~10:30(광장 출입 시간 07:00~17:00) **요금** 무료 **가는 방법** ①바딘 광장 왼쪽에 있다. 보안 검사 때문에 바딘 광장을 가로질러 들어갈 수는 없다. ②호찌민 묘 출입구에 해당하는 보안 검색대는 호찌민 박물관 뒤쪽의 응옥하 거리(주소 19 Ngọc Hà)에 있다. 구글 지도에서 Ban Quản Lý Bảo Tàng Hồ Chí Minh을 검색하면 된다. ③방문자기 적을 때는 훙느잉 거리 8번지(수소 8 Hùng Vương)에 있는 보안 검색대를 통과해 들어가는 경우도 있다.

베트남 독립을 선포한 역사적인 공간

바딘(바딩) 광장 Ba Dinh Square | Quảng Trường Ba Đình ★★

호찌민 묘가 바라보이는 곳. 베트남 역사에서 중요한 의미를 지니는 장소로, 호찌민 주석이 1945년 9월 2일에 베트남의 독립을 선포한 곳이다. 바딘 광장은 원래 하노이 고성(탕롱 황성) 서쪽 출입문에 해당하던 곳인데, 프랑스가 베트남을 식민 지배하는 동안 성벽과 출입문을 부수고 꽃밭과 정원을 만들면서 생겨난 공간이다. '바딘 광장'이라는 명칭은 1945년 부터 사용되고 있으며, 168m²의 면적에 잔디를 깔아 시원한 느낌을 준다. 광장을 사이에 두고 왼쪽에는 호찌민 묘, 오른 쪽에는 새롭게 건설한 국회 건물National Assembly(Tòa Nhà Quốc Hội)이 들어서 있다. 참고로 바딘 광장 앞 도로는 독립 거리Đường Độc Lập라고 칭한다. '독립'이라는 뜻이다.

지도 P.64-B2·B2 **주소** Quảng Trường Ba Đình, Đường Độc Lập & Đường Hùng Vương **운영** 24시간 **요금** 무료 **가는 방 법** 호찌민 묘 앞에 있다. 군사 박물관에서 서쪽으로 700m, 서호(호떠이) 남단에서 남쪽으로 600m 떨어져 있다.

프랑스 총독의 사저

주석궁 Presidential Palace | Phủ Chủ Tịch ★★

호찌민 묘를 지나 호찌민 생가로 가는 길 오른편에 보이는 노란색 건물이다. 프랑스 건축가가 설계한 르네상스 양식의 건 축물로 1901년부터 1908년에 걸쳐 지어졌다. 프랑스령 인도차이나 총독의 사저로 쓰였던 이 건물은 1954년 프랑스 군 대를 몰아낸 뒤 베트남 주석궁으로 사용될 뻔했으나, 호화스러운 생활을 꺼렸던 호찌민 주석이 입주를 거부하면서 주인 없는 채로 남아 있다. 국빈이나 정치인들이 방문할 경우에만 접견실로 사용된다. 건물 내부는 일반에게 공개하지 않고 있 으며, 여행자들은 먼발치에서 사진촬영만 가능하다.

지도 P.64-B1 **주소** 2 Hùng Vương, Quận Ba Đình **운영** 월요일 08:00~11:00, 화~일요일 08:00~11:00, 13:30~16:00(내부 입장 불가) **요금** 4만 VND(호찌민 생가 입장권에 포함) **가는 방법** 호찌민 묘를 바라보고 오른쪽에 입구가 있다.

박호(호 아저씨)가 생전에 머물던 생가

호찌민 생가(호찌민 관저) Ho Chi Minh's Stilt House | Nhà Sàn Hồ Chí Minh(Nhà Sàn Bác Hồ) ★★★

주석궁 옆으로는 호찌민이 생활하던 두 개의 건물이 있다. 주석궁과 가까운 노란색의 작은 건물은 그가 1954년부터 1958년까지 생활하던 곳이다. 프랑스 식민 지배로부터 독립한 베트남의 지도자가 되었음에도 주석궁으로의 입주를 거부하고 전기공의 집에서 생활했다고 한다. 검소한 생활 탓에 업무용 책상과 책장, 식탁 정도만 남아 있다. 옛 소련에서 선물 받은 자동차도 함께 전시되어 있다. 인공 호수와 수변의 과일 나무 옆으로는 또 하나의 자그마한 목조 가옥이 있다. 이곳은 1958년 5월 18일부터 호찌민 주석이 생활했던 집이다. 산악 민족의 전통 가옥 형태의 단출한 목조 건물은 높다란 나무 기둥 위에 집을 지은 고상식 가옥으로, 겉에서 보면 2층 건물이지만 실제 생활하는 공간은 단층에 불과하다. 회의실로 사용하던 1층에는 테이블과 12개의 의자가 놓여 있다. 2층에는 침실과 집무실이 있는데, 호찌민 주석이 생전에 사용하던 전화기와 라디오, 타자기, 책, 모자가 전시되어 있다. 침실은 싱글 침대와 모포, 선풍기가 있을 뿐 호사스러운 생활은 그 어디에서도 짐작할 수가 없다. 호찌민은 이곳에서 1969년 9월 2일 생을 마감할 때까지 살았다.

지도 P.64-B1 **주소** 1 Ngõ Bách Thảo, Đường Hùng Vương, Quận Ba Đình **운영** 월요일 08:00~11:00, 화~일요일 08:00~11:00, 13:30~16:00(월요일 오후 시간 출입 불가) **요금** 4만 VND **홈페이지** www.ditichhochiminhphuchutich.gov.vn **가는 방법** 호찌민 묘를 바라보고 오른쪽에 있다. 주석궁 앞에 매표소가 있고, 정해진 길을 따라가면 호찌민 생가를 지나 못 꼿 사원으로 빠져 나오게 된다. 호찌민 묘 입구 검색대→호찌민 묘→주석궁→호찌민 생가 순서로 관람하면 된다.

기둥이 하나인 사원

못꼿 사원(一柱寺) One Pillar Pagoda | Chùa Một Cột ★★

사원의 기둥이 하나이기 때문에 일주사(一柱寺)로 불린다. 사원의 규모는 작지만 하노이의 상징적인 건물이다. 리타이똥 (李太宗)Lý Thái Tông(리 왕조 2대 황제, 재위 1028~1054년)과 연관된 전설 때문에 유명해졌다. 리타이똥 황제는 꿈에 서 관음보살을 만났다. 연꽃 위에 앉아 있던 관음보살이 당시 후사를 보지 못하던 황제에게 아기를 건네주었다고 한다. 그 후 황제는 실제로 왕자를 얻었고, 이에 관음보살에게 감사의 뜻을 전하고자 1049년 이 사원을 건설했다고 전한다. 사원 내부에는 연화대를 만들어 관음보살을 모시고 있다. 사원은 황제가 꿈에서 본 대로 연꽃 연못 위에 연꽃 모양으로 만들었다. 리 왕조는 왕실 주관 아래 못꼿 사원에서 매년 부처님이 탄생한 날이 되면 법회를 열곤 했다.

계단을 이용해 사원 내부로 들어갈 수 있는데, 본존불인 관음보살을 연화대(蓮花臺)Liên Hoa Đài 위에 모셔두고 있다. 사 원을 받치고 있는 기둥은 본래 직경 1.25m의 나무 기둥이었으나, 프랑스 군대가 인도차이나 전쟁에서 패하고 퇴각하면 서 파괴한 것을 1954년에 재건축하면서 시멘트 기둥으로 바뀌었다. 참고로 리타이똥 황제는 리 왕조를 창시하고 탕롱(오 늘날의 하노이)을 수도로 건설한 리타이또(李太祖)Lý Thái Tổ(P.133)의 아들이다.

못꼿 사원 옆(호찌민 박물관 앞)에는 지엔흐우 사원(연우사 延祐寺)Chùa Diên Hựu라는 다른 불교 사원이 있다. 사원의 출입문에는 원각문(圓覺門)이라는 현판이 적혀 있고, 조용한 사원 경내에는 대웅전 앞에 석조 관음보살이 모셔져 있다.

지도 P.64-B2 **주소** 8 Chùa Một, Quận Ba Đình **운영** 08:30~16:30 **요금** 무료 **가는 방법** 호찌민 묘 뒤쪽, 호찌민 박물관 오른쪽에 있다.

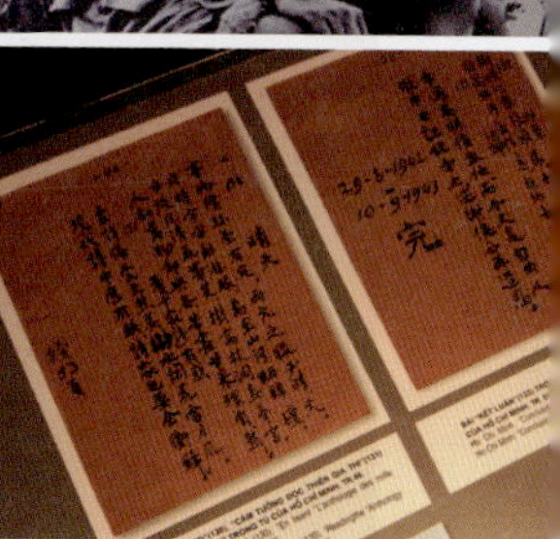

인물 호찌민에 초점을 맞춘 박물관

호찌민 박물관 Ho Chi Minh Museum | Bảo Tàng Hồ Chí Minh ★★★☆

베트남 전국 어디서나 볼 수 있는 것이 호찌민 박물관이지만, 베트남의 수도인 하노이에 있는 호찌민 박물관은 다른 곳에 비해 방대한 자료를 전시하고 있다. 하얀색 외관의 박물관은 높이 20m의 3층 건물로 연꽃 모양을 형상화해서 만들었는데, 1985년부터 건설을 시작해 1990년에 문을 열었다. 개관일은 호찌민 탄생 100주년을 기념하는 날이기도 하다.

호찌민과 관련된 곳이라 박물관에 입장하려면 어김없이 보안 검사대를 통과해야 한다. 박물관 1층은 회의실과 세미나실로 사용된다. 정면으로 이어진 계단을 올라가면 내형 호찌민 동상이 반긴다. 베트남 사람들은 이곳에서 기념사진을 찍는다. 호찌민 동상을 지나면 전시물로 가득 채워진 박물관 2층에 닿는다. 총 면적 4,000㎡ 규모의 전시관에는 2,000여 점의 문서와 사진, 유품이 자리해 있다. 프랑스와 러시아를 비롯한 해외 등지에서 그가 생활했던 기록과 베트남의 공산 혁명, 국가 지도자로서 독립 전쟁을 이끌었던 업적을 상세하게 살펴볼 수 있다. 프랑스에 머물며 신문에 기고했던 사설, 베트남 공산당 입당 증서 같은 다양한 문서의 원본도 전시되어 있다. 전시물에는 베트남어와 영어, 프랑스어로 간단한 설명이 적혀 있다. 베트남 현대사에 관심 있는 사람이라면 반드시 들러야 하는 곳이다.

지도 P.64-B2 ➤ **주소** 19 Ngọc Hà, Quận Ba Đình **전화** 024-3846-3757 **홈페이지** www.baotanghochiminh.vn **운영** 화~목요일, 토~일요일 08:00~12:00, 14:00~16:00(월·금요일 08:00~12:00 오전 시간만 입장 가능) **요금** 4만 VND **가는 방법** ①호찌민 묘를 바라보고 왼쪽 뒤편, 못꼿 사원 옆에 있다. 관람 동선이 정해져 있어서 호찌민 묘 입구(검색대)→호찌민 묘→주석궁→호찌민 생가→못꼿 사원→호찌민 박물관까지 반나절 일정으로 방문하면 된다. ②호찌민 박물관만 방문할 경우 박물관 뒤쪽의 응옥하 거리 19번지(19 Ngọc Hà) 방향의 출입구를 이용하면 된다.

FOOD & DRINK 문묘 & 바딘(바딩) 광장 주변의 먹거리

역사적인 유적과 공관(정부 청사, 대사관)이 많은 지역이라 상업 시설은 상대적으로 많지 않다. 레스토랑과 카페도 구시가에 비해 매우 드물다. 군사 박물관 주변과 문묘 주변의 가게에서 간단히 점심 식사를 즐기면 좋다.

떰비(냐항 떰비) Tầm Vị(Nhà Hàng Tầm Vị) ★★★★

고풍스러운 분위기의 베트남 레스토랑이다. 목조 가옥으로, 실내는 어둑하지만 앤티크한 분위기가 매력적이다. 전통을 강조한 만큼 음식도 베트남만의 색채로 가득하다. 특히 하노이 가정식을 맛볼 수 있는데, 밥과 함께 먹기 좋은 두부·버섯 요리, 볶음 요리, 뚝배기 조림, 찌개 등을 골고루 선보인다. 가정식을 요리하는 곳답게 공깃밥을 듬뿍 내어주는 것이 장점. 세트 메뉴도 있으므로 인원에 맞게 주문하면 된다. 2019년 오픈할 때부터 입소문을 타고 현지인들 사이에서 급속도로 유명해졌다. 미쉐린 가이드에 선정되면서 이제는 예약하고 가야 하는 곳이 되어버렸다. 복층 건물로 에어컨이 설치되어 쾌적하게 식사할 수 있다. 맥주는 판매하지 않는다.

지도 P.70-C2 **주소** 4 Phố Yên Thế, Quận Đống Đa **전화** 0966-323-131 **홈페이지** www.facebook.com/nhahangtamvi **영업** 10:00~22:00 **메뉴** 영어, 베트남어 **예산** 메인 요리 14만~33만 VND, 세트 **메뉴** 76만~100만 VND **가는 방법** 룡우옌타이혹 거리에서 연결되는 옌터 거리 4번지에 있다. 옆 골목에 해당하는 응오 옌테 Ngõ Yên Thế와 혼동하지 말 것.

분탕 탄자쭈옌 Bún Thang Thanh Gia Truyền ★★★★

관광객이 거의 찾지 않는 기찻길 뒤쪽의 골목 안쪽에 있다. 일부러 찾아가야 하는 위치지만 베트남 가족이 친절히 맞이해준다. 영어는 잘 통하지 않는다. 가정집 1층의 주방을 활용해 테이블 몇 개 놓고 장사한다. 아침·점심시간에만 문을 연다. 식단도 단출하다. 닭고기를 주재료로 요리한다. 메인 요리는 '분탕Bún Thang(닭고기, 버섯, 달걀지단, 슬라이스 햄을 올린 국수)'이다. '분탕'은 베트남 설날에 즐겨 먹는 음식으로 잔칫날 남은 각종 음식을 국수에 넣어 먹던 것에서 유래했다. 쏘이 가남(닭고기 찰밥)Xôi Gà Nấm, 퍼가따(닭고기 쌀국수)Phở Gà Ta, 퍼가쫀(닭고기를 넣은 비빔국수)Phở Gà Trộn도 만든다.

지도 P.70-A2 **주소** 2 Ngõ 23 Tôn Thất Thiệp, Quận Hoàn Kiếm **영업** 07:00~14:00 **메뉴** 영어, 베트남어 **예산** 5만 VND **가는 방법** 똔텃티엡 거리 23번 골목에 있다.

지 레스토랑 Gia Restaurant ★★★★

문묘 옆쪽에 있는 파인 다이닝 레스토랑이다. 하노이에서 흔치 않은 미쉐린 1스타 레스토랑이다. 식당 이름인 '자'는 한자로 쓰면 '家'가 되는데 집 또는 가족을 의미한다. 외국(스위스, UAE, 싱가포르, 태국, 호주)에서 오랫동안 경력을 쌓아왔던 젊은 셰프들이 운영하는 베트남 음식점이다. 원목을 이용해 꾸민 어둑한 실내는 전통을 강조한 느낌이지만, 음식은 다분히 현대적인 감각으로 재해석했다. 독특한 식재료와 소스를 결합한 창의적인 요리도 많다. 단, 제철 식재료를 이용하기 때문에 계절에 따라 메뉴 구성은 달라진다. 점심은 9코스 요리, 저녁은 12코스 요리로 구성된다. 음식이 나올 때 마다 식재료에 대한 설명도 들려준다.

지도 P.70-B3 **주소** 61 Văn Miếu **전화** 0896-682-996 **홈페이지** www.gia-hanoi.com **영업** 화~토요일 18:00~21:00 **휴무** 일~월요일 **메뉴** 영어, 베트남어 **예산** 점심 세트 180만 VND, 서녁 세트 290만 VND(+15% Tax) **가는 방법** 문묘 옆길에 해당하는 반미에우 거리 61번지에 있다.

핀 바 바이 리파인드 Phin Bar by Refined ★★★★

비밀스러운 칵테일 바를 연상시키는 독특한 분위기의 카페. 자그마한 간판 때문에 이곳이 커피숍인지도 모르고 지나치기 쉽다. 작고 어둑한 커피숍 내부는 커피 바를 중심에 배치해 바리스타를 바라보고 앉도록 만들었다. 커피에 집중하도록 인테리어를 꾸몄는데, 그도 그럴 것이 핸드 드립 커피를 전문으로 하기 때문이다. 핀 드립(스테인리스 필터를 이용한 드립 커피)은 원두의 종류에 따라 시그니처와 프리미엄으로 구분된다. 에티오피아 커피와 케냐 커피는 싱글 오리진으로 즐길 수 있다. 모던 커피 중에는 다양한 맛을 음미할 수 있는 블렌드 아프리칸Blend African을 추천한다. 고급 원두를 쓰는 만큼 커피 값은 사악하다. 현금 결제는 안 되고 카드만 사용 가능하다.

지도 P.70-B3 **주소** 43 Văn Miếu, Quận Đống Đa **홈페이지** www.refined.vn **영업** 07:30~22:30 **예산** 12만~35만 VND **가는 방법** 문묘 오른쪽의 반미에우 거리 43번지에 있다.

80 플러스 커피 로스터리 80 Plus Coffee Roastery ★★★★

문묘 맞은편에 있는 카페. 베트남스런 감성은 없지만 에어컨 시설의 널찍한 카페로 편하게 쉬어가기 좋다. 창문 너머로 문묘 풍경도 보인다. '80 플러스'는 하나의 브랜드로 직접 로스팅한 원두를 이용한다. 현재는 하노이 시내에 여섯 곳의 지점을 운영하고 있다. 베트남 커피, 이탈리안 커피, 콜드 브루가 있는데, 일반적인 카페 메뉴와는 차별화했다. 커피마다 각기 다른 이름을 붙였기 때문. 시그니처는 베트남 생맥주처럼 거품을 올린 비아 허이 아메리카노Bia Hơi Americano, 솔트 커피를 재해석한 덤ĐẬM(커피+버터스카치+얼그레이 티+솔트 밀크)이 있다. 연유를 넣은 베트남 아이스커피는 너우 Nâu를 주문하면 된다.

지도 P.70-B2 **주소** 66 Nguyễn Thái Học, Quận Ba Đình **전화** 0338-013-266 **홈페이지** www.facebook.com/80plus coffeeroastery **영업** 07:30~22:00 **메뉴** 영어, 베트남어 **예산** 5만~6만 5,000VND **가는 방법** 응우옌타이혹 거리 66번지에 있다. 미술 박물관에서 50m, 문묘 정문에서 450m 떨어져 있다.

코토 KOTO ★★★★

'하나를 알면 하나를 가르친다 Know One, Teach One'라는 뜻의 KOTO는 불우한 환경에서 자란 아동들의 안정적인 직업 교육을 위해 설립한 곳이다. 자체적으로 요리 학교를 운영하는데, 요리 실습에 참여하는 학생들이 음식을 만들어 서빙한다. 레스토랑은 2층 규모로 크고 깨끗하며 오픈 키친으로 운영해 음식도 정갈하게 요리한다. 요리는 아시안과 웨스턴 메뉴로 구분해 선보인다. 분짜, 분보남보, 짜까 같은 하노이 전통 요리와 파스타, 수제 버거, 스테이크까지 다양하게 맛볼 수 있다. 문묘와 가까워 다양한 국적의 관광객이 찾는다.

지도 P.70-B3 **주소** 35 Văn Miếu, Quận Đống Đa **전화** 024-3747-0337 **홈페이지** www.koto.com.au **영업** 08:00~22:00 **메뉴** 영어, 베트남어 **예산** 19만~47만 VND(+15% Tax) **가는 방법** 문묘 오른쪽 길인 반미에우 거리 35번지에 있다.

SHOPPING 문묘 & 바딘(바딩) 광장 주변의 쇼핑

상업 시설이 많지 않고, 따라서 구경할 만한 숍도 많지 않은 지역이다. 기념품을 사고 싶다면 박물관에서 운영하는 기프트 숍이나 문묘 주변에 늘어선 상점을 이용하면 된다.

크래프트 링크 Craft Link ★★★☆

문묘를 방문할 때 함께 둘러보면 좋을 수공예품 매장이다. 비엣리나 세로, 소수민족은 물론 지역의 생산자들과 연계한 공정 무역을 추구한다. 전국 63개 공방에서 생산한 제품을 이곳에 모아서 판매한다. 귀걸이, 팔찌, 수첩, 도자기 그릇, 칠기 제품, 의류까지 다양한 제품을 만든다. 가장 눈에 띄는 것은 북부 산악지역의 소수민족이 만든 수공예품이다. 전통 의상부터 스카프, 쿠션 커버, 파우치, 지갑까지 독특한 문양과 색상을 이용해 만든다. 같은 거리에 두 개의 매장을 운영하고 있다.

지도 P.64-B3 **주소** 43 & 51 Văn Miếu, Quận Đống Đa **전화** 024-3733-6101 **홈페이지** www.craftlink.com.vn **영업** 09:00~18:00 **가는 방법** 문묘 오른쪽 길인 반미에우 거리 43번지와 51번지에 두 개 매장을 운영한다.

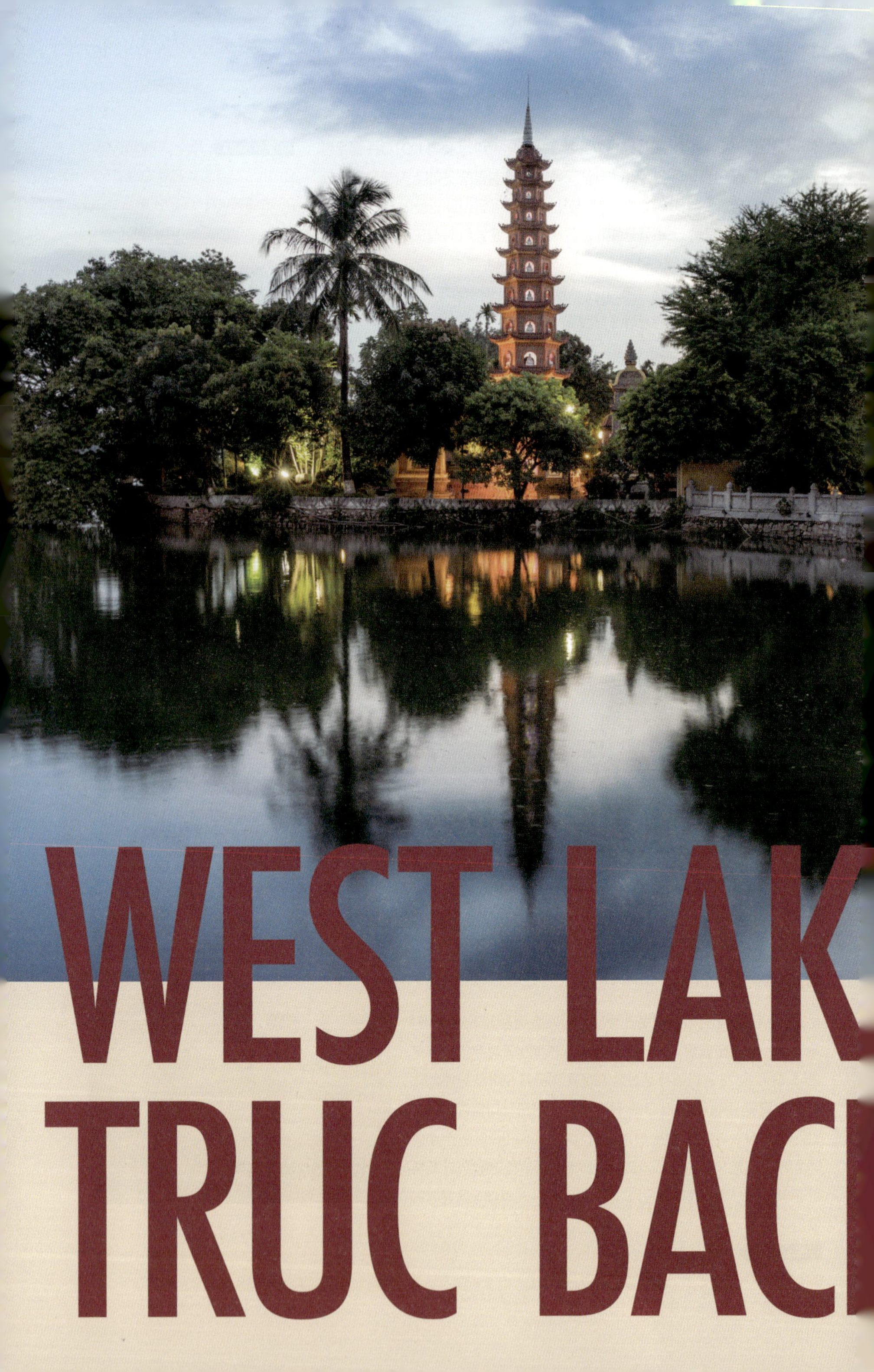

WEST LAKE
TRUC BACH

서호(호떠이) 주변

서호(호떠이)는 하노이에서 가장 큰
호수다. 과거 도성(왕궁)을 기준으로
서쪽에 있다고 해서 서호(西湖)로
불린다. 그 옆으로 보다 자그마한
쭉박 호수가 자리하는데, 도로
하나가 두 호수 사이를 가로지른다.
유려한 수변 도로는 시민들에게
휴식 공간으로 사랑받는다. 호수를
둘러싼 17km에 이르는 길에는
카페와 레스토랑, 럭셔리 호텔과
레지던스 호텔이 늘어서 있어 한가한
시간을 보내기에 더 없이 좋다.
반도처럼 생긴 서호 북쪽 지역은
차분한 주택가의 풍경과 호수 경관을
즐기려는 유럽 사람들이 주로
거주하며 이국적인 정취를 자아낸다.

&
LAKE

TO DO LIST

이것만은 놓치지 말자

LIST 01 서호 주변 거닐기

LIST 02 쩐꿕 사원 방문하기

LIST 03 루프톱에서 호수 풍경 감상하기

LIST 04 호수 주변 카페에서 시간 보내기

LIST 05 서호에서 일몰 감상하기

BEST COURSE

추천 코스

COURSE 1 　서호(호떠이)+쭉박 호수 코스

서호와 쭉박 호수 주변의 카페와 맛집을 둘러보며 여유 있게 시간을 보내는 일정이다. 볼거리보다는 휴식에 집중하자.

COURSE 2 　구시가+서호(호떠이) 코스

구시가 북쪽을 거쳐 서호까지 여행하는 코스. 도보 여행에 어울리는 코스로 구시가의 복잡함을 지나 호수 주변의 평온한 풍경을 맞이하게 된다.

COURSE 3 　서호(호떠이)+바딘(바딩) 광장 코스

서호에서 시작해 남쪽 방향으로 바딘 광장을 여행하는 코스. 체력이 된다면 미술 박물관과 문묘까지 하루 일정으로 다녀올 수도 있다.

ATTRACTION 서호(호떠이) 주변의 볼거리

서호(호떠이)는 그 자체로 가장 큰 볼거리다. 17km에 이르는 호수를 따라 카페와 레스토랑이 늘어서니, 호수 풍경을 감상하며 시간 보내기 좋다. 주변에는 오랜 역사를 간직한 사원도 많다. 호수 동쪽에는 베트남 최초의 사원인 쩐꾹 사원(鎭國寺)Tran Quoc Pagoda이 있고, 호수 남쪽에는 도시를 안전하게 보호해달라는 목적으로 설립한 도교 사당인 꽌탄 사당Quan Thanh Temple이 있다.

하노이 북쪽에 세운 도교 사당

꽌탄(꽌타잉) 사당 Quan Thanh Temple | Đền Quán Thánh ★★☆

탕롱(오늘날의 하노이)에 세운 4개의 도교 사당 중 한 곳이다. 1010년 리타이또Lý Thái Tổ 황제(재위 1009~1028년)가 탕롱으로 수도를 옮기며 도시 보호와 번영을 위해 건설했다. 도교에서 북방의 신으로 여겨지는 진무대제(현천진무)를 모시고 있다. 출입문 현판에는 '진무관(真武觀)'이라 적혀 있는데, 이는 건설 당시 이곳의 명칭인 쩐부꽌Trấn Vũ Quán을 한자로 쓴 것이다. 출입문 우측에는 작은 석비가 세워져 있고 한자로는 하마(下馬)라 적혀 있다. 말에서 내린 뒤 사당에 출입하라는 뜻인데, 그만큼 국가적으로 중요시하던 장소임을 엿볼 수 있다.

지도 P.71-C4 ▶ **주소** Đường Thanh Niên, Quận Ba Đìn **운영** 08:00~17:00 **요금** 1만 VND **가는 방법** 서호 남쪽 입구에 해당하는 탄니엔(타잉니엔) 거리에 있다. 바딘 광장에서 북쪽으로 700m, 구시가 북단의 항더우 거리에서 서쪽으로 1.5km 떨어져 있다.

사당으로 들어서면 커다란 보리수에 둘러싸인 널따란 정원이 나타난다. 안쪽에 위치한 본당에서는 높이 4m, 무게 4톤의 진무대제 청동 동상을 모신다. 이는 베트남에서 가장 큰 동상으로 알려져 있다.

쭉박 호수 Truc Bach Lake | Hồ Trúc Bạch ★★★

서호(호떠이)와 도로 하나를 사이에 두고 있는 자그마한 호수. 원래는 서호의 일부분이었으나 1620년에 제방을 쌓으면서 두 개의 호수로 분리됐다. 제방은 오늘날 두 호수를 가로지르는 탄니엔(타잉니엔)Thanh Niên 거리가 됐다. 참고로 '탄니엔(타잉니엔)'은 청년, 쭉박은 대나무와 비단을 의미하는 죽백(竹帛)을 뜻한다. 죽백이란 이름이 붙은 까닭은 과거 서호 인근 대나무가 많이 나는 마을에서 질 좋은 비단을 생산했기 때문이다. 이곳은 1967년 10월 26일 미국 상원의원이자 공화당 대통령 후보였던 존 매케인John McCain(1936~2018년)이 해군 전투기 조종사로 참전했을 당시 하노이 폭격 임무를 수행했던 역사적 장소이기도 하다. 베트남군 방공부대가 쏜 지대공 미사일로 매케인이 탄 전투기가 격추됐고, 쭉박 호수로 추락한 것이다. 다행히 생명을 건진 그는 호아로 수용소(P.136)에 전쟁포로로 5년 넘게 수감되기도 했다.

둘레 2km의 호수 주변은 큰 도로가 없어서 산책하기 좋고, 카페도 많아 쉬어가기 좋다. 하일랜드 커피Highlands Coffee(주소 9 Thanh Niên 지도 P.71-C4)와 꽁 카페Cộng Cà Phê(주소 15 Trúc Bạch 지도 P.71-C4) 지점이 모두 호수를 끼고 있다.

지도 P.71-C4 주소 Thanh Niên & Trấn Vũ, Quận Ba Đìn 운영 24시간 요금 무료 가는 방법 서호(호떠이) 왼쪽에 있다. 바딘 광장에서 북쪽으로 900m, 구시가에서 북서쪽으로 1km 떨어져 있다.

하노이에서 가장 큰 호수

서호(호떠이) **West Lake** | Hồ Tây ★★★☆

서호란 왕궁(하노이 고성)을 기준으로 도심 서쪽의 호수라는 뜻이다. 현재는 확장된 하노이에서 북서쪽에 해당하며, 호수 주변으로 녹지도 많고 풍경이 아름다워 시민들의 휴식 공간으로 사랑을 받는다. 둘레 17km에 이르는 하노이 최대의 호수로, 전설에 따르면 이름이 여러 차례 바뀌었는데 16세기부터 지금의 '호(湖) 떠이(西)'라고 불리고 있다. 낮에는 한가하게 낚시하는 사람도 보이고, 주말이면 보트 놀이를 즐기러 찾아오는 사람도 있다. 저녁때가 되면 오토바이를 정차해 놓고 데이트를 즐기는 커플도 흔하게 볼 수 있다. 서호(호떠이) 오른쪽에는 탄니엔(타잉니엔) 거리Đường Thanh Niên를 사이에 두고 자그마한 쭉박 호수Truc Bach Lake(Hồ Trúc Bạch)가 있다.

반도처럼 생긴 호수 북쪽 지역은 차분한 주변 환경 덕분에 장기 체류하는 외국인(서양인)들이 많다. 유럽풍의 카페와 레스토랑이 가득한 또응옥번 거리Tô Ngọc Vân, 당타이마이 거리Đặng Thai Mai, 꽝안 거리Quảng An는 이국적인 분위기를 풍긴다. 일대의 레스토랑에서는 흔히 영어가 통용된다.

지도 P.71 ▶ **주소** Đường Thanh Niên & Đường Thụy Khuê & Đường Tây Hồ **운영** 24시간 **요금** 무료 **가는 방법** 쭉박 호수와 경계를 이루는 탄니엔(타잉니엔) 거리 왼쪽에 서호가 있다. 바딘 광장에서 북쪽으로 900m, 구시가에서 북서쪽으로 2km 떨어져 있다.

서호에서 가장 중요한 불교 사원

쩐꿕 사원(진국사 鎭國寺) Tran Quoc Pagoda | Chùa Trấn Quốc ★★★☆

서호 안쪽에 자리한, 작은 섬처럼 생긴 사원. 호수를 끼고 연결된 진입로가 있어 정취가 남다르고, 석탑이 호수에 반사되기 때문에 풍경이 아름답다. 베트남 최초의 왕으로 알려진 리남데(李南帝)Lý Nam Đế(재위 544~548년)의 재위 중 건설된 이곳은 하노이에서 가장 오래된 사원으로도 이름 높다. 6세기 건설 당시 사원은 하노이 북쪽의 홍강 기슭에 자리했고 이름 또한 '개국(開國)'을 뜻하는 카이꿕Khai Quốc으로 불렸다. 그러던 중 강변이 침식되면서 사원이 붕괴 위기에 처하자 17세기 들어 지금의 위치로 옮겨와 재건축했고, 나라가 안정을 찾는다는 의미의 '쩐꿕(진국 鎭國)'으로 개명됐다. 경내에는 대웅전과 사당, 석탑, 종루, 보리수, 사원의 역사를 기록한 비석(鎭國寺碑記)이 남아 있다. 법전에는 다양한 불상을 모셨으며, 붉은색 11층 석탑에도 층마다 감실을 만들어 불상을 안치했다. 대웅전 앞쪽으로는 보리수를 심어 놓았다. 입장료 없이 방문할 수 있지만, 종교적인 공간인 만큼 노출이 심한 옷은 피해야 한다.

지도 P.71-C4 **주소** Đường Thanh Niên, Quận Tây Hồ **운영** 08:00~18:30 **요금** 무료 **가는 방법** 서호 동쪽의 탄니엔(타잉니엔) 거리에 있다.

현지인들이 찾는 서호 북쪽의 사원
푸떠이호 Phủ Tây Hồ ★★

전설에 따르면, 서호에 천상의 여신 '리에우한(柳杏公主) Thánh Mẫu Liễu Hạnh'이 나타난 것을 기념하기 위해 17세기에 건설한 사원이다. 베트남, 특히 하노이를 중심으로 한 북부 지방에서 숭배하는 리에우한은 지역에 따라 '티엔허우(천후성모 天后聖母)Thiên Hậu Thánh Mẫu'로도 알려져 있고 안전한 항해를 관장하는 바다의 여신으로 여겨진다. 제단을 모신 사당 현판에는 '서호에 자취를 드러냈다'는 의미로 서호현적(西湖顯跡)이라는 글자가 쓰여 있다. 현지인들은 결혼과 사업 번창을 기원하고자 이곳을 찾아와 소원을 빌고, 제물을 바친다. 사원 앞쪽에는 반똠(바잉똠)Bánh Tôm을 판매하는 로컬 식당이 늘어선다.

지도 P.71-A3 ▶ **주소** Đường Xóm Chùa, Quận Tây Hồ **운영** 08:00~20:00 **요금** 무료 **가는 방법** 서호 북쪽의 쏨쭈아 거리에 있다. 쉐라톤 하노이 호텔에서 2km 떨어져 있다.

사진 찍기 좋은 연꽃 정원
통룽호아 호떠이 West Lake Flower Valley | Thung Lũng Hoa Hồ Tây ★☆

서호 북쪽에 있는 정원이다. 약 7,000㎡(약 2,100평) 크기로 조성되어 있다. 상대적으로 날씨가 선선한 지역이라 코스모스나 안개꽃 등 베트남에서 보기 드문 꽃들이 피어난다. 기념사진을 찍기 위해 이곳을 찾는 현지 사람들이 많은데, 특히 연꽃을 배경으로 아오자이를 입고 촬영하는 이들이 눈에 띈다. 관광 동선에서 떨어져 있고, 입장료를 받기 때문에 큰 매력은 없다.

지도 P.71-A1 ▶ **주소** Sen Hồ Tây & Nhật Chiêu, Quận Tây Hồ **전화** 0839-968-968, 0339-366-648 **홈페이지** www.facebook.com/thunglunghoahotay **운영** 08:00~22:00 **요금** 8만~12만 VND **가는 방법** 서호 북쪽의 쎈호떠이 & 녓찌에우 삼거리에 있다. 서호 공원 Công Viên Nước Hồ Tây에서 동쪽으로 600m, 쉐라톤 하노이 호텔에서 서쪽으로 2km 떨어져 있다.

두 마리의 용 조각이 눈길을 끄는 곳
쌍룡 조각상(쌍룡 서호) Hai Con Rồng Hồ Tây ★☆

서호 북서쪽에 있는 두 마리의 용 조각상이다. 하노이 천도 1,000년을 기념하기 위해 만든 조형물이다. 가로 15m, 기단을 포함한 세로 길이 8m 규모다. 도자기 마을로 이름난 밧짱Bát Tràng(P.218 참고)에서 제작한 도자 장식을 이용했다. 관광지라기보다는, 현지인들이 저녁시간 더위를 식히러 오는 곳이다.

지도 P.71-A1 ▶ **주소** Vệ Hồ & Nhật Chiêu, Quận Tây Hồ **운영** 24시간 **요금** 무료 **가는 방법** 서호 북서쪽을 연하는 베호 & 녓찌에우 거리가 만나는 로터리에 있다. 서호 공원에서 남쪽으로 600m.

FOOD & DRINK 서호(호떠이) 주변의 먹거리

서호 북쪽 지역인 또응옥번 거리Tô Ngọc Vân, 당타이마이 거리Đặng Thai Mai, 그리고 꽝안 거리Quảng An는 외국인(유럽인)이 대거 거주하는 지역으로 이국적인 레스토랑이 가득하다. 쪽박 호수 주변에는 한적한 길을 따라 감각적인 카페들이 들어서 있다.

레스토랑

짜오 반 Chào Bạn ★★★★

서호 주변에서 가장 유명한 베트남 음식점이다. 미쉐린 가이드에 선정되면서 유명세를 타고 있다. '안녕! 친구'란 뜻으로 친구 집에 놀러 가듯 편한 마음으로 방문할 수 있다. 2025년에 새로운 장소로 확장 이전했다. 주택가 골목의 근사한 프렌치 빌라를 리모델링해 레스토랑을 운영한다. 나무 그늘이 드리운 수영장 옆에도 야외 테이블을 배치했다. 베트남 사람들이 즐겨 먹는 가정식 요리를 정성스럽게 요리해준다. 스프링 롤, 분보남보, 돼지갈비, 닭고기 구이, 농어 구이를 메인으로 요리한다. 특히 껌쓰언Cơm Sườn(돼지갈비 덮밥)과 넴잔꾸아Nem Rán Cua(게살을 넣은 스프링 롤)가 유명하다. 점심시간(11:00~14:30)에는 밥과 음료, 메인 음식이 포함한 런치 세트를 제공한다. 구시가에게 머문다면 분점에 해당하는 메종 1929 Maison 1929(P.100)를 방문하면 된다. 두 곳은 이름만 다를 뿐 주인장이 같고, 음식도 비슷하다.

지도 P.71-A2 **주소** Villa 28, Ngõ 11 Tô Ngọc Vân **전화** 024-3552-8028 **홈페이지** www.chaobanrestaurant.com **영업** 11:30~14:00, 17:30~21:30 **메뉴** 영어, 베트남어 **예산** 18만~30만 VND **가는 방법** 또응옥번 11번 거리에 있다. 건물 이름인 빌라 28 간판을 확인하면 된다.

퍼꾸온 흐엉마이 Phở Cuốn Hương Mai ★★★

하노이에서 유명한 퍼꾸온Phở Cuốn 식당이다. 일반적으로 '퍼' 하면 쌀국수를 생각하지만, 엄밀히 말해 넓적한 면발의 생면을 의미한다. 퍼꾸온은 넓적한 생면을 이용한 월남쌈 정도로 이해하면 된다. 튀긴 쌀국수에 소고기 볶음을 올린 퍼찌엔퐁Phở Chiên Phồng도 이곳의 인기 메뉴다. 볶음 쌀국수(퍼 싸오Phở Xào)와 볶음면(미 싸오Mì Xào)도 요리해 준다. 로컬 식당인 만큼 향신료를 가득 넣는다. 로컬 식당치고는 규모도 크고 식당 내부도 깔끔하다. 도로를 사이에 두고 두 개 식당이 영업하고 있다. 외국 관광객보다는 현지인들이 즐겨 찾는다. 주변에 비슷한 식당이 많으니, 반드시 주소와 번지수를 확인하고 찾아가자.

지도 P.71-C4 ▶ 주소 25 Ngũ Xã, Trúc Bạch, Quận Ba Đình 홈페이지 www.phocuon.vn 영업 09:00~23:00 메뉴 영어, 베트남어 예산 7만~8만 VND 가는 방법 쭉박 호수 오른쪽 지역의 응우싸 거리 25번지에 있다.

스파이시 퍼 바이 Spicy Phở Bay ★★★

동네에 하나씩 있을 법한 허름하고 오래된 쌀국수 식당. 외국인이 선호하는 브런치 카페가 발에 차일 만큼 많은 동네인지라 이곳의 존재감이 유독 귀하게 느껴진다. 퍼 보(소고기 쌀국수)Phở Bò를 주문하려거든 고명으로 들어가는 소고기 종류를 선택하면 된다. 4만 VND짜리 쌀국수인데도 양이 많다. 상호처럼 매운 쌀국수를 내진 않고, 테이블에 놓인 고추와 칠리소스를 취향껏 첨가해 먹으면 된다. 볶음밥Cơm Rang, 볶음 쌀국수Phở Xào, 볶음 국수Mì Xào 등의 메뉴도 있다. 외국인이 많이 거주하는 동네라 다국적의 손님들을 만나볼 수 있다.

지도 P.71-B2 ▶ 주소 1a Đặng Thai Mai, Quận Tây Hồ 영업 07:00~23:00 메뉴 베트남어 예산 4만~6만 VND 가는 방법 당타이마이 거리 1번지에 있다. 프레이저 스위트(호텔) Fraser Suites에서 100m 떨어져 있다.

꾸지니 Cugini ★★★★

서호 북쪽의 또응옥번 거리에 자리한 정통 이탈리안 레스토랑이다. 이 지역은 외국인들이 거주하고, 이국적인 정취를 지닌 공간이 모여 있는 곳이다. 하노이가 초행인 사람이라면 다소 찾기 힘든 위치지만, 붉은 벽돌을 쌓아 올린 건물 외벽을 보면 쉽게 알아볼 수 있다. 1층은 오픈 키친과 바, 2층은 다이닝 룸으로 구성된다. 야외 테라스는 물론 벽난로도 있어 여름과 겨울 계절에 따라 각기 다른 느낌을 준다. 꾸지니는 영어로 커즌 Cousin, 즉 사촌을 뜻한다. 주인장은 프랑스 사람, 셰프는 이탈리아 사람이다. 영어가 유창한 매니저가 외국인 손님을 맞는다. 파스타를 직접 만들기 때문에 하노이에서 보기 드문 홈메이드 파스타를 맛볼 수 있다. 장작을 이용해 화덕에 구운 나폴리타나 피자도 훌륭한 맛을 낸다. 메인 요리로는 지중해 농어 요리 Branzino Scottato, 참치 스테이크 Tonno Grigliato, 램찹(양고기 그릴) Agnello Scottadito이 있다. 저녁시간에만 영업하는데 와인을 곁들여 식사하기 좋은 곳이다. 주말(토~일요일)에는 점심시간에도 문을 연다.

지도 P.71-A2 ▶ **주소** 67 Tô Ngọc Vân, Quận Tây Hồ **전화** 0888-116-654 **홈페이지** www.facebook.com/cugini.tongocvan **영업** 월~금요일 18:00~22:30, 토·일요일 11:00~14:00, 18:00~22:30 **메뉴** 영어, 이탈리아어 **예산** 피자·파스타 28만~42만 VND, 메인 요리 54만~89만 VND **가는 방법** 또응옥번 거리 67번지에 있다.

롯데 몰 웨스트레이크 Lotte Mall West Lake ★★★☆

롯데에서 하노이에 건설한 두 번째 쇼핑 몰. 주요 관광지에서 멀리 떨어진 서호(웨스트 레이크) 주변에 있다. 354,000㎡(약 10만평) 크기의 7층 건물이다. 롯데 마트, 롯데 시네마, 아쿠아리움을 포함해 230여개 매장이 들어서 있다. 레스토랑은 롯데리아 Lotteria, 두끼 Dookki, 연경 Yeun Kyung, 한와담 Hanwadam, 이차돌 Leechadol, 엘 가우초 El Gaucho, 피자 포 피스 Pizza 4P's까지 다양하다. 3층 푸드 홀에는 카페 장 Cafe Giảng, 라 비엣 커피 La Viet Coffee, 퍼 틴 Phở Thìn 같은 하노이 유명 카페·쌀국수 체인점이 입점해 있다.

지도 P.62-D1 ▶ **주소** 272 Võ Chí Công, Quận Tây Hồ **홈페이지** www.lottemallwestlakehanoi.vn **영업** 09:30~22:00 **메뉴** 영어, 베트남어 **예산** 12만~42만 VND **가는 방법** 서호 서쪽편의 보찌꽁 거리 272번지에 있다.

찹스(떠이호 지점) Chops ★★★★

하노이 젊은이들에게 인기 있는 수제 버거 레스토랑이다. 구시가를 포함해 3개 지점을 운영하고 있는데, 떠이호 지점은 호수 옆 도로에 자리해 차분하고 여유로운 느낌을 준다. 외국인(유럽인)이 거주하는 지역이라 장기 체류하는 외국인은 물론, 주변 호텔에 머무는 관광객까지 즐겨 찾는다. 질 좋은 호주산 와규로 패티를 만들어 풍미가 농밀하다. 수제 버거 전문점답게 메뉴가 다양하고, 수제 맥주도 판매한다. 보다 자세한 내용은 구시가 지점(P.101)을 참고할 것.

지도 P.71-B2 **주소** 4 Quảng An, Quận Tây Hồ **전화** 024-6292-1044 **홈페이지** www.chops.vn **영업** 08:00~23:00 **메뉴** 영어 **예산** 메인 요리 21만~26만 VND, 런치 세트 19만 VND **가는 방법** 꽝안 거리 4번지에 있다. 쉐라톤 하노이 호텔에서 서쪽으로 400m.

리퍼블릭 The Republic ★★★★

외국인(유럽인)들이 거주하는 지역인 만큼, 이국적인 분위기로 꾸민 스포츠 펍 & 레스토랑이다. 서호를 바라볼 수 있는 호수 옆길에 있으며, 2층 규모로 야외 테라스(루프톱)도 갖추고 있다. 생맥주와 칵테일을 비롯, 위스키와 와인 리스트도 제법 다양하다. 물론 탭에서 뽑아주는 시원한 수제 맥주만 한 것은 없다. 레스토랑을 겸하고 있어 아침에도 문을 열고, 여러 가지 음식을 요리한다. 피시 & 칩스, 나초, 타코, 시푸드 바스켓, 스테이크 등의 스낵과 식사 메뉴를 갖췄다. 한국 사람들에게는 수제 버거 맛집으로 알려져 있는데, 호주에서 수입한 소고기를 이용해 패티를 만든다. 바로 옆에 있는 찹스Chops와 경쟁 관계를 유지하고 있다.

지도 P.71-B2 **주소** 12 Quảng An, Quận Tây Hồ **전화** 024-6687-1773 **홈페이지** www.facebook.com/therepublicvietnam **영업** 10:00~24:00 **예산** 수제 맥주 7만~15만 VND, 수제 버거 23만~28만 VND **가는 방법** 꽝안 거리 12번지에 있다. 쉐라톤 하노이 호텔에서 서쪽으로 400m.

마이 비스트로 Maii Bistro ★★★★

서호 주변의 주택가 골목에 있는 분위기 좋은 레스토랑이다. 마당을 갖춘 2층짜리 빌라 전체를 레스토랑으로 사용한다. 빈티지함과 모던함을 겸비한 곳으로 퓨전 스타일의 베트남 음식을 요리한다. 스프링 롤, 베트남 샐러드, 분짜Bún Chả, 반쎄오Bánh Xèo, 넴루이Nem Lụi, 껌떰(돼지고기 덮밥)Cơm Tấm Bì Sườn Chả Trứng, 팃코쯩(삼겹살 계란 조림)Thịt Kho Trứng, 쑤언느엉(돼지갈비)Sườn Nướng, 보느엉(그릴 비프)Bò Nướng까지 외국 관광객도 무난하게 즐길 수 있는 음식이 많다. 신선한 채소와 향긋한 허브를 많이 넣어 현지 음식 맛도 잘 유지한다. 디저트, 커피, 맥주, 와인, 칵테일을 곁들여 식사하기 좋다. 직원들도 친절하다.

지도 P.71-A2 **주소** 46 Tây Hồ, Quận Tây Hồ **홈페이지** www.maiibistro.vn **영업** 11:00~13:30, 17:30~21:30 **메뉴** 영어, 베트남어 **예산** 18만~38만 VND **가는 방법** 떠이호 거리 46번지에 있다.

세븐 브리지 7 Bridges Brewing Company Hanoi Taproom ★★★☆

다낭에 본사를 두고 있는 수제 맥주 회사에서 운영한다. 하노이 지점은 서호(떠이호) 주변에 있다. 아담한 규모의 레스토랑으로 도로를 끼고 있다. 피자, 파스타, 수제 버거를 메인으로 요리한다. 30여 종의 수제 맥주를 판매하는데, 시원한 수제 맥주는 탭에서 직접 뽑아준다. 맥주잔은 크기에 따라 스몰Small(260㎖), 스탠더드Standard(400㎖), 스타인Stein(580㎖), 타워Tower(3L)로 구분한다. 여러 종류의 맥주를 시음할 수 있는 플라이트 글라스Flight Glasses는 4종류 맥주(28만 VND) 또는 7종류 맥주(48만 VND)를 선택할 수 있다. 치즈 플래터Cheese Platter와 딥스 트리오Dips Trio 같은 술안주도 구비하고 있다.

지도 P.71-B2 **주소** 104 Xuân Diệu, Quận Tây Hồ **전화** 0397-131-104 **홈페이지** www.7bridges.vn **영업** 11:00~23:30 **메뉴** 영어 **예산** 메인 요리 25만~55만 VND, 맥주 11만~15만 VND **가는 방법** 시호 북쪽을 연하는 쑤언지에우 거리 104번지에 있다.

아보스 & 망고 Avos & Mango ★★★★

편집 숍을 겸하는 독특한 콘셉트로 인해 인기 있는 브런치 카페. 이름처럼 아보카도와 망고를 이용한 음식과 디저트가 가득하다. 브런치로 제공하는 스무디 볼, 아보카도 망고 샐러드, 아보샌드망고 토스트, 아보샌드망고 포케, 베이크드 아보카도, 아보카도 피자는 부담 없이 즐기기 좋다. 다양하고 신선한 과일과 꽃 장식을 이용해 청량감이 넘친다. 브렉퍼스트 메뉴는 토스트, 크루아상, 팬케이크, 베이컨, 소시지, 오믈렛, 토마토, 후무스, 샐러드, 과일 등을 선택해 개인 취향에 맞게 주문할 수 있다. 하루 전에 주문하면 도시락(브런치 박스)도 만들어 준다. 스무디, 커피, 콤부차, 모히토까지 음료도 다양하다. 공방에서 제작한 카드, 엽서, 그릇, 머그잔, 소품도 전시 판매한다.

지도 P.71-A2 **주소** No 52 Alley, 12 Đặng Thai Mai, Quận Tây Hồ **전화** 0396-834-404 **홈페이지** www.facebook.com/avosandmango **영업** 08:30~18:00 **메뉴** 영어, 베트남어 **예산** 14만~17만 VND **가는 방법** 메인 도로에서 당타이마이 거리 안쪽으로 700m 떨어져 있다.

이스턴 & 오리엔탈 The Eastern & Oriental Tea House and Coffee Parlour ★★★☆

호떠이(서호)를 끼고 있는 꽝안 거리에 있는 브런치 카페다. 오래된 프렌치 빌라를 개조했고, 2층 발코니에서 호수를 굽어볼 수 있다. 1층은 커피 바를 중심으로 모던하게 꾸몄고, 2층은 유럽풍 건물의 멋을 살려 빈티지하게 꾸몄다. 불상과 사진 등으로 포인트를 준 인테리어가 눈에 띈다. 아메리카노, 라테, 모카, 카푸치노, 그리고 두유를 넣어 만든 소이 카페 라테Soy Cafe Latte 등 다양한 메뉴를 선보인다. 핸드 드립과 콜드 브루 또한 즐길 수 있다. 요깃거리를 찾는다면 에그 베네딕트, 에그 언 토스트, 베이컨 & 치즈 머핀, 스매시드 아보카도 등을 곁들여도 좋다. 브런치를 주문할 땐 다섯 종류의 빵 중 하나를 취향껏 선택할 수 있다. 하노이에서 유명한 프랑스 빵집인 생토노레Saint Honore에서 만든 신선한 빵을 공수해 내어준다. 런치 메뉴로 버거와 샌드위치를 마련하는데, 시간과 상관없이 주문할 수 있다.

지도 P.71-B2 **주소** 46 Quảng An, Quận Tây Hồ **전화** 0904-621-649 **홈페이지** www.orientalhanoi.com **영업** 07:00~18:00 **메뉴** 영어 **예산** 커피 5만~8만 VND, 브런치 10만~17만 VND **가는 방법** 꽝안 거리 46번지에 있다. 쉐라톤 하노이 호텔에서 서쪽으로 500m.

마쏘 카페 Ma Xó Cafe ★★★★

쭉박 호수 주변을 거닌다면 눈길을 한눈에 사로잡을 카페다. 미술품을 전시해 예술 공간처럼 꾸민 이곳은 잔잔한 호수 풍경을 감상하기에 더할 나위 없는 장소다. 도로 옆 야외 테이블에 앉거나, 건물 꼭대기 층의 테라스로 나가거나, 아니면 가정집처럼 신발을 벗고 실내 라운지로 들어가 아늑함을 만끽해도 좋다. 낮 시간에는 브런치를 즐기러 오는 외국인(유럽인)들이 많은 편이다. 아보카도 토스트, 오믈렛+베이컨+로티, 샥슈카, 그래놀라, 샐러드 등 다양하진 않지만 건강한 메뉴를 요리한다. 커피와 스무디는 물론, 칵테일도 즐길 수 있다. 스완 선다우너 The Swan Sundowner는 일종의 해피 아워(월~화요일 17:30~19:30)로 칵테일 또는 와인을 1+1로 제공해 준다. 오후에는 잔잔한 재즈 음악을 틀어준다.

지도 P.71-C4 **주소** 120 Trần Vũ, Trúc Bạch **전화** 0333-850-852 **홈페이지** www.facebook.com/Ma.Xo.Cafe **영업** 08:00~23:00 **메뉴** 영어, 베트남어 **예산** 커피 5만~6만 VND, 칵테일 10만~13만 VND, 브런치 12만~15만 VND **가는 방법** 쭉박 호수 동쪽의 쩐부 거리 152번지에 있다.

카펠라 커피 로스터 Capella Coffee Roaster ★★★☆

서호 주변의 조용한 골목에 있는 매력적인 카페. 베트남 젊은이 '엘라'가 운영하는 곳으로 엘라 카페로 알려지기도 했다. 원두를 직접 로스팅해 신선한 커피를 제공한다. 커피 머신에서 뽑아내는 에스프레소를 이용한 라테, 플랫 화이트, 아메리카노 같은 익숙한 커피를 만들어 준다. 원두 본연의 맛을 음미하고 싶다면 드립 커피를 마시면 된다. 케냐, 에티오피아, 탄자니아, 콜롬비아, 브라질 등 커피 주요 생산국에서 수입한 커피를 즉석에서 핸드 드립으로 내려준다. 크레페, 토스트, 케이크 같은 간단한 브런치와 디저트 메뉴도 갖추고 있다. 심플한 카페 내부는 그림을 전시해 갤러리처럼 꾸몄다. 넓은 마당과 녹음이 우거진 단층 건물이 잘 어우러진다.

지도 P.71-A2 **주소** 12 Đặng Thai Mai, Quận Tây Hồ **전화** 0975-781-090 **홈페이지** www.facebook.com/capellacoffee. roaster **영업** 07:30~19:00 **메뉴** 영어 **예산** 6만~13만 VND **가는 방법** 당타이마이 거리 12번지에 있다.

NIGHTLIFE 서호(호떠이) 주변의 나이트라이프

해 지는 시간이 되면 호수 주변에 목욕탕 의자를 놓고 장사하는 노점 카페가 하나둘 생긴다. 외국인이 많이 체류하는 지역이라 펍과 칵테일 바도 많은 편이다.

터틀 레이크 브루잉 컴퍼니 Turtle Lake Brewing Company ★★★★

하노이에서 보기 드문 수제 맥주 브루어리. 양조장에서 나온 맥주를 즉석에서 맛볼 수 있다. 빅 보이 임페리얼 스타우트 Big Boy Imperial Stout(알코올 9.6%, IBU 58), 더블 엣지 스워드IPA Double Edge Sword IPA(알코올 8%, IBU 60)를 포함해 17종류의 수제 맥주를 탭에서 뽑아준다. 4명의 외국인이 합작해 만든 곳이라 베트남 고유의 분위기는 느낄 수 없다. 서호 북쪽 가장 자리에 위치해 있는데, 220평 규모로 야외 공간까지 널찍하다.

지도 P.71-A3 **주소** 105 Quảng Khánh, Quận Tây Hồ **전화** 024-6650-5187 **홈페이지** www.facebook.com/TurtleLake BrewingCompany **영업** 11:00~24:00 **메뉴** 영어 **예산** 수제 맥주(330㎖) 8만~14만 VND, 샘플러 20만 VND(+10% Tax) **가는 방법** 서호 북쪽의 푸떠이호 Phủ Tây Hồ에서 왼쪽으로 600m 떨어진 꽝칸(꽝카잉) 거리 105번지에 있다.

워크샵 14 Workshop 14 ★★★★

공방이 아니라 창의적인 칵테일을 만드는 바. 아시아 베스트 바 50에 선정됐다. 얼핏 봐서는 작은 마당을 갖춘 주택처럼 보인다. 실제로 왕족(공주)이 거주했던 궁전이었다 한다. 실내는 모던한 감성과 예술적 감각이 가득하다. 스토미 웨더 Stormy Weather, 뗏 배스텁Tet Bathtub, 헬로 포멜로Hello Pomelo, 캔트 스탠드 더 히트Can't Stand The Heat 등 칵테일 명칭도 재치 넘친다. 칵테일에 집중하기 위해 무분별한 사진 촬영도 제한하고 있다.

지도 P.71-B3 **주소** Ngõ 5 Từ Hoa, Quận Tây Hồ **홈페이지** www.facebook.com/Workshop14.Hanoi **영업** 16:00~24:00 **메뉴** 영어 **예산** 28만~40만 VND **가는 방법** 인터콘티넨탈 하노이 웨스트레이크(호텔) 옆 뜨호아 거리에 있다.

서밋 라운지 Summit Lounge ★★★★

서호 주변에서 가장 유명한 루프톱 라운지로 팬 퍼시픽 호텔에서 운영한다. 실내 라운지 공간은 통유리로 꾸며 근사하고, 야외 테라스는 서호와 쭉박 호수가 한눈에 내려다보이는 전망이 압도적이다. 일몰 시간에 이곳을 찾는다면, 해가 지는 모습부터 화려한 야경까지 한자리에서 즐길 수 있다. 차분하게 맥주 한잔하며 느긋한 시간을 보내기 좋다. 가장 저렴한 생맥주가 10만 VND(+15% Tax) 수준인 만큼 가격대는 높은 편이다. 칵테일, 와인, 위스키 등 주종도 다양하다. 드레스 코드는 엄격하지 않지만 슬리퍼는 삼가야 한다. 주말에는 라이브 재즈 공연을 열기도 한다. 테라스에는 테이블이 몇 없으므로 예약을 권한다.

지도 P.71-C4 **주소** 20F, Pan Pacific Hotel, 1 Thanh Niên **전화** 024-3823-8888 **홈페이지** www.facebook.com/thesummit.pphan **영업** 16:00~24:00 **메뉴** 영어, 베트남어 **예산** 맥주 15만~20만 VND, 칵테일 19만~21만 VND(+15% Tax) **가는 방법** 팬 퍼시픽 호텔 20층에 있다. 호텔 로비에서 엘리베이터를 타고 19층까지 간 다음, 서밋 라운지 전용 엘리베이터를 타고 한 층을 더 올라가면 된다.

스탠딩 바 Standing Bar ★★★☆

쭉박 호수를 끼고 있는 아담한 술집. 근방에 거주하는 유럽 사람들의 모임 장소로 사랑 받는다. 수제 맥주를 직접 만드는 브루어리는 아니지만, 베트남에서 제조되는 이름난 수제 맥주 20여 종의 탭을 마련해 놓았다. 맥주의 종류가 매우 다양하기 때문에, 날마다 주문 가능한 맥주를 표시해 놓는다. 주문하기 전엔 시음도 가능하다. 1층은 드럼통을 테이블 삼아 옹기종기 서서 맥주를 마시는 분위기고, 2층 테라스에서는 느긋하게 호수를 바라보며 잔을 기울이기 좋다. 꼬치구이, 새우튀김, 크로켓, 프렌치프라이 같은 안주를 곁들이면 더할 나위 없다. 구시가에 비해 호젓하고, 호수의 낭만이 넘실거린다.

지도 P.71-C4 **주소** 170 Trấn Vũ, Trúc Bạch **전화** 024 3266 8057 **홈페이지** www.standingbarhanoi.com **영업** 화~일요일 16:00~24:00(휴무 월요일) **메뉴** 영어 **예산** 10만~15만 VND **가는 방법** 쭉박 호수 동쪽의 쩐부 거리 170번지에 있다.

CAU G

꺼우저이 주변

하노이 서쪽의 꺼우저이^{Cầu Giấy}는
볼거리보다 상업 시설과 아파트 단지가
주를 이루는 동네다. 우리 교민이
대거 거주하는 쭝화^{Trung Hoà} 지역과
하노이에서 가장 높은 빌딩인 랜드마크
72(경남 랜드마크 타워)^{Landmark 72}도
그 주변에 위치해 있다. 롯데 호텔은
쇼핑몰부터 루프톱 라운지까지 갖춘
복합문화공간이다. 베트남 최대
규모를 자랑하는 민속학 박물관과 함께
둘러보면 좋다.

AY

TO DO LIST

이것만은 놓치지 말자

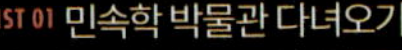

LIST 01 민속학 박물관 다녀오기

LIST 02 롯데 전망대에서 기념사진 찍기

LIST 04 롯데 마트에서 쇼핑하기

LIST 03 톱 오브 하노이에서 야경 감상하기

LIST 05 군사 박물관 다녀오기

BEST COURSE

추천 코스

COURSE 1 꺼우저이 반나절 코스(오후 일정)

볼거리가 많지 않기 때문에 반나절 코스로 충분하다. 민속학 박물관을 다녀오고, 롯데 센터에서 식사와 쇼핑을 즐기는 일정이다.

1. 민속학 박물관 (P.212)
2. 롯데 전망대 (P.210)
3. 롯데 마트 (P.217)
4. 톱 오브 하노이 (P.216)

COURSE 2 바딘(바딩) 광장+꺼우저이 코스

오전에는 바딘 광장 주변의 볼거리를 먼저 다녀오고, 오후에는 쇼핑과 야경을 감상하는 코스. 해 지는 시간에 루프톱 라운지나 전망대를 방문하면 좋다.

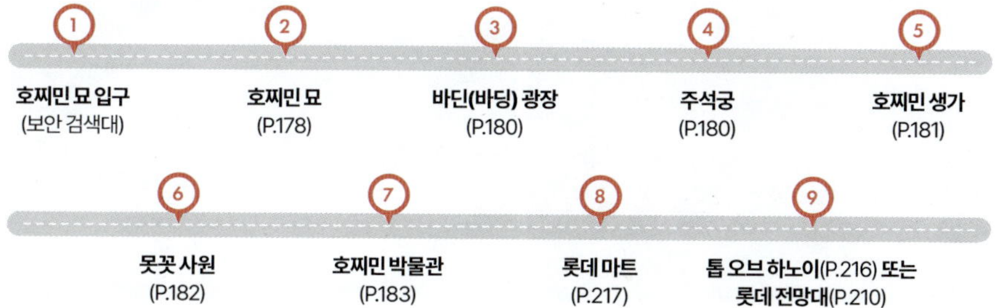

1. 호찌민 묘 입구 (보안 검색대)
2. 호찌민 묘 (P.178)
3. 바딘(바딩) 광장 (P.180)
4. 주석궁 (P.180)
5. 호찌민 생가 (P.181)
6. 못꼿 사원 (P.182)
7. 호찌민 박물관 (P.183)
8. 롯데 마트 (P.217)
9. 톱 오브 하노이(P.216) 또는 롯데 전망대(P.210)

COURSE 3 꺼우저이+호안끼엠 호수 주변

오전에는 시내에서 멀리 떨어져 있는 민속학 박물관을 방문하고, 오후에는 호안끼엠 호수 주변을 둘러본다. 저녁 일정은 구시가 맥주 거리에서 마무리하면 된다.

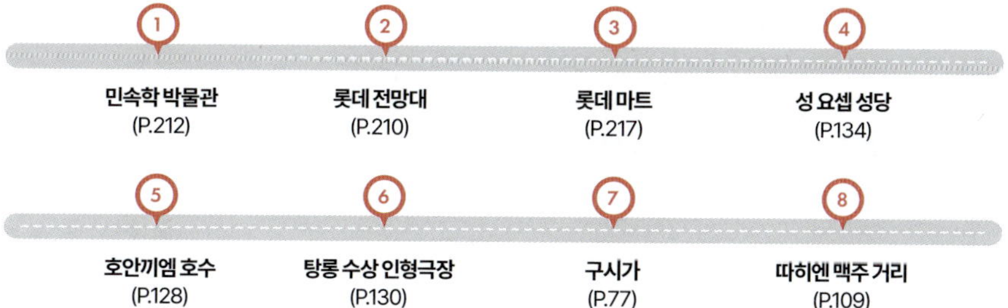

1. 민속학 박물관 (P.212)
2. 롯데 전망대 (P.210)
3. 롯데 마트 (P.217)
4. 성 요셉 성당 (P.134)
5. 호안끼엠 호수 (P.128)
6. 탕롱 수상 인형극장 (P.130)
7. 구시가 (P.77)
8. 따히엔 맥주 거리 (P.109)

ATTRACTION 꺼우저이 주변의 볼거리

주요 관광지로부터 다소 떨어져 있고, 상업 시설과 아파트가 모여 있는 지역이지만 그냥 지나치긴 아쉽다. 민속학 박물관과 롯데 전망대를 만날 수 있기 때문이다. 낮에는 민속학 박물관, 밤에는 톱 오브 하노이(롯데 호텔 루프톱)를 구경하며 이 도시와 조금 더 가까워져도 좋겠다.

롯데 센터 65층에 있는 전망대

롯데 전망대 Lotte Observation Deck ★★★☆

2014년에 완공된 롯데 센터 65층 꼭대기에 자리한다. 지하 1층에서 전용 엘리베이터를 타면 50초 만에 전망대로 올라갈 수 있다. 지상으로부터 272m 높이에 위치하며, 통유리창 너머 하노이 시내와 주변 풍경을 360° 파노라마 전망으로 내려다볼 수 있다. 전면이 투명한 바닥 위를 걸으며 짜릿한 전망을 즐기는 스카이워크는 기념사진을 찍기에 더 없이 좋은 장소다. 전망대 내부에는 커피숍과 롯데리아, 기념품 상점도 들어서 있다. 아침 이른 시간(09:00~11:00)과 저녁 늦은 시간(21:00~23:00)에 방문하면 음료 또는 기념품을 무료로 제공해 준다.

참고로 롯데 센터의 지하 1층은 롯데 마트, 지상 1~6층은 롯데 백화점, 8~31층은 사무실, 33~64층은 롯데 호텔로 사용된다. 전망대 위층의 루프톱에는 톱 오브 하노이Top Of Hanoi(P.216 참고)가 있다. 전망대와 루프톱 라운지가 구분되어 있으므로, 야경을 즐길 요량이라면 둘 중 한 곳만 방문해도 좋다.

지도 P.62-B3 **주소** Lotte Center, 54 Liễu Giai, Quận Ba Đình **전화** 024-3333-6018 **홈페이지** www.observationdeck.lottecenter.com.vn **운영** 09:00~24:00(매표 마감 시간 23:00) **요금** 성인 23만 VND, 어린이 17만 VND **가는 방법** 리에우자이 거리 54번지에 있는 롯데 센터 65층에 있다. 에스컬레이터를 타고 지하 1층으로 내려가면 롯데 마트로 들어가기 전 왼쪽에 전망대 매표소가 있다.

독특한 건축 디자인이 이색적인 박물관

하노이 박물관 Hanoi Museum | Bảo Tàng Hà Nội ★★

하노이 천도 1,000년을 기념하기 위해 건설한 박물관으로 2010년에 개관했다. 건물만 놓고 보면 하노이에서 가장 크고 현대적인 박물관이다. 5만 4,000㎡(약 1만 6,300평)의 부지에 올라선 1만 4,000㎡(약 4,230평)의 건물로, 역피라미드 형상의 디자인이 인상적이다. 꼭대기로부터 지면에 내려올수록 면적이 좁아지는데, 이렇게 되면 저층부에서 볕을 가릴 수 있으므로 전시물을 관리하기가 용이해진다. 건물을 둘러싼 호수와 조경은 그 어떤 곳과 비교해 보아도 빼어나다.

다만 내용물은 여느 박물관보다 현저히 부족하다. 전시실은 1~3층은 전시실로 사용되는데 나선형으로 이루어진 둥근 보행로를 따라 관람하게 되어 있다. 4층은 사무실, 도서관, 특별 전시실로 사용된다. 동썬 문화 유적Đông Sơn Culture(하노이를 포함한 홍강 유역의 선사 청동기 시대 유물), 왕실에서 사용하던 물건과 도자기, 하노이 고성(탕롱 황성)에서 출토된 유물 등을 전시하고 있다. 박물관이 큰 만큼 대형 전시물들이 전시되어 있는데, 하노이 역사 전반을 보여주기에는 역부족이다.

전시물 보호를 위해 박물관 내부는 촬영이 금지된다. 소지품은 입구 사물함에 보관해야 한다. 스마트폰 휴대는 가능하다. 위치도 시내 중심가에서 멀리 떨어져 있어서 관광객의 발길도 적다. 입장료는 없다만 도심에서 오가려면 택시비가 만만찮다. 단체 관람 오는 베트남 학생들을 많이 볼 수 있다.

지도 P.62-A4 **주소** Đường Phạm Hùng, Quận Nam Từ Liêm **전화** 024-6287-0604 **홈페이지** www.baotanghanoi.com.vn **운영** 화~일요일 08:00~11:30, 13:30~17:00(휴무 월요일) **요금** 무료 **가는 방법** 팜흥 거리의 국립 컨벤션 센터 National Convention Center(Trung Tâm Hội Nghị Quốc Gia Việt Nam) 옆에 있다. 호안끼엠 호수에서 남서쪽으로 9km, 롯데 호텔에서 남쪽으로 5km 떨어져 있다.

베트남의 다양한 민족 구성원을 공부할 수 있는 곳

민속학 박물관 Museum of Ethnology | Bảo Tàng Dân Tộc Học ★★★★

베트남 54개 민족의 삶을 방대한 자료로 전시한다. 면적 9,500㎡ 규모로 4만 2,000점의 사진, 1만 5,000점의 공예품과 전통 복장, 2,190점의 슬라이드 사진, 373점의 동영상, 237점의 음성 녹취록을 보유하고 있는 민속학 박물관은 1987년부터 10년에 걸친 공사를 마치고 1997년에 공식 개관했다. 시내에서 멀리 떨어져 있지만, 박물관의 규모나 전시 수준은 다른 박물관을 가뿐히 압도하니 그냥 지나치긴 아쉽다. 베트남뿐 아니라 동남아시아 여러 나라에서 소수민족 연구를 위해 찾아올 정도다. 다양한 민족으로 구성된 전문가들이 모여 연구 기관의 역할도 병행하고 있다.

전시실은 크게 9개로 분류되며, 각 구역마다 유사한 계열의 민족들을 소개한다. 가장 먼저 맞닥뜨리는 민족은 1층 전시실의 비엣족Viet인데, 이들이 바로 베트남 전체 인구의 87%를 이루는 주류 민족이다. 2층에는 떠이족Tay, 타이족Thai, 몽족Hmong, 화몽족Flower Hmong, 야오족Yao 등 베트남 북부 산악지역에 거주하는 소수민족에 관한 내용이 전시되어 있다. 전통 복장은 물론 생활 방식, 축제에 관한 내용을 모형뿐만 아니라 시청각 자료를 통해 소개한다. 박물관 입구에서 한국어를 포함한 8개 국어로 제작된 오디오 가이드(대여료 10만 VND)를 대여해 둘러보면 도움이 된다.

건물 뒤편 야외 정원에는 실물 크기로 소수민족의 전통 가옥을 재현해 놓았다. 각기 다른 모양과 건축 자재로 만든 9개 민족(비엣족, 참족, 바나족, 떠이족, 야오족, 몽족, 하니족, 에데족, 참족)의 전통 가옥을 볼 수 있다. 그중 바나족 전통 가옥이 가장 볼 만한데, 19m 높이로 만든 고상식 가옥으로 가파른 나무 계단을 이용해 집안 내부를 둘러볼 수 있다. 삼각형으로 이뤄진 자라이(야라이)족의 무덤Gia Rai Tomb 모형도 볼 만하다. 다산을 기원하기 위해 사람(임신한 여성과 성기를 드러낸 남성) 모양으로 조각한 목조 인형들을 장식한 것이 특징이다. 야외에는 수상 인형극장도 있는데 하루 6회(10:00, 11:15, 13:30, 14:30, 15:30, 16:30) 공연하며 9만 VND의 입장료를 따로 받는다.

지도 P.62-A2 ▶ **주소** 60 Nguyễn Văn Huyên, Quận Cầu Giấy **전화** 024-3756-2193 **홈페이지** www.vme.org.vn **운영** 화~일요일 08:30~17:30 **휴무** 월요일 **요금** 4만 VND(카메라 촬영 5만 VND, 오디오 가이드 대여 10만 VND 추가) **가는 방법** 하노이 서쪽에 있는 응이아도 공원 Công Viên Nghĩa Đỏ 맞은편에 있다. 롯데 호텔에서 서쪽으로 2㎞, 호안끼엠 호수에서 서쪽으로 7㎞ 떨어져 있다.

베트남 독립 투쟁의 역사를 기록한 박물관

군사 박물관(베트남 군사 역사박물관)

Vietnam Military History Museum | Bảo Tàng Lịch Sử Quân Sự Việt Nam ★★★☆

베트남 독립 투쟁의 역사를 기록한 박물관이다. 공식 명칭은 베트남 군사 역사박물관Bảo Tàng Lịch Sử Quân Sự Việt Nam이다. 386,000㎡(약 11만평) 크기의 넓은 부지에 현대적인 박물관을 신축해 2024년 11월에 개관했다. 광장에는 45m 높이의 승전탑(베트남의 독립을 선포한 1945년을 상징한다)을 세웠다. 박물관 입구 야외 전시장에는 베트남군이 사용하던 항공기와 탱크, 베트남군이 격추시킨 미군 B52 전투기가 전시되어 있다.

현재 박물관은 1층 전시실만 개관한 상태다. 프랑스에 대항한 인도차이나 전쟁(베트남 독립전쟁)과 미국에 대항한 베트남 전쟁에 관한 15만여 점의 사료를 전시하고 있다. 연도별로 구분해 주요 전투에 대한 소개와 독립투사·전쟁 영웅에 대해 소개하고 있다. 특히 1954년의 디엔비엔푸 전투Chiến Dịch Điện Biên Phủ와 1975년의 사이공 함락(베트남 통일)Chiến Dịch Hồ Chí Minh에 얽힌 자세한 이야기를 만나볼 수 있다. MiG-21 전투기, S-22 전폭기, T-54B 탱크, 대공포를 포함해 각종 재래식 무기를 전시하고 있다. 휴무일과 점심 일시 휴관 시간이 있으니 운영 시간을 확인하고 방문할 것. 시내 중심가에 멀리 떨어져 있어 접근성은 떨어진다.

지도 P.62-A4 ▶ **주소** ĐL Thăng Long, Tây Mỗ, Nam Từ Liêm **홈페이지** www.facebook.com/VietnamMilitaryHistory Museum **전화** 024-6253-1367 **운영** 화~목요일, 토~일요일 08:00~16:30 **휴무** 월·금요일 **요금** 4만 VND **가는 방법** 호안끼엠 호수에서 서쪽으로 15㎞ 떨어져 있다.

FOOD & DRINK 꺼우저이 주변의 먹거리

롯데 호텔 주변에 관광객이 즐겨 찾는 레스토랑이 많다. 꽁 카페, 퍼 리픽스, 피자 포피스, 찹스, 조마 베이커리 등 하노이 유명 레스토랑과 카페들이 지점을 운영하기도 한다.

후에 레스토랑 Huế Restaurant ★★★★

롯데 호텔 인근에서 외국인들이 즐겨 찾는 베트남 음식점이다. 상호에서 볼 수 있듯 후에 지역 음식을 선보인다. 참고로 후에는 베트남 중부의 도시로, 마지막 황제가 있었던 응우옌 왕조의 수도다. 매장 입구에 황제릉을 지키는 문관·무관의 석상을 놓아 고색창연한 고도의 정취를 자아냈다. 기본이 되는 음식은 '분보후에Bún Bò Huế'로, 이는 후에 지방의 매콤한 쌀국수다. 레몬그라스에 다진 돼지고기를 둥글게 말아 구운 넴루이Nem Lụi와 쌀 반죽과 다진 새우고기를 작은 종지에 넣어 쪄낸 반베오Bánh Bèo 등 전통 요리도 인기 있다.

지도 P.62-A3 **주소** 37 1 Ngõ 36 Đào Tấn, Quận Ba Đình **전화** 024-3760-6516 **영업** 10:00~22:30 **메뉴** 영어, 베트남어, 일본어 **예산** 베트남 요리 9만~36만 VND, 일본 요리 18만~68만 VND(+10% Tax) **가는 방법** 다오떤 거리 1번 골목 안쪽에 있다.

쏘이껌 Xôi Cơm ★★★★

베트남 가정식 요리를 선보이는 곳이다. 관광객이 많은 찾는 지역이 아니라서 좀 더 현지 감성의 식사를 경험할 수 있다. 레스토랑 위치나 분위기도 베트남 느낌 가득하다. 1990년대에 만들어진 오래된 건물, 패턴 타일이 깔린 바닥, 고가구가 놓인 레스토랑 내부는 어느 것 하다 가식적인 것이 없다. 가정식 요리에 충실한 곳답게 메뉴는 담백하다. 고기를 삶고 볶고 조려서 밥과 국, 채소, 두부, 피클을 곁들인 베트남식 백반을 내온다. 메뉴는 요일별로 조금씩 달라진다.

지도 P.62-B4 **주소** 36 Láng Hạ, Quận Đống Đa **전화** 0866-810-736 **홈페이지** www.xoicom.vn **영업** 10:30~13:30, 17:30~20:30 **메뉴** 영어, 베트남어 **예산** 9만~18만VND **가는 방법** 랑하 거리 36번지 골목 안쪽에 있다.

NIGHTLIFE 꺼우저이 주변의 나이트라이프

롯데 센터에서 운영하는 롯데 전망대와 롯데 호텔 루프톱 라운지인 톱 오브 하노이가 유명하다.

톱 오브 하노이 Top of Hanoi ★★★☆

롯데 호텔 꼭대기에 있는 루프톱 라운지. 하노이에서 가장 유명한 루프톱이라고 해도 과언이 아니다. 해발 272m 높이의 라운지에 오르면 서호(호떠이)부터 호안끼엠 호수에 이르는 도심 경관이 360°로 막힘없이 펼쳐지는데, 특히 야경이 압도적이다. 맥주와 칵테일뿐만 아니라 목테일(무알코올 칵테일)도 주문 가능하니 술 없이도 분위기 내기 좋다. 게다가 커피만 마시고 내려온다면 롯데 전망대보다 더 합리적인 가격으로 공간을 누리는 셈이다. 해 지는 시간에 맞춰 가면 붉은 노을과 아름다운 야경을 두루 감상할 수 있다. 메인 메뉴는 피자, 파스타, 스테이크 등이고, 저녁 식사를 할 경우 예약을 권한다. 복장 규정은 엄격하지 않지만 기본적인 드레스 코드(민소매 셔츠나 슬리퍼를 착용하면 출입이 제한된다)는 지켜야 한다. 12세 이하 어린이도 입장 불가이므로 아동 동반 여행객이라면 유의해야겠다.

지도 P.62-B3 **주소** Lotte Center, 54 Liễu Giai, Quận Ba Đình **전화** 024-3333-1000, 024-3333-3016 **홈페이지** www.lottehotel.com/hanoi-hotel **영업** 17:00~23:00 **메뉴** 영어, 베트남어 **예산** 맥주 20만~25만 VND, 칵테일 40만 VND, 메인 요리 46만~80만 VND (+15% Tax) **가는 방법** 롯데 호텔 1층으로 들어가서 엘리베이터를 타고 65층까지 올라가서, 루프톱 전용 엘리베이터를 갈아타고 한 층 더 올라간다.

SHOPPING 꺼우저이 주변의 쇼핑

한국 관광객이 즐겨 찾는 롯데 마트에서 각종 기념품을 저렴하게 구입할 수 있다. 달랏 특산품을 판매하는 랑 팜도 입점해 있다.

롯데 마트 Lotte Mart ★★★★

롯데 그룹에서 운영하는 대형 마트로, 같은 건물에 롯데 백화점과 롯데 호텔이 들어서 있다. 각종 식료품과 과일, 생활 용품, 과자, 맥주 등을 저렴한 가격에 판매한다. 특히 베트남 특산품이 대량으로 진열되어 있어 기념품을 구입하기 좋다. 커피, 노니, 말린 과일, 치약 등 관광객이 즐겨 찾는 물건에는 한국어로 상품 안내를 붙여 놓아 편리하다. 라면과 소주, 즉석밥을 포함해 다양한 한국 식품도 판매한다. 구시가에서 멀리 떨어져 있는 것이 단점이다. 화장품이나 패션 의류는 위층에 있는 롯데 백화점(홈페이지 www.lotteshopping.com.vn)에서 만나볼 수 있다. 6층에는 식당가가 자리한다.

`지도 P.62-B3` **주소** B1 Lotte Center, 54 Liễu Giai, Quận BaĐình **전화** 024-3724-7501 **홈페이지** www.lottecenter.com.vn **영업** 08:00~22:00 **가는 방법** 리에우자이 거리 54번지에 있는 롯데 센터 지하 1층에 있다.

랑팜(롯데 센터 지점) L'ang Farm ★★★☆

베트남의 대표적인 고원지대인 달랏 Đà Lạt에서 재배한 특산품을 판매한다. 해발 1,500m에 있는 달랏은 선선한 기후 덕에 고랭지 농사를 짓는 지역이다. '랑팜'은 달랏에서 농장을 직접 운영하기 때문에 신선한 제품을 생산, 공수하는 것으로 유명하다. 대표적인 특산품은 커피와 차(茶), 그리고 달랏 와인이다. 녹차, 우롱차, 연꽃 차, 노니 차는 물론이고 건강에 좋은 아티초크 차Artichoke Tea(베트남어로 짜 아띠쏘Trà Atisô)까지 다양하게 마련한다. 잎차뿐만 아니라 티백(3만~5만 VND)으로도 만들어 판매한다. 잼과 말린 과일도 있는데, 자연광에 건조해 영양과 맛을 더했다.

`지도 P.62-B3` **주소** B1 Lotte Center, 54 Liễu Giai, Quận Ba Đình **홈페이지** www.langfarm.com **영업** 00:00~22:00 **가는 방법** 롯데 센터 지하 1층에 있는 롯데 마트 내부에 있다.

하노이 외곽으로 떠나는 **당일 여행**

밧짱 Bát Tràng ★★★

하노이에서 남동쪽으로 13㎞ 떨어진 도자기 공예 마을이다. 그릇(밧)을 만드는 공방(짱)이 많아서 '밧짱'으로 불린다. 마을을 걷다 보면 점토를 고르고, 초벌한 도자기에 밑그림을 그리고, 도자기를 말리고, 가마에서 갓 구워낸 도자기를 운반하는 모습을 흔히 맞닥뜨린다. 관광객을 위해 운영되는 공방에서는 물레를 돌리고 그림을 직접 그려 컵과 그릇을 만들어 볼 수 있다. 마을 어귀의 도매 시장에서는 항아리, 화분, 그릇, 접시, 다기 세트. 머그잔, 찻잔, 수저를 포함해 다양한 도자기 제품을 판매한다. 대중교통으로 갈 수 있는데, 롱비엔 버스 환승 센터Long Biên 지도 P.65-E1 에서 47번 시내버스(편도 요금 1만 VND)를 타고 종점에 내리면 된다.

밧짱 도자기 박물관
Bat Trang Pottery Museum Bảo Tàng Gốm Bát Tràng ★★★

밧짱 마을 입구에 있는 박물관으로 도자기 빚는 모습을 형상화해 만들었다. 3,700㎡ 크기의 부지에 만든 6층 건물로 물결치는 듯한 협곡 모양의 독특한 외관 덕분에 건물 자체가 볼거리라고 해도 과언이 아니다. 1·2·4층을 방문할 수 있는 일반 입장권(6만 VND)과 G층부터 5층까지 박물관 등 모든 전시관을 방문할 수 있는 통합 입장권(9만 VND)으로 구분된다. 밧짱 도자기 제작 과정과 다양한 도자기를 전시한 2층 전시실이 가장 볼 만하다. G층은 도자기 만들기를 체험할 수 있는 공방(워크숍)으로 운영된다.

주소 Trung Tâm Tinh Hoa Làng Gghề Việt, Bát Tràng **홈페이지** www.tinhhoalangnghe.vn **운영** 08:00~17:30 **요금** 6만~9만 VND **가는 방법** 하노이에서 13㎞ 떨어진 밧짱 마을 입구에 있다.

그랜드 월드 Grand World ★★★☆

하노이 근교에 만든 복합 테마파크. 지명을 붙여서 그랜드 월드 흥옌Grand World Hưng Yên으로 불리기도 한다. 빈 그룹Vin Group에서 조성한 신도시(오션 시티Ocean City) 내부에 있다. 푸꾸옥(베트남 최남단에 있는 섬)에 있는 그랜드 월드와 비슷한 콘셉트로 만들었다. 36m 크기의 시계탑과 800m 길이의 베니스 강을 중심으로 이탈리아 베니스를 재현해 만든 건물이 들어서 있다. 유럽풍의 건물과 테마 거리를 따라 카페와 레스토랑이 입점해 있다. 워터 택시(곤돌라)Water Taxi도 운행(편도 15만 VND, 왕복 25만 VND)된다. 주말 저녁에는 분수 쇼와 불꽃놀이도 펼쳐진다. 한국 거리를 재현한 K-타운K-Town 구역도 있다. 상점들이 많이 문을 닫아서인지 아직까진 활성화되지 않았다.

주소 Nghĩa Trụ, Văn Giang, Hưng Yên **홈페이지** www.grandworld.vinhomes.vn **운영** 07:00~23:00 **요금** 무료 **가는 방법** 하노이에서 남쪽으로 20km 떨어져 있다. 대중교통은 오페라하우스 앞 판쭈찐 거리(주소 6C Phan Chu Trinh) 정류장에서 출발하는 빈 버스 OCT 2번(홈페이지 www.vinbus.vn)을 이용하면 된다. 버스 요금은 무료이며, 약 50분 정도 소요된다.

흐엉 사원(퍼퓸 파고다) Chùa Hương ★★★

하노이에서 남서쪽으로 65km 떨어진 흐엉산(香山) Hương Sơn에 있는 불교 사원이다. 베트남어로 쭈아 흐엉Chùa Hương, 영어로 퍼퓸 파고다Perfume Pagoda, 한국어로 향사(香寺)라고 쓴다. 흐엉 사원을 가려면 벤둑 선착장Bến Đục에서 나룻배를 타야한다. 3km 정도 옌강 Yen River을 거슬러 올라가는 동안 석회암 카르스트 지형이 아름답게 펼쳐진다. 뱃놀이가 끝나면 덴찐 선착장Đến Trình→티엔쭈 사원Chùa Thiên Trù→흐엉띡 동굴Động Hương Tích까시 3km를 올라가면 된다. 흐엉산 자락을 따라 들어선 10여 개의 사원과 동굴을 볼 수 있다. 왕복 2시간 정도 걸린다. 걷기 힘들면 케이블카(편도 18만 VND)를 타면 된다. 최종 목적지인 흐엉띡(향적 香跡) 동굴은 석주와 종유석을 볼 수 있는 석회암 동굴이다. 동굴 내부에 관세음보살을 모시면서 사원으로 변모했다. 전설에 따르면 관세음보살이 남방으로 내려왔을 때 이곳에 머물며 중생을 구제했다고 한다. 남천제일동 南天第一洞(남쪽 하늘 아래 가장 좋은 동굴)으로 불린다.

주소 Mỹ Đức Huyện **홈페이지** www.chuahuong.info.vn **요금** 12만 VND(보트 요금 23만 VND 별도) **가는 방법** 대중교통으로 가기 불편하기 때문에 하노이에서 1일 투어(US$35~40)를 이용한다.

HOTEL 하노이의 호텔

대부분의 여행자들은 호안끼엠 호수 주변의 구시가에 머문다. 구시가 숙소들은 객실이 많지 않은 미니 호텔이 대부분이다. 폭이 좁고 길쭉한 건물의 특성상 박스 형태로 높게 만든 것이 특징. 건물 안쪽의 방은 창문이 없어서 어둑한 경우가 많다. 발코니가 딸려 있는 도로 쪽 방들이 넓은 편이다. 저렴한 숙소는 성 요셉 성당 주변의 응오 후옌Ngõ Huyện 골목과 항자 갤러리아 맞은편의 옌타이Yên Thái 골목에 많다. 중급 호텔은 맥주 거리와 가까운 마머이Mã Mây 거리에 많은 편이다. 구시가의 번잡함을 피하고 싶다면 호떠이(서호) 주변의 호텔을 이용하는 게 좋다. 참고로 비슷한 상호를 쓰며 특정 호텔의 체인인 것처럼 영업하는 곳이 많으니, 예약한 호텔의 주소를 반드시 확인해야 한다.

인터콘티넨탈 하노이 웨스트레이크 Inter Continental Hanoi West Lake ★★★★★

호떠이(서호)를 끼고 있는 5성급 호텔이다. 여러 동의 건물이 호수를 둘러싸고 있기 때문에, 대부분의 객실에서 근사한 풍경을 누릴 수 있다. 본관에 해당하는 슈피리어 룸은 32㎡의 면적이며, 호수를 끼고 있는 오버 워터 파빌리온 룸Over Water Pavilion Room은 43㎡ 크기로 발코니가 딸려 있다. 318개 객실을 보유한 대형 호텔로 야외 수영장과 선셋 바, 라운지, 피트니스 시설, 회의실 등 다양한 부대시설도 갖췄다. 시내 중심가에서 떨어져 있어 관광하기에는 불편하지만, 여유롭게 휴식을 취하며 시간을 보내기 좋다. 참고로 하노이에서 가장 높은 빌딩인 에이온 랜드마크 타워(경남 랜드마크 72)AON Landmark Tower에는 인터콘티넨탈 하노이 랜드마크 72Inter Continental Hanoi Landmark 72가 있다.

지도 P.62-C1 **주소** 5 Từ Hoa, Quận Tây Hồ **전화** 024-6270-8888 **홈페이지** www.hanoi.intercontinental.com **요금** 슈피리어 US$190~220, 오버 워터 파빌리온 US$225~255 **가는 방법** 호떠이(서호) 북쪽의 뜨호아 거리 끝자락에 있다. 호안끼엠 호수에서 북서쪽으로 5㎞ 떨어져 있다.

롯데 호텔 하노이 Lotte Hotel Hanoi ★★★★★

2014년에 지하 5층, 지상 65층으로 건설한 롯데 센터 하노이Lotte Center Hanoi 빌딩 내부에 있다. 34층부터 318개의 객실이 들어선 롯데 호텔로 사용된다. 42㎡ 크기의 디럭스 룸을 기본으로 한다. 높은 층에서 보는 전망도 뛰어나다. 화장실에 비데가 설치되어 있고, 전 객실을 금연실로 운영해 쾌적하다. 수영장은 실내와 야외 수영장으로 구분해 운영한다. 한국인 직원이 있어 언어 소통에 문제가 없다. 65층 꼭대기(지상에서 높이 267m)에는 전망대Observation Deck와 톱 오브 하노이(루프톱 레스토랑)Top of Hanoi를 운영한다. 아쉬운 점이라면, 주요 볼거리로부터 떨어져 있어서 관광하기에 적합한 위치는 아니다. 지하 1층은 롯데 마트, 지상 1~5층은 롯데 백화점으로 사용된다.

지도 P.62-B3 **주소** 54 Liễu Giai, Quận Ba Đình **전화** 024-3333-1000 **홈페이지** www.lottehotel.com **요금** 디럭스 US$180~220, 클럽 디럭스 US$250 **가는 방법** 리에우 자이 Liễu Giai & 다오떤 Đào Tấn 사거리에 있다. 대우 호텔과 큰길을 사이에 두고 접해 있다. 호안끼엠 호수에서 4.5㎞ 떨어져 있다.

소피텔 레전드 메트로폴 Sofitel Legend Metropole ★★★★★

프렌치 쿼터에 있는 럭셔리 호텔이다. 1901년에 건설한 건물로 콜로니얼 건축의 전형을 보여준다. 프랑스 호텔 체인으로 유명한 소피텔에서 운영한다. 오페라 윙과 히스토리컬 윙으로 구분된 건물이 정원과 안마당을 감싸고 있으며, 그 중간에 야외 수영장이 있다. 호텔 크기에 비해 수영장은 작은 편이다. 객실이 364개로 규모가 크고 부대시설도 다양하다. 히스토리컬 윙Historical Wing(메트로 윙Metropole Wing으로 불리기도 한다)이 건설 당시 원형을 보존한 건물에 해당한다. 제인 폰다, 카트린 드뇌브, 조지 W. 부시, 자크 시라크, 프랑수아 미테랑 같은 유명 인사들이 다녀갔다. 2019년 2월 하노이에서 열린 2차 북·미 정상회담 장소이기도 하다.

지도 P.69-E3 **주소** 15 Ngô Quyền, Quận Hoàn Kiếm **전화** 024-3826-6919 **홈페이지** www.sofitel-legend-metropole-hanoi.com **요금** 오페라 윙 프리미엄 US$320~380, 히스토리컬 윙 럭셔리 US$360~420 **가는 방법** 호안끼엠 호수 동쪽의 응오꾸옌 거리에 있다. 오페라 하우스에서 200m, 호안끼엠 호수에서 300m 떨어져 있다.

호텔 드 오페라 Hotel de l'Opera ★★★★★

유럽풍의 프렌치 콜로니얼 건물이다. 프랑스 호텔 그룹인 아코르Accor 계열 호텔 중에서도 디자인을 강조한 엠 갤러리 컬렉션M Gallery Collection에서 운영한다. 나무 바닥으로 된 객실은 색을 강조해 스타일리시하게 꾸몄다. 부티크 호텔답게 젊은 느낌을 강조해 로맨틱하다. 호텔 중앙의 안마당을 감싸고 객실이 들어서 있다. 수영장과 스파, 피트니스 시설을 갖추고 있다. 콜로니얼 양식의 건축물이긴 하지만 2011년에 신축한 건물이라 역사적인 가치는 떨어진다. 호안끼엠 호수와 오페라 하우스가 가까워 관광하기 편리하다.

지도 P.69-E3 **주소** 29 Tràng Tiền, Quận Hoàn Kiếm **전화** 024-6282-5555 **홈페이지** www.hoteldelopera.com **요금** 디럭스 US$186~226, 그랜드 디럭스 US$210~246 **가는 방법** 짱띠엔 거리 29번지에 있다. 호안끼엠 호수 남단에서 300m, 오페라 하우스에서 200m 떨어져 있다.

멜리아 하노이 호텔 Melia Hanoi Hotel ★★★★☆

스페인 호텔 체인인 멜리아 호텔 & 리조트에서 운영하는 4성급 호텔이나 호텔이 외벽을 통유리로 둘러 어디서나 눈에 잘 띈다. LCD TV를 설치해 모던함을 꾀했지만 객실은 다소 오래된 느낌이 든다. 객실은 디럭스 룸을 기본으로 하며, 객실 크기도 32㎡로 무난하다. 야외 수영장부터 피트니스 시설, 레스토랑까지 웬만한 호텔 부대시설을 갖추고 있다. 306개 객실을 운영한다. 하노이 시내 중심가에 있어 구시가를 포함해 웬만한 지역을 드나들기 편한 위치다.

지도 P.68-B4 **주소** 44B Lý Thường Kiệt, Quận Hoàn Kiếm **전화** 024-3934-3343 **홈페이지** www.meliahanoi.com **요금** 디럭스 US$155~185, 프리미엄 US$195~230 **가는 방법** 리트엉끼엣 거리 44번지에 있다. 호안끼엠 호수 남단에서 600m 떨어져 있다.

JM 마블 호텔 JM Marvel Hotel ★★★★☆

구시가에 있는 4성급의 트렌디한 부티크 호텔이다. 신축한 호텔이라 시설도 깔끔하고 인테리어도 감각적이다. 가격에 비해 객실은 작은 편이다. 객실 유형 중 스위트 시티 뷰는 도로 쪽으로 창문이 나 있고, 스위트 발코니는 발코니가 딸려 있는 객실이다. 소규모 호텔답게 직원들이 친절하고 뷔페식 아침 식사가 제공되는 것이 특징이다. 엘리베이터는 7층까지만 운행되며 8층은 레스토랑, 9층은 루프톱으로 운영된다. 수영장은 없다.

지도 P.68-A1 **주소** 16 Hàng Da, Quận Hoàn Kiếm **전화** 024-3823-8855 **홈페이지** www.hanoimarvelhotel.com **요금** 디럭스 코지 더블 US$85, 주니어 룸 US$95, 스위트 시티 뷰 US$135 **가는 방법** 항자 갤러리아(쇼핑몰)와 가까운 항자 거리 16번지에 있다.

라 시에스타 호텔 La Siesta Hotel(La Siesta Classic Ma May) ★★★★

구시가 숙소 중에서 모던한 시설과 아늑한 분위기로 인해 인기가 높은 호텔이다. 서비스와 친절함도 수준급이다. 구시가에 있는 호텔들이 그러하듯 객실은 넓지 않다. 슈피리어 룸은 23~25㎡ 크기로 창문이 없는 방도 있다. 같은 크기의 디럭스 룸은 창문이 있어 훨씬 좋다. 객실은 나무 바닥으로 산뜻하고 LCD TV와 냉장고, 안전금고, 전기포트, 헤어드라이어, 와이파이까지 갖춰져 있다. 복층으로 이루어진 듀플렉스 스위트Duplex Suite는 한결 더 고급스럽다. 웰컴 드링크, 과일 바구니, 조식 뷔페까지 세심한 배려가 느껴진다. 피트니스 센터, 마사지 & 스파를 운영한다. 수영장은 없다. 구시가 항베 거리에 라 시에스타 프리미엄 항베La Siesta Premium Hang Be(주소 27 Hàng Bè)를 함께 운영한다. 두 곳 모두 투숙객 만족도가 매우 높다.

지도 P.67-D3 **주소** 94 Mã Mây, Quận Hoàn Kiếm **전화** 024-3926-3641~4 **홈페이지** www.elegancehospitality.com **요금** 디럭스 US$120~145, 듀플렉스 스위트 US$250 **가는 방법** 구시가 마마이 거리 94번지에 있다.

티란트 호텔 Tirant Hotel ★★★★

호텔 앞으로 도로가 새로 생기면서 구시가에서 보기 드문 시원한 도로에 세운 대형 호텔이라 눈에 잘 띈다. 현대적인 시설로 반들거리는 로비부터 객실 설비까지 깔끔하다. LCD TV와 무료로 사용할 수 있는 컴퓨터도 객실에 비치되어 있다. 객실은 방 크기와 위치에 따라 등급이 달라진다. 가장 작은 방은 20㎡ 크기로 창문이 없는 방도 있다. 객실 위치가 좋을수록 창문도 크고 방도 넓다. 옥상에 자그마한 야외 수영장이 있다. 호안끼엠 호수도 가까워 관광하기 편리하다.

지도 P.67-D3 **주소** 36 Gia Ngư, Quận Hoàn Kiếm **전화** 024-6265-5999 **홈페이지** www.tiranthotel.com **요금** 스탠더드 US$86~95, 디럭스 US$110~120 **가는 방법** 딘리엣 Đinh Liệt 거리에서 연결되는 자응우 Gia Ngư 거리 36번지에 있다. 호안끼엠 호수에서 250m 떨어져 있다.

라 메호르 호텔 La Mejor Hotel ★★★★

청결함과 산뜻함을 간직한 부티크 호텔. 주변의 미니 호텔에 비해 호텔 면적이 넓어서 객실도 시원스럽다. 객실은 LCD TV와 냉장고, 노트북, 개인 욕실을 갖췄다. 객실 바닥은 목재를, 개인 욕실은 타일을 깔아 깨끗하다. 모든 객실 요금에는 아침 식사(뷔페식)가 포함된다. 객실의 등급과 위치에 따라 방과 창문 크기가 다르다. 도로 쪽 방은 발코니가 딸려 있다. 여행자 숙소가 밀집한 구시가에 있어 편리하다. 맥주 거리가 코앞에 있다. 10층 루프톱에 스카이 바Sky Bar를 운영한다.

지도 P.67-D3 **주소** 22 Tạ Hiện, Quận Hoàn Kiếm **전화** 024-3364-8888 **홈페이지** www.lamejorhotel.com **요금** 슈피리어 더블 US$85, 디럭스 트윈 US$95~105 **가는 방법** 호안끼엠 호수 북쪽에 해당하는 구시가의 따히엔 거리에 있다.

비스포크 트렌디 호텔 Bespoke Trendy Hotel ★★★★

라 시에스타 트렌디 호텔La Siesta Trendy Hotel을 인수해 비스포크 트렌디 호텔로 리모델링했다. 구시가에 있지만 상대적으로 조용한 골목에 있어 쾌적하게 숙박하기 좋다. 51개 객실로 구시가 미니 호텔들과 비교해도 규모가 큰 편이다. 객실은 목재, 타일, 노출 시멘트를 적절히 혼합해 모던하게 꾸몄다. 객실은 위치에 따라 크기와 전망이 제각각이다. 코지 룸은 20㎡ 크기로 아담하고, 스위트룸은 35㎡ 크기로 발코니까지 딸려 있다. 부대시설로 운영하는 비 웰니스 스파Be Wellness Spa가 유명하다. 4성급 호텔이지만 수영장은 없다

지도 P.66-A4 **주소** 12-14 Nguyễn Quang Bích, Quận Hoàn Kiếm **전화** 024-3923-4026 **홈페이지** www.bespokehotels.vn/trendyhn **요금** 코지 디럭스 US$62~74, 트렌디 디럭스 US$82, 트렌디 스위트 US$100~145 **가는 방법** 구시가 응우옌꽝빅 거리 12번지에 있다.

에메랄드 워터 클래시 호텔 Emerald Waters Classy Hotel ★★★★

구시가 여행자 호텔 중에서 인기가 있는 곳이다. 객실 수는 많지 않지만 3성급 호텔루 깨끗하고 깔끔하다. 객실은 니무 바닥에 고풍스러운 느낌으로 꾸몄다. 스탠더드 룸은 20㎡ 크기로 작은 편이지만 벽면 TV, 미니바, 헤어드라이어 등 개실 설비기 잘 갖추어져 있다. 발코니가 딸린 스위트룸은 28㎡ 크기로 넓고 욕실에 욕조까지 갖추고 있다. 모든 객실은 아침 식사가 포함되어 있다. 직원들도 친절하게 응대해 준다. 호안끼엠 호수도 가까워 관광하기 편리하다. 같은 호텔에서 운영하는 하노이 에메랄드 워터스 호텔 밸리Hanoi Emerald Waters Hotel Valley(주소 22 Lò Sũ)와 혼동하지 말 것.

지도 P.67-D3 **주소** 27 Gia Ngư, Quận Hoàn Kiếm **전화** 0243-716-9333 **홈페이지** www.hanoiemeraldwatershotel.com **요금** 트윈 US$50, 스위트 발코니 US$80(에어컨, 개인 욕실, TV, 냉장고, 아침 식사) **가는 방법** 구시가 자응으 거리 27번지에 있다. 호안끼엠 호수에서 250m 떨어져 있다.

아이라 부티크 하노이 호텔 Aira Boutique Hanoi Hotel ★★★★

하노이 인기 호텔인 에센스 호텔이 새로운 위치로 이전하면
서 간판도 바뀌었다. 트렌디한 느낌이 가득한 신상 호텔이다.
객실과 욕실 모두 모던한 감각으로 꾸민 4성급 부티크 호텔
이다. 하노이 호텔들이 그러하듯 스탠더드 룸은 20㎡ 크기로
작은 편이다. 3~4층에 있는 디럭스 룸은 26㎡로 넓은 편이
고, 도로를 끼고 있는 높은 층의 객실들은 발코니까지 딸려 있
다. 아담하지만 수영장과 스파, 피트니스 센터를 갖추고 있다.
9층에 있는 에센스 레스토랑Essence Restaurant에서는 주변
풍경을 감상하며 식사도 가능하다. 구시가를 살짝 벗어난 쩐
푸 거리에 있지만 관광하는 데 전혀 불편하지 않다.

지도 P.70-C2 **주소** 38 Trần Phú, Quận Hoàn Kiếm **전화** 024-3935-2485 **홈페이지** www.airaboutiquehanoi.com **요금**
더블 US$80~90, 더블 발코니 US$100~128 **가는 방법** 기찻길 마을 왼쪽의 쩐푸 거리 38번지에 있다.

오 갤러리 프리미어 호텔 O'Gallery Premier Hotel ★★★★

호텔 브랜드 '오 갤러리'의 하노이 지점이다. 3성급 시설의 부
티크 호텔로, 구시가에 위치해 관광하기 편리하다. 55개 객실
을 운영하는 호텔로 직원들이 친절하다. 객실은 나무 바닥과
원목, 가죽 소파를 이용해 꾸몄다. 구시가의 여느 호텔처럼 객
실 위치에 따라 전망이나 시설이 달라진다. 창문과 발코니가
딸린 방은 넓고 쾌적하며 전망이 좋지만, 방 값은 확연히 비싸
진다. 창문이 없는 방도 있으니 예약 시 꼭 확인할 것. 뷔페 아
침 식사가 포함된다. 수영장은 없다.

지도 P.68-A2 **주소** 122 Hàng Bông, Quận Hoàn Kiếm **전화** 024-3363-3333 **홈페이지** www.ogallerypremierhotel.com
요금 디럭스 US$80, 프리미어 스위트 US$140, 로열 스위트 발코니 US$155 **가는 방법** 구시가의 항봉 거리 122번지에 있다.

MK 프리미어 부티크 호텔 MK Premier Boutique Hotel ★★★★

구시가 한복판에 있는 4성급 호텔이다. 신축한 건물로 벽돌을
노출시켜 눈길을 끈다. 주변의 미니 호텔과 달리 규모가 크고
부대시설도 여유롭다. 객실은 나무 바닥으로 산뜻하다. 디럭
스 룸은 25㎡ 크기, 발코니가 딸린 스위트룸은 38㎡ 크기다.
가장 시설 좋은 방은 엠케이 테라스 스위트MK Terrace Suite
로 50㎡ 크기다 객실의 크기와 위치, 발코니 유무에 따라 방
의 가격 차이가 많이 난다. 구시가 한복판에 있으며 맥주 거리
와도 가까워 관광하기 편리하다. 부대시설로 운영하는 엠케
이 스파MK Spa와 루프톱 라운지도 인기 있다. 수영장이 없는
건 아쉽다.

지도 P.66-C2 **주소** 72~74 Hàng Buồm, Quận Hoàn Kiếm **전화** 024-3266-8896 **홈페이지** www.mkpremier.vn **요금** 디
럭스 더블 US$70, 럭셔리 더블 US$85, 발코니 스위트 US$130 **가는 방법** 구시가의 항부옴 거리 72번지에 있다.

렉스 하노이 호텔 Rex Hanoi Hotel ★★★★

구시가에서 비교적 규모가 큰 호텔로 70개 객실을 운영한다. 4성급 호텔로 대리석으로 만든 로비가 반긴다. 카펫이 깔려 있는 객실은 트렌디하다기보다는 클래식한 느낌을 준다. 침대와 데스크, 가구 등이 전형적인 호텔 구조로 이루어져 호사스럽지 않고 편안하게 지낼 수 있다. 슈피리어 룸은 22㎡ 크기로 창문이 없는 것이 단점이다. 디럭스 룸부터는 창문이 있고, 스위트룸은 발코니도 딸려 있다. 작지만 수영장도 갖추고 있다. 조식이 제공되는 14층 레스토랑에서 구시가 풍경이 내려다보인다. 구시가에 있으면서 호안끼엠 호수와 가까워 관광하기 편리하다.

지도 P.67-D3 **주소** 42 Gia Ngư, Quận Hoàn Kiếm **전화** 0243-556-5588 **홈페이지** www.rexhanoihotel.com **요금** 슈피리어 US$75, 프리미어 디럭스 US$90 **가는 방법** 구시가의 자응으 거리 42번지에 있다. 호안끼엠 호수에서 북쪽으로 200m 떨어져 있다.

하노이 펄 호텔 Hanoi Pearl Hotel ★★★★

호안끼엠 호수와 성 요셉 성당 사이에 있어 위치가 좋다. 구시가에 있는 호텔 중에 규모가 큰 편으로 모두 70개 객실을 운영한다. 신축한 호텔이긴 하지만 조금 연식이 됐다. 대리석이 깔린 로비와 레스토랑이 호텔 분위기를 단박에 느끼게 해준다. 객실은 나무 바닥을 깔고 화사하고 고급스럽게 인테리어를 꾸몄다. 25㎡ 크기의 클래식 룸을 기본으로 한다. 슈피리어 룸은 특별한 전망은 없지만 조용하다. 테라스 스위트룸은 68㎡ 크기로 유럽식 발코니가 딸려 있다. 객실 위치에 따라 크기도 다르고 시설도 다른 만큼 방 값 차이가 난다. 모든 객실은 뷔페 아침 식사가 포함된다. 4성급 호텔이라고 광고하긴 하지만 수영장은 없다.

지도 P.68-C1 **주소** 6 Bảo Khánh, Quận Hoàn Kiếm **전화** 024-3938-0666 **홈페이지** www.hanoipearlhotel.com **요금** 클래식 룸 US$65, 프리미어 US$130, 디럭스 스위트 US$150 **가는 방법** 호안끼엠 호수 서쪽으로 연결되는 바오칸 거리 중간에 있다.

리틀 참 하노이 호스텔 Little Charm Hanoi Hostel ★★★★

구시가에 위치한 호스텔로, 도미토리 룸을 운영한다. 저렴한 숙박료에 발끔한 시설을 자랑해 주머니 가벼운 이들에게 인기 있다. 아담한 수영장, 레스토랑괴 휴식 공간 능 부대시설을 신경 써서 꾸몄다. 도미토리에는 침대마다 커튼이 설치된 2층 침대가 놓여 있고, 개인 사물함을 마련해 편의를 도모했다. 키 카드를 이용해 출입하기 때문에 보안에도 신경 썼다. 디럭스 도미토리의 경우 방 안에 욕실도 갖추어져 있다. 도미토리는 4인실, 6인실, 8인실로 구분된다. 여성 전용 도미토리도 운영한다. 숙박료에 아침 식사가 포함되며, 직원들도 친절하다. 다만 엘리베이터는 없다.

지도 P.66-B3 **주소** 44 Hàng Bồ, Quận Hoàn Kiếm **전화** 024-3823-8831 **홈페이지** www.littlecharmhanoihostel.com **요금** 도미토리 US$10~14(에어컨, 공동욕실, 아침 시사) **가는 방법** 구시가의 항보 거리 44번지에 있다.

NINH BÌ

닌빈(닝빙)

하노이를 벗어나면 베트남 북부의 아름다운 자연이 흐드러지게 펼쳐진다. 닌빈(닝빙)도 풍경은 별반 다르지 않다. 겹겹이 펼쳐진 석회암 바위산으로 이루어진 카르스트 지형이 몽환적인 느낌을 더한다. 베트남 하면 누구나 떠올리는 하롱베이를 육지로 옮겨 왔다고 생각하면 된다. 닌빈은 지방 중소 도시 규모로 하노이에서 남쪽으로 93㎞ 떨어져 있다. 나룻배를

NH

타고 한가한 뱃놀이를 즐길 수 있는 땀꼭Tam Cốc과 쨩안Tràng An, 베트남 최초의 수도로 평가받는 호아르Hoa Lư, 베트남에서 가장 큰 사원인 바이딘(바이딩) 사원Bái Đính Pagoda 까지 볼거리가 가득하다.

BEST COURSE | 추천 코스

COURSE 1
닌빈 주변 일주 코스

1. 닌빈
2. 땀꼭 또는 짱안
3. 항 무아(전망대)
4. 호아르

COURSE 2
닌빈+바이딘 사원 코스

1. 닌빈
2. 바이딘 사원
3. 호아르
4. 짱안

COURSE 3
하노이+닌빈 코스

1. 하노이
2. 닌빈
3. 바이딘 사원
4. 짱안
5. 하노이

INFORMATION | 여행에 유용한 정보

인구와 면적

닌빈(닝빙) 성Tinh Ninh Bình에 속한 닌빈(닝빙) 시Thành Phố Ninh Bình는 면적 48㎢, 인구 16만 166명이다. 시외 국번(국내 전화 지역번호)은 0229번이다.

날씨

베트남 북부 도시와 비슷한 일기 분포를 보인다. 5~9월이 덥고 습한 편으로 평균 기온이 30~34°C이며, 최고 기온이 40°C 가까이 오른다. 하지만 12~2월에는 평균 기온이 20°C로 선선하며, 밤 기온이 영상 10°C 밑으로 내려가는 경우도 있다.

여행 시기

농사가 끝나고 추수하는 시기인 5월 말~7월 초와 10~11월이 푸릇푸릇한 대지와 어우러진 카르스트 지형을 감상하기 좋다. 다만, 5~10월은 덥고 습해서 더위에 대한 대비가 필요하다.

은행·환전

시내 중심가인 쩐흥다오 거리와 레홍퐁 거리에 은행들이 모여 있다. 비엣콤은행Vietcom Bank, 비엣인은행Vietin Bank, BIDV은행, VP은행 등이 영업 중이다.

지리 파악하기

시내 중심가 남쪽에 버스 터미널과 닌빈 기차역이 있다. 닌빈 기차역에서 땀꼭까지는 6㎞, 짱안까지는 9㎞ 떨어져 있다. 택시  (또는 그랩)를 탈 경우 땀꼭까지 8만 VND, 짱안까지 12만 VND 정도 예상하면 된다.

ACCESS | 닌빈(닝빙) 가는 방법

닌빈은 하노이 남쪽으로 93㎞ 떨어져 있다. 베트남을 관통하는 통일열차가 지나기 때문에 교통은 편리하다.

• 기차

하노이 ↔ 호찌민 시(사이공)를 오가는 기차 중에 완행열차가 닌빈에 정차한다. 하노이 ▶ 닌빈 구간은 1일 7회 운행된다. 장거리 노선의 기차라 대부분 밤 시간에 운행된다. 낮 시간에는 SE7편(06:10 출발)과 SE9편(12:50 출발)이 출발한다. 닌빈까지 2시간 30분 정도 소요된다. 편도 요금은 9만~14만 VND이다. 닌빈 ▶ 하노이 노선은 SE20편(09:21 출발)을 이용하면 된다.

• 버스

닌빈 시내에 낡고 오래된 버스 터미널이 있다. 지방 소도시답게 운행하는 버스 노선도 많지 않다. 닌빈 ↔ 하노이(잡밧 버스 터미널)Bến Xe Giáp Bát 버스는 05:00~17:20 20분 간격으로 출발한다. 로컬 버스라서 시설이 열악하고, 중간중간 정차하느라 이동 시간도 오래 걸린다. 요금은 편도 8만~10만 VND이며, 총 3시간 정도 소요된다. 리무진 버스(9인승 미니밴)를 이용할 경우 17만~20만 VND이다.

• 여행사 버스(오픈 투어 버스)

닌빈에서 깟바 섬(깟바 타운)으로 이동할 경우 외국인이 가장 선호하는 교통편이다. 깟바 디스커버리(www.catbadiscovery.com)에서 땀꼭 ▶ 닌빈 ▶ 하이퐁 ▶ 깟바 섬(깟바 타운) 노선을 1일 3회(07:15, 09:00, 14:00) 운행한다. 버스 터미널에서 출발하지 않고, 땀꼭에서 출발하며 예약한 숙소에서 픽업해 준다. 편도 요금은 30만 VND이다. 다이치 버스(홈페이지 www.daiichibus.vn)도 같은 노선을 1일 2회(08:00, 13:00) 운영한다.

• 하노이 출발 1일 투어

일정이 짧은 여행자들이 가장 선호하는 방법이다. 하루 동안 방문할 수 있는 곳이 제한적이기 때문에 땀꼭을 갈지, 짱안을 갈지 미리 정해야 한다. 두 곳을 동시에 방문하는 1일 투어는 없다. 전통적으로 인기 있는 투어 상품은 땀꼭을 방문하는 것이다. 하노이 출발(08:30) ▶ 땀꼭 ▶ 항 무아 ▶ 하노이 도착(18:30) 일정으로 진행된다. 최근에는 짱안을 방문하는 투어가 더 인기 있다. 하노이 출발(08:00) ▶ 바이딘 사원 ▶ 짱안 ▶ 하노이 도착(18:30) 일정으로 진행된다. 1일 투어 요금은 US$35~40로 차량과 가이드, 입장료, 점심 식사가 포함된다.

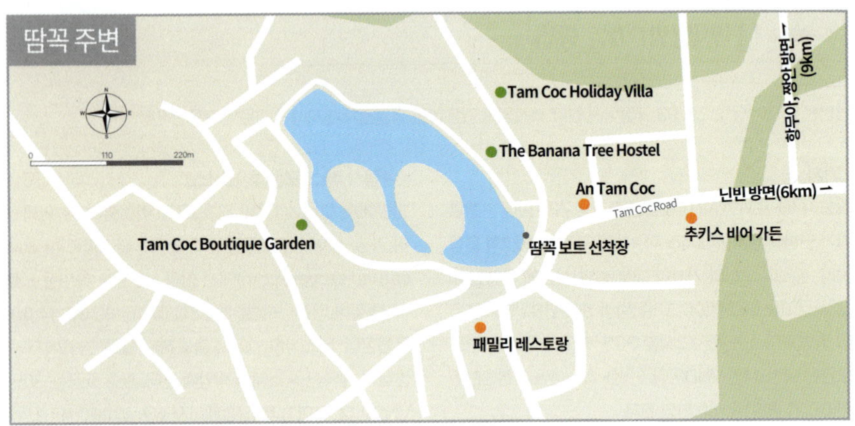
땀꼭 주변
N W E S
0 110 220m
Tam Coc Holiday Villa
The Banana Tree Hostel
An Tam Coc
Tam Coc Road
닌빈 방면(6km)
추키스 비어 가든
땀꼭 보트 선착장
Tam Coc Boutique Garden
패밀리 레스토랑
호아르 방면, 땀꼭 (6km)

닌빈(닝빙)
짱안, 호아르 방면(8km)
바이딘 사원 방면(21km)
Phở Bò 24(쌀국수)
레홍퐁 거리 Lê Hồng Phong
Vân Giang
N W E S
0 100 200m
응옥안 호텔
Ngoc Anh Hotel
Mây Cafe
Phạm Hồng Thái
롱 시장
Chợ Rồng
Lương Văn Tuy
Jollibee
Vietin
The Vancouver Hotel
Phan Đình Phùng
Hoàng Diệu
Nam Thành
KFC
Vân Giang
Dương Văn Nga
레다이한 거리 Lê Đại Hành
Lý Thái Tổ
Trương Hán Siêu
쩐흥다오 거리 Trần Hưng Đạo
Trần Quốc Toản
키즈 마트
Kids Mart
Trần Phú
Vietcom
번강 Sông Vân
Hoàng Hoa Thám
퀸 호텔 Queen Hotel
응오자뜨 거리 Ngô Gia Tự
Nguyễn Văn Cừ
철로
쭝뚜옛 레스토랑
Trung Tuyet Restaurant
Kim Đồng
버스 터미널 Bến Xe
Trương Hán Siêu
Trần Phú
Lý Tự Trọng
Trương Định
Hải Thượng Lãn Ông
Nguyễn Huế
Nguyễn Du
Hùng Vương
Bà Triệu
땀꼭 방면
(6km)
닌빈 센트럴 호텔,
추스 하이드어웨이 방면(500m)
기차역 방면(500m)

ATTRACTION 닌빈(닝빙)의 볼거리

닌빈의 볼거리는 아름다운 자연이다. 땀꼭과 짱안을 빼놓지 말자. 계단을 오르려면 힘들긴 하지만 항 무아에서 내려다보는 주변 경관은 놓치기 아깝다. 땀꼭과 짱안은 비슷한 카르스트 지형으로 개인 취향에 따라 두 곳 중 하나만 방문하면 된다.

땀꼭 전경을 볼 수 있는 전망대

항 무아 Hang Mua(Mua Cave) | Hang Múa(Động Hang Múa) ★★★★

땀꼭 일대에 흐드러지게 펼쳐진 카르스트 지형의 하나로 석회암 바위산에 형성된 동굴이다. 영어로 무아 케이브Mua Cave라고 알려지기도 했다. 동굴 주변으로 연못과 공원을 만들어 놓았다. 항 무아를 찾는 이유는 동굴이 아니라 전망대를 가기 위해서다. 전망대까지 바위산을 따라 486개의 계단을 오르면 관음보살을 모신 전망대가 나온다. 전망대에서는 앞쪽으로 닌빈 일대의 풍경이, 뒤쪽으로 땀꼭의 절경이 내려다보인다.

급경사로 이루어진 돌계단이 가파르게 이어지기 때문에 오르고 내릴 때 주의를 요한다. 슬리퍼보다는 운동화를 신고 가는 게 좋다. 중간에 음료를 파는 곳이 없기 때문에 생수도 휴대하면 도움이 된다.

지도 P.230 상단 ▶ **운영** 07:00~16:00 **요금** 10만 VND **가는 방법** 닌빈에서 서쪽으로 7km, 땀꼭에서 북동쪽으로 3km 떨어져 있으나 닌빈에서 택시를 탈 경우 8만 VND 정도 예상하면 된다.

육지의 하롱베이로 불리는 곳
땀꼭 Tam Cốc ★★★★

'땀꼭'은 세 개의 동굴이라는 뜻으로 하롱베이와 더불어 베트남의 아름다운 자연을 대표한다. 하롱베이와 차이점이 있다면 바다가 아니라 강을 따라가며 석회암 바위산들이 겹겹이 층을 이룬다는 것이다. 그래서 '육지의 하롱'이라는 별명을 얻었다. 땀꼭을 이루는 세 개의 동굴은 응오동 강Ngo Dong River(Sông Ngô Đồng)을 통해 연결되기 때문에 나룻배를 타고 강을 거슬러 올라가야 한다. 고요한 강 주변에는 푸른색의 논과 카르스트 지형의 산들이 그림처럼 펼쳐진다. 땀꼭의 첫 번째 동굴은 항까Hang Cả다. 세 개의 동굴 중에 가장 긴 동굴로, 길이는 127m다. 두 번째 동굴인 항하이Hang Hai(또는 Hang Giua)는 길이 70m로, 동굴 내부의 종유석들이 아름답다. 세 번째 동굴인 항바Hang Ba(또는 Hang Cuoi)는 길이 50m로, 다른 동굴에 비해 높이가 낮다.

세 개의 동굴을 모두 방문하고 나면 나룻배는 다시 출발한 곳으로 되돌아온다. 이때는 뱃사공들이 배에 숨겨둔 물건을 꺼내 보이며 물건을 팔기도 한다. 기념품 구입을 요구하거나 음료수 강매, 팁 강요 등 평온한 여행을 방해하는 경우가 흔하다. 뱃놀이는 왕복 2시간 정도 걸린다.

지도 P.230 상단 **운영** 07:00~17:00 **요금** 25만 VND(땀꼭 보트+빅동 사원 전동카트 투어 35만 VND) **가는 방법** 닌빈에서 10km 떨어져 있다. 주차장과 보트 선착장 두 곳에 매표소가 있다. 개인 여행자라면 보트 선착장에서 표를 사면 된다. 닌빈 기차역에서 땀꼭까지 택시 요금은 8만 VND 정도 예상하면 된다.

땀꼭을 대체할 여행지로 각광받는 곳

짱안 Tràng An ★★★★☆

호아르로 가는 방향에 있는 카르스트 지형이다. 땀꼭과 더불어 '육지의 하롱'이라 불린다. 첩첩산중을 이루는 독특한 석회암 바위산(높이 70~105m)들로 이루어졌으며 전체 규모는 2,168헥타르에 달한다. 석회암 바위산들은 31개의 크고 작은 강과 석호에 의해 그림처럼 펼쳐지고, 48개의 석회 동굴은 신비를 더한다. 석호에는 물속에 잠긴 숲이 투명한 물색과 어울린다. 아름다운 경관과 독특한 생태계 때문에 2014년부터 유네스코 자연문화유산으로 지정돼 보호하고 있다. 땀꼭과 마찬가지로 동굴 안으로 강이 흐르기 때문에, 동굴은 강과 강을 연결하는 비밀 통로 역할을 해준다(동굴의 높이는 낮은 편으로 건기와 우기에 따라 달라진다). 땀꼭에 비해 강폭이 크고 시야가 넓어서 주변 경관이 더 넓게 보인다. 강에 반사되는 카르스트 지형이 강에 투영되면서 풍경은 더욱 드라마틱해진다.

뱃놀이는 3개 코스가 있는데 2~3시간 일정으로 진행된다. 중간중간 사원에 들러 휴식 시간을 갖는다. 보통 보트 1대에 4명이 함께 탑승한다. 보트 투어가 끝나고 팁 강요가 없기 때문에 땀꼭에 비해 마음 편히 뱃놀이를 즐길 수 있다.

지도 P.230 하단 **주소** Đại Lộ Tràng An, Xã Trường Yên, Huyện Hoa Lư **운영** 07:00~17:00 **요금** 25만 VND(보트 **요금** 포함) **가는 방법** 닌빈에서 북쪽으로 8~9㎞, 호아르에서 남쪽으로 5㎞ 떨어져 있다. 땀꼭에서 항 무아를 경유할 경우 짱안까지 8㎞ 떨어져 있다. 짱안 입구에 해당하는 보트 타는 곳 Bến Tràng An에 대형 사원처럼 만든 휴게소와 주차장이 있다.

베트남 최초의 수도가 있었던 역사 유적지

호아르 **Hoa Lu Ancient Capitol** | Cố Đô Hoa Lư ★★★

탕롱(오늘날의 하노이)으로 천도하기 전까지 42년간 베트남의 수도였던 곳이다. 베트남 최초의 수도로 평가되는 호아르는 968년에 딘 왕조Đinh Dynasty의 수도로 설립되었다. 베트남 북부 지방을 통일한 딘보린(丁部領, Đinh Bộ Lĩnh, 923~979년)이 그의 고향에 성벽을 쌓아 3㎢에 이르는 도시를 만들었다. 딘 왕조 초대 황제가 된 딘보린은 딘띠엔호앙(丁先皇, Đinh Tiên Hoàng)이라는 칭호를 썼고, 국호를 다이꼬비엣(大瞿越, Đại Cồ Việt)으로 정했다. 하지만 딘 왕조(968~980년)는 12년 만에 레 왕조(980~1009년)로 정권이 교체되었고, 레 왕조도 오래지 않아 멸망하며 호아르도 역사 속에서 잊혀졌다.

호아르로 가는 길은 땀꼭과 마찬가지로 아름다운 카르스트 지형이 끝없이 펼쳐진다. 깊은 산중에 수도를 건설해 도시 방어에 너무 치중한 느낌이 들 정도로 호아르로 가는 길은 하염없이 산들을 돌아 들어가야 한다. 그러므로 호아르는 고도(古都)의 이미지 대신 아름다운 자연만 여행자들에게 각인된다. 현재 호아르는 한 나라의 수도였나 싶을 정도로 한적하기 그지없다. 성벽과 왕궁은 흔적도 없이 사라졌고 왕들의 위패를 모신 사당만이 옛 수도를 지키고 있다.

대표적인 볼거리는 딘띠엔호앙 사당Đền Vua Đinh Tiên Hoàng이다. 호아르에 건설한 왕실 사당으로 현재 모습은 17세기에 재건축한 것이다. 본당에 딘띠엔호앙 동상을 중심으로 그의 3명의 아들을 함께 모시고 있다. 사당 앞쪽에 있는 나지막한 마옌산Núi Mã Yên에는 딘띠엔호앙의 묘가 있다. 황제의 묘라고 하기에는 초라하지만 20여 분 정도 계단을 오르면 호아르를 감싼 수려한 주변 풍경이 한눈에 내려다보인다.

레 왕조를 건설한 레다이한(黎大行, Lê Đại Hành) 황제(재위 980~1005년)가 건설한 왕실 사당도 있다. 본당에 왕과 왕비 동상을 모시고 있으나 규모는 작다. 참고로 레다이한의 본명은 레호안(黎桓, Lê Hoàn)이며, 딘 왕조에서 장군을 지냈던 무관이다. 그는 딘띠엔호앙이 사망하고 국정이 혼란해지자 군사력을 바탕으로 왕비까지 빼앗아 새로운 왕조를 열었다고 한다.

지도 P.230 하단 **주소** Xã Ninh Hải, Huyện Hoa Lư, Ninh Bình **운영** 08:00~17:30 **요금** 2만 VND **가는 방법** 닌빈에서 북서쪽으로 12km 떨어져 있다. 짱안에서 북쪽으로 5km 더 올라간다.

베트남에서 가장 큰 불교 사원
바이딘(바이딩) 사원 **Bai Dinh Pagoda** | Chùa Bái Đính ★★★

베트남 최대 규모의 사원으로 700헥타르 크기에 이른다. 하노이가 베트남 수도가 된 지 1,000년을 기념하기 위해 건설했다. 2003년에 공사를 시작해 2010년에 완공했다. 바이딘 사원의 한자 표기는 배정사(拜頂寺)로 호수에서 시작해 나지막한 언덕을 따라 올라가며 사원을 건설했다. 거대한 규모로 건설되어 웅장하지만 고색창연한 사찰의 느낌은 없다. 사원 외벽을 감싸서 회랑을 만들었다. 회랑 벽면에는 감실을 만들어 불상을 안치했고, 진입로 역할을 하는 회랑을 따라 거대한 대리석으로 만든 500개의 나한상도 줄지어 있다. 사원 출입문에 해당하는 삼공문(三空門)을 시작으로 무게 36톤의 범종이 있는 종루(鐘樓), 관세음보살을 모신 관세음전(觀世音殿), 석가모니를 모신 석가불전(대웅보전, 釋迦佛殿), 과거·현재·미래불을 모신 삼세불전(三世佛殿)으로 이루어져있다. 삼세불전 오른쪽에 부처의 사리를 모신 13층 석탑을 세웠다. 석탑 내부는 엘리베이터를 타고 올라갈 수 있다.

사원 규모가 워낙 커서 사원 입구에서 전동차를 타고 이동해야 한다. 사원 뒤쪽으로 이어진 길을 따라 걸어서 올라가는 것도 가능하다. 오고 가는 시간을 포함해 반나절 정도 일정으로 여유롭게 다녀오는 게 좋다. 종교 시설인 만큼 노출이 심한 옷은 삼가자.

지도 P.230 하단 ▶ **주소** Gia Sinh, Gia Viễn, Ninh Bình **전화** 0229-3868-789 **운영** 07:00~18:00 **요금** 10만 VND(전동차 이용료 포함), 15만 VND(전동차 이용료+바오탑 13층 석탑 입장료 포함) **가는 방법** 닌빈 시내에서 20km로 떨어져 있다. 짱안-호아르와 연계해 택시나 오토바이를 이용해 둘러보면 된다. 참고로 하노이에서 출발하는 닌빈-짱안 1일 투어에 참여할 경우 바이딘 사원을 들른다.

FOOD & DRINK 닌빈(닝빙)의 먹거리

지방 소도시라서 특별한 맛집은 없다. 저렴한 숙소가 많은 땀꼭 주변에는 외국인 관광객을 위한 투어리스트 레스토랑이 흔하다.

닌빈(닝빙) 시내의 레스토랑

쭝뚜옛 레스토랑 Trung Tuyết Restaurant ★★★☆

과거 기차역 앞 골목에 있던 로컬 식당 중 한 곳이다. 기차역이 이전하면서 상권이 쇠락했지만 외국인 관광객에게 여전히 인기 있는 식당이다. 관광객을 위한 식당답게 볶음밥, 볶음국수 같은 외국인 입맛에 적합한 음식들을 요리한다. 맛집이라고 하기에는 평범한 로컬 식당이지만 음식만큼은 푸짐하게 내어준다. 주인장이 친절하고 서비스도 좋다. 한국 예능 프로그램에 등장하면서 한국 관광객에게도 잘 알려져 있다.

지도 P.230 하단 ▶ **주소** 14 Hoàng Hoa Thám **전화** 0943-201-883 **영업** 08:00~21:30 **메뉴** 영어, 베트남어 **예산** 8만~18만 VND **가는 방법** 호앙호아탐(황화탐) 거리 14번지에 있다. 버스 터미널에서 450m 떨어져 있다.

추스 하이드어웨이 Choose Hideaway ★★★☆

닌빈을 찾는 외국인(유럽인) 관광객에게 인기 있는 레스토랑이다. 널따란 대나무 야외 정원을 레스토랑으로 꾸몄는데 한적한 정취가 고스란히 느껴진다. 장작을 이용해 만든 화덕 피자를 메인으로 요리한다. 브런치, 수제 버거, 샌드위치, 샐러드 등 외국인을 위한 식단이 가득하다. 칵테일 바를 겸하고 있으며, 탭에서 뽑아주는 시원한 생맥주도 있다. 야외 공간이라 에어컨은 없다.

지도 P.230 하단 ▶ **주소** 147 Nguyễn Huệ **전화** 0913-576-663 **홈페이지** www.facebook.com/choose.hideaway **영업** 09:00~22:00 **메뉴** 영어 **예산** 메인 요리 16만~39만 VND **가는 방법** 응우옌후에 거리 147번지에 있다. 기차역에서 500m 떨어져 있다.

머이 카페 Mây Cafe ★★★

닌빈 시내 중심가에 있는 대형 카페. 하일랜드 커피나 꽁 카페 같은 유명 체인점이 없는 지방 소도시에서 제법 큰 규모와 깔끔한 시설로 현지인에게 인기 있다. 2층 건물로 자연적인 정취를 살려 모던하게 꾸몄다.

지도 P.230 하단 ▶ **주소** 2 Lê Hồng Phong **영업** 07:00~22:00 **메뉴** 영어, 베트남어 **예산** 커피 5만~7만 VND **가는 방법** 시내 중심가의 레홍퐁 거리 2번지에 있다.

안땀꼭 An Tam Coc ★★★★

분위기 좋고 친절한 베트남 음식점이다. 에어컨은 없지만 탁 트인 복층 건물이라 답답하지 않다. 파스텔 톤의 건물에 홍등 (랜턴)을 걸어 분위기를 더했다. 쌀국수, 볶음밥, 볶음국수, 두부 요리, 각종 육류 볶음, 채식 메뉴, 샐러드, 크레페, 스무디 볼까지 다양한 음식을 요리한다. 외국인이 부담 없이 즐길 수 있는 음식이 많다. 가격이 저렴하고 음식의 양이 많은 것도 인기의 비결.

지도 P.230 상단 ▶ **주소** Tam Coc Road, Tam Cốc **영업** 08:00~22:00 **메뉴** 영어, 베트남어 **예산** 9만~16만 VND **가는 방법** 땀꼭 보트 선착장에서 100m 떨어져 있다.

패밀리 레스토랑 Family Restaurant ★★★☆

베트남 가족이 운영하는 베트남 음식점이다. 마당처럼 생긴 야외 공간에 테이블을 놓고 장사한다. 영어가 통하고 메뉴도 다양해서 외국 관광객에 게 인기 있다. 스프링 롤, 쌀국수, 볶음면, 볶음밥을 포함해 다양한 볶음 요리를 선보인다. 인기 메뉴로 숯불에 구워낸 오리구이Roasted Duck가 있는데, 저녁시간에만 맛볼 수 있다. 주변에 비슷한 분위기의 레스토랑이 몰려 있다.

지도 P.230 상단 ▶ **주소** Tam Cốc, Ninh Bình **전화** 0914-196-610 **영업** 08:00~23:00 **메뉴** 영어, 베트남어 **예산** 8만~25만 VND **가는 방법** 땀꼭 보트 선착장을 바라보고 왼쪽으로 200m.

추키스 비어 가든 Chookie's Beer Garden ★★★☆

닌빈 시내에 있는 추키스 하이드어웨이Chookie's Hideaway의 땀꼭 지점 이다. 넓은 야외 공간에 수영장, 오두막, 비어 가든, 해먹까지 만들어 자연 적인 분위기를 연출했다. 메인 요리는 장작을 이용해 만든 화덕 피자이지 만 버거와 브런치 메뉴, 베트남 요리까지 음식 선택의 폭이 넓다. 탭에서 시원한 생맥주(수제 맥주)도 뽑아준다. 아무래도 외국인(유럽인) 여행자 들이 많이 찾아온다.

지도 P.230 상단 ▶ **주소** Tam Coc Road, Tam Cốc **홈페이지** www.facebook. com/chookiesbeergarden **영업** 09:00~22:00 **메뉴** 영어 **예산** 맥주 9만 ~13만 VND, 메인 요리 14만~39만 VND **가는 방법** 땀꼭 보트 선착장에서 메인 도로를 따라 시내 방향으로 400m.

VỊNH HA

하롱베이

하노이에서 동쪽으로 170㎞ 떨어진 통킹만Gulf of Tonking에 자리한 카르스트 지형이다. 하롱(下龍)은 '용이 하늘에서 내려왔다'는 뜻이다. 전설에 따르면 하늘에서 용이 내려와 외적의 침입을 막기 위해 입에서 여의주를 분출한 것이 하롱베이를 가득 메운 섬들이 되었다고 한다. 실제로 하롱베이는 1,553㎢에 이르며 1,969개의 바위섬이 바다를 가득 메운다. 독특

LONG

한 모양의 섬들이 겹겹을 이루며 동양 산수화 같은 절경을 제공한다. 1994년부터 유네스코 세계자연유산으로 지정됐으며, 2011년에는 세계 7대 자연경관에 선정되기도 했다.

BEST COURSE | 추천 코스

COURSE 1
**하노이+하롱베이
1일 코스**

1 하노이 → 2 뚜언쩌우 여객 터미널 → 3 하롱베이 크루즈 → 4 뚜언쩌우 여객 터미널 → 5 하노이

COURSE 2
하롱베이+티토프 섬 코스

1 뚜언쩌우 여객 터미널 → 2 하롱베이 → 3 티포트 섬 → 4 뚜언쩌우 여객 터미널

COURSE 3
**하롱베이+깟바 섬
1박 2일 코스**

1 뚜언쩌우 여객 터미널 → 2 하롱베이 → 3 깟바 섬 (1박) → 4 란하베이 → 5 뚜언쩌우 여객 터미널

INFORMATION | 여행에 유용한 정보

행정구역과 면적

행정구역은 꽝닌(꽝닝) 성Tỉnh Quảng Ninh 하롱 시Thành Phố Hạ Long에 속해 있다. 하롱베이의 전체 면적은 1,553㎢다. 하롱베이는 무인도가 대부분으로 상업시설은 전무하다.

날씨·여행 시기

5~9월이 덥고 습한 편으로 평균 기온이 30~32°C이며, 최고 기온이 38°C 가까이 오른다. 다만 12~2월에는 평균 기온이 20°C 아래로 내려가 선선해진다. 여행하기 좋은 시기는 봄(3~4월)과 가을(10~11월)이다. 맑은 날씨가 이어지는 가을은 평균 24°C로 덥지 않고 안개가 적어 크루즈를 즐기기 좋다. 여름(7~9월)에는 수영이나 카약 타기에 적합하다. 하지만 비가 자주 내리고 태풍이 불 때도 있어 안전에 유의해야 한다. 겨울(12~1월)도 관광객이 많이 찾는 편이지만 안개가 많이 끼고 날씨가 쌀쌀한 단점이 있다. 이때는 선상에서 바닷바람을 맞으면 춥게 느껴질 때도 있다.

하롱베이 입장료

뚜언쩌우Tuần Châu에 있는 여객 터미널에서 보트에 탑승하기 전 입장료를 내야 한다. 1일 입장권은 31만 VND(선착장 이용료 4만 VND 포함)이다. 항 띠엔꿍, 항 더우고, 티토프 섬을 포함한 주요 볼거리 입장료가 포함된 가격이다. 하노이에서 출발하는 투어를 이용할 경우도 입장료가 포함되어 있다.

ACCESS | 하롱베이 가는 방법

하롱베이와 가장 가까운 도시는 하롱 시(바이짜이)Thành Phố Hạ Long(Bãi Cháy)로 하노이에서 160㎞ 떨어져 있다. 이곳에서 크루즈가 출발하기 때문에 하롱베이를 가려면 반드시 들러야 한다. 대부분의 여행자들은 여행사에서 운영하는 투어를 이용하기 때문에 교통편에 대해 걱정할 필요는 없다. 자유 여행을 할 경우 깟바 섬(P.248)에 머물면서 하롱베이를 다녀오면 된다. 하롱베이와 깟바 섬 지도는 P.253 참고.

• 뚜언쩌우 여객 터미널(하롱베이 투어 보트 선착장)
Tuan Chau International Marina
Nhà Ga Cảng Tàu Tuần Châu

하롱베이를 유람하는 보트를 타기 위해 반드시 들러야 하는 투어리스트 보트 선착장이다. 공식 명칭은 뚜언쩌우 여객 터미널Nhà Ga Cảng Tàu Tuần Châu, 영어로 Tuan Chau International Marina라고 적혀 있다. 하롱 시(바이짜이)에서 8~10㎞ 떨어진 뚜언쩌우는 자그마한 섬으로 도로가 연결되어 있다. 섬 전체를 2,000척의 배가 정박할 수 있는 항구와 호텔, 리조트 단지로 조성해 '마리나 베이'처럼 개발하고 있다. 만일 하노이에서 출발했을 경우 하롱 시를 거치지 않고 여객 터미널로 직행하게 된다. 하노이에서 뚜언쩌우 선착장Tuần Châu까지 4시간 정도 소요된다. VIP 투어(또는 럭셔리 크루즈)의 경우 고속도로를 이용하기 때문에 선착장까지 3시간 정도면 도착이 가능하다.

• 하롱 국제 크루즈 항구
Halong International Cruise Port
Cảng Tàu Khách Quốc Tế Hạ Long

선 월드 하롱Sun World Hạ Long을 운영하는 선 그룹에서 건설한 대형 크루즈 선착장이다. 2019년에 공식 오픈했으며 300여 척의 선박이 정박할 수 있다. 국제선을 운영하는 대형 크루즈 선박이 베트남을 방문할 때 정박하는 곳이지만, 일부 럭셔리 크루즈 선박 회사들이 하롱베이 투어를 시작할 때 이곳을 이용하기도 한다. 하롱 시(바이짜이)시내에서 동쪽으로 1㎞ 떨어져 있다.

• 하롱 시(뚜언쩌우 선착장)→깟바 섬(자루언 선착장)
Bến Phà Tuần Châu-Cát Bà

하롱 시에서 깟바 섬까지 카페리가 운항한다. 차와 오토바이를 싣고 이용하는데, 현지인들이 주로 이용하는 편이다. 페리 요금은 저렴하지만 선착장까지 오가는 대중교통이 없어서 외국인이 이용하기에는 불편하다. 선착장을 오가는 택시비가 더 들기 때문이다.

페리가 출발하는 곳은 하롱 시에서 10㎞ 떨어진 뚜언쩌우 선착장(Bến Phà Tuần Châu-Cát Bà라고 적혀 있다)이다. 투어리스트 보트가 출발하는 뚜언쩌우 여객 터미널 남쪽으로 600m 떨어진 별도의 선착장에서 출발한다. 하롱베이를 통과해 깟바 섬 북쪽에 있는 자루언 선착장Bến Phà Gia Luận(P.253 지도 참고)으로 간다. 여름(4월 25일~9월 5일)에는 1일 5회(07:30, 09:00, 11:30, 13:30, 15:00), 겨울(9월 6일~4월 24일)에는 1일 3회(08:00, 11:30,15:00) 출발한다. 편도 요금은 6만 VND(오토바이를 싫을 경우 8만 VND), 50분 소요된다. 자루언 선착장에서 깟바 타운(P.254)까지는 35㎞ 떨어져 있다.

TRAVEL PLUS +

하노이에서 출발하는 **하롱베이 투어**

하롱베이 투어 상품은 모든 여행사와 호텔에서 취급한다고 해도 과언이 아니다. 그만큼 인기 상품인 동시에 경쟁도 심하다. 하노이에서 출발하는 하롱베이 투어는 교통편과 숙박을 동시에 해결해주기 때문에 편리하다. 투어 상품은 1일 투어부터 2박 3일 투어까지 다양하다. 일정이 동일하다고 해도 보트의 종류와 객실 등급에 따라 요금이 천차만별이다. 객실은 2인 1실을 기준으로 하며, 싱글 룸을 사용할 경우 추가 요금을 받는다. 아래 소개한 모든 요금은 1인 기준이다.

하롱베이 1일 투어

차를 타고 오가는 시간이 보트를 타는 시간보다 월등히 많다. 하노이에서 하롱베이까지 버스로 3~4시간 거리를 하루 동안 왕복해야 하기 때문이다. 보트에서 보내는 시간은 길어야 4시간 정도. 대부분 1일 투어는 하노이 출발(08:00) ▶ 뚜언쩌우 선착장 도착(12:00) ▶ 하롱베이 크루즈 출발(12:30) ▶ 선상에서 점심 식사 ▶ 티엔꿍 동굴 ▶ 카약 타기 ▶ 하롱베이 크루즈 종료 ▶ 뚜언쩌우 선착장 도착(16:30) ▶ 하노이 복귀(20:30) 일정으로 진행된다.

1일 투어는 US$45~50 정도가 무난하다. 하롱베이 1일 투어 US$29라고 적어 놓고 호객하는 여행사도 있는데, 이런 투어의 만족도는 떨어진다. 투어 요금이 저렴할수록 사람을 많이 태우고, 보트 크루즈 시간도 짧아지기 때문이다. VIP 좌석 버스를 이용하고 점심 식사도 푸짐한 프리미엄 투어의 경우 US$80로 요금이 인상된다. 모든 투어는 차량과 크루즈, 입장료, 점심 식사가 포함되고 영어 가능한 현지인 가이드가 동행한다.

하롱베이 1박 2일 투어

하노이에서 출발하는 하롱베이 투어의 기본 일정이다. 바다 위에 배를 정박해 놓고 잠을 자고 이틀 동안 크루즈를 즐기기 때문에 하롱베이의 다양한 풍경을 감상할 수 있다. 크루즈 일정이 길기 때문에 티토프 섬(P.247)이나 란하베이(P.257)도 방문할 수 있다. 투어 상품에 따라 깟바 섬의 호텔을 이용하는 경우도 있는데, 이때는 '하롱-깟바 투어 Ha Long-Cat Ba Tour' 상품을 이용하면 된다. 기본적인 1박 2일 투어는 US$90부터 예약이 가능하며, 3성급 크루즈의 경우 US$150~180 정도 예상하면 된다.

럭셔리 크루즈(4~5성급)는 호텔급 객실로 시설이 좋은데 오션 뷰 객실에서 하롱베이를 조망할 수 있다. 투어 기간 동안 4번의 식사와 선상에서의 액티비티(태극권 강습, 요리 강습), 카약 타기, 대나무 배 타기 등의 레저 활동도 즐길 수 있다. 오키드 트렌디 크루즈 Orchid Trendy Cruises(US$210~250), 에라 크루즈 Era Cruises(US$235~280), 알리사 프리미어 크루즈 Alisa Premier Cruise(US$280~310), 앰버서더 크루즈 Ambassador Cruises(US$220~280), 아프로디테 크루즈Aphrodite Cruise(US$280~300)가 유명하다.

하롱베이 2박 3일 투어

2박 3일 동안 하롱베이, 란하베이(P.257), 깟바 섬(P.248)을 모두 방문하는 투어다. 하롱베이 크루즈와 깟바 국립공원 트레킹이 가능하다. 일반적으로 선상에서 1박, 깟바 섬에서 1박하는 일정으로 짜인다. 요금은 US$195~345로 선박과 호텔의 등급에 따라 다양하다.

ATTRACTION 하롱베이의 볼거리

하롱베이의 볼거리는 풍경 그 자체다. 보트를 타고 크루즈를 즐기며 시시각각 변모하는 섬들의 모습은 감동을 선사해준다. 보트 유람 중간중간에 석회암 동굴을 방문해 재미를 더한다. 카약을 타거나 해변에서 수영하며 시간을 보낼 수도 있다.

하롱베이의 관문 도시

하롱 시 Thành Phố Hạ Long ★★

히롱베이와 가장 가까운 육지에 있는 도시다. 1994년 바이짜이Bãi Cháy와 혼가이(홍가이)Hòn Gai(Hồng Gai)를 통합해 만들어졌다. 대부분의 관광객은 크루즈 선착장이 있는 바이짜이를 거쳐 간다. 바이짜이에서 가장 유명한 곳은 선 월드 하롱Sun World Hạ Long(홈페이지 www.halongcomplex.sunworld.vn)이다. 214헥타르 규모로 놀이공원(입장료 30만 VND)과 워터 파크(입장료 35만 VND)로 이루어졌다. 바다 건너를 오가는 케이블카(왕복 요금 38만 VND)도 운행된다. 총 길이 900m로 하롱베이의 풍경을 감상할 수 있다.

바이짜이 대교Bãi Cháy Bridge를 건너면 하롱 시 동쪽 지역에 해당하는 혼가이가 나온다. 한때 석탄 산업이 발달했던 광업도시였던 곳으로, 도시가 새롭게 정비되어 깔끔하다. 스페인 건축가가 디자인한 꽝닌(꽝닝) 박물관Quảng Ninh Museum(홈페이지 www.baotangquangninh.vn, 요금 4만 VND)이 있다. 3층 규모의 전시실은 탄광 모형과 광부들의 생활상, 꽝닌 성에서 발굴된 유물, 베트남 전쟁에 관한 내용으로 채워져 있다.

역사와 전설이 함께하는 곳

항 더우고 Dau Go Cave | Hang Đầu Gỗ ★★★

하롱베이에서 가장 유명한 석회 동굴이다. 육지와 가까운 더우고 섬Dau Go Island(Đảo Đầu Gỗ)에 있다. '나무 말뚝 동굴'이라는 뜻으로 쩐흥다오 장군과 연관된 역사적인 장소다. 동굴 내부에는 독특한 모양의 종유석과 석순이 가득하며, 인공 조명을 설치해 분위기가 독특하다. 프랑스령 인도차이나 시절에는 '황홀한 동굴Grotte des Merveilles'이라는 별명을 얻기도 했다.

알아두세요!

베트남의 영웅, 쩐흥다오(陳興道) Trần Hưng Đạo(1232?~1300년)

항 더우고는 베트남의 영웅으로 칭송받는 인물 가운데 하나인 쩐흥다오 장군과 연관되어 있다. 쩐흥다오는 쩐 왕조의 왕자로 태어나 해군 총사령관을 지낸 인물이다. 하롱베이가 위치한 꽝닌(꽝닝)Quảng Ninh 성은 중국과 국경을 맞대고 있는데, 육로는 물론 해상으로도 국경을 접하고 있기 때문에 중국 해군의 공격을 빈번히 받아야 했다. 특히 중국 대륙을 점령한 몽골 제국(원나라)의 쿠빌라이 칸은 400척에 이르는 대규모 함대를 파견해 1288년에 베트남 정복에 나섰다. 이때 쩐흥다오 장군이 지형을 예측하기 힘든 하롱베이의 섬들을 이용해 원나라 해군을 해안선까지 유인했다고 한다. 박당 강Bach Dang River(Sông Bạch Đằng)이 바다와 만나는 지역에 말뚝을 박아 놓고 만조 때 적군의 배를 육지 쪽으로 유인한 다음, 썰물을 기다려 적군을 공격해 대승을 거두었던 박당 전투에서 사용한 말뚝을 숨겨놓았던 곳이 바로 '항 더우고'였다고 한다.

하늘의 궁전이란 뜻의 석회 동굴
항 티엔꿍 Thien Cung Cave | Hang Thiên Cung ★★★

항 더우고와 같은 섬에 있는 130m 길이의 석회 동굴이다. 동굴 중앙에 있는 커다란 석주가 천국의 지붕을 받치고 있는 것처럼 보인다고 해서 '티엔꿍(천궁 天宮)', 즉 하늘의 궁전이라 불린다. 동굴 내부는 형형색색의 인공조명이 비쳐 더욱 아름답다. 육지와 가깝기 때문에 투어 보트들이 즐겨 찾는 동굴이다. 선착장에서 동굴 입구까지 계단을 걸어 올라가야 한다.

풍요와 다산을 기원하는 동굴
항 씅쏫 Sung Sot Cave | Hang Sửng Sốt ★★★

바이짜이(하롱 시)에서 남쪽으로 14㎞ 떨어진 보혼 섬Bo Hon Island(Đảo Bồ Hòn)에 있다. 동굴은 총 면적 1만m2이고, 길이는 500m다. 1,000여 개의 종유석과 석순이 동굴 내부를 가득 메우고 있는데, 보초들이 대화를 나누고 있는 것처럼 보인다고 한다. 남근 모양의 석순이 있어서 풍요와 다산을 기원하는 동굴로 알려지기도 했다. 동굴의 높이는 해발 25m로 선착장부터 동굴 입구까지 계단이 놓여 있다.

두 개의 바위가 마주 보고 있는 바위섬
혼 가쪼이(혼 쫑마이) Hòn Gà Chọi(Hòn Trống Mái) ★★★

하롱베이에 있는 자그마한 바위섬이다. 두 개의 바위가 마주 보고 있는 형상인데, 두 마리 닭이 싸움하는 모양을 닮았다고 해서 투계 바위라 부른다. 보는 각도에 따라 남녀가 키스하려는 모습처럼 보여서 키스 바위라고 부르기도 한다. 높이 10m의 자그마한 바위로 바이짜이(하롱 시)에서 남쪽으로 5㎞ 떨어진 바다에 있다.

©정재현

피싱 빌리지(수상 어촌 마을) Fishing Village ★★★

카르스트 지형에 둘러싸인 잔잔한 바다를 이용해 수상 가옥을 짓고 생활하는 어촌 마을이 하롱베이에 남아 있다. 오랜 세월 동안 어업과 양식업을 통해 생계를 이어오던 곳들이지만 관광 산업이 활성화되면서 투어 보트들도 방문해 현지인의 삶을 잠시 체험하기도 한다. 현재 끄어반Cửa Vạn, 붕비엥Vung Viêng, 꽁덤Cống Đầm, 하방Ba Hang 4개의 어촌 마을이 남아 있다. 가장 큰 수상 마을은 끄어반 어촌 마을Làng Chài Cửa Vạn로 750여 명이 생활하고 있다.

잔잔한 모래 해변을 간직한 복숭아 모양의 바위섬

바짜이다오 섬 Ba Trai Dao Island | Đảo Ba Trái Đào ★★★★

하롱 시(뚜언쩌우 선착장)에서 남쪽으로 22㎞ 떨어진 자그마한 섬이다. 섬을 이루고 있는 세 개의 바위산이 복숭아 모양을 닮았다고 해서 바짜이다오(세 개의 복숭아 섬)라고 불린다. 23m 높이의 바위산 앞쪽으로 둥근 모래 해변이 펼쳐진다. 잔잔한 파도의 푸른 바다와 어우러져 풍경이 아름답다. 카약 타기나 수영하기 적합한 해변이라 크루즈 선박들이 이곳에 머물렀다 간다.

항 루온 Luon Cave | Hang Luồn ★★★

바이짜이에서 남쪽으로 14㎞ 떨어진 보혼 섬Bo Hon Island(Đảo Bồ Hòn)에 있는 동굴이다. 석회암 바위산을 올라야 하는 다른 동굴들과 달리 해수면과 접해 있다. 길이 60m, 높이 4m의 자그마한 동굴로 크루즈 선박은 접근이 불가능하고 카약 이나 대나무 배를 타고 가야 한다. 카약이 포함된 하롱베이 투어를 신청할 경우 이곳을 방문하게 된다. 동굴 주변이 둥근 만을 형성하기 때문에 카르스트 지형을 감상하며 카약 타기 더 없이 좋다. 파도가 거의 없고 바다가 잔잔해 마치 호수를 지나는 느낌을 받는다.

러시아 우주 비행사가 다녀간 섬

티토프 섬 Titov Island | Đảo Ti Tốp ★★★☆

바이짜이(하롱 시)에서 남동쪽으로 8㎞ 떨어진 작은 섬이다. 하롱베이에서 보기 드문 모래 해변을 간직하고 있다. 해변의 이름도 티토프 해변(Bãi Tắm Ti Tốp)이다. 섬 정상에 해당하는 전망대까지 계단이 연결되어 있다. 전망대에서는 하롱베 이를 가득 메운 섬들이 파노라마처럼 펼쳐진다.

게르만 티토프Gherman Titov(1935~2000년)는 다름 아닌 러시아의 우주 비행사. 세계 최초로 지구 궤도를 선회한 우주 선을 조종한 인물이다. 옛 소련 때 베트남 정부에서 그를 초청했고, 호찌민과 함께 1962년 11월에 하롱베이를 방문했다. 하롱베이의 아름다움에 반해 작은 섬 하나만이라도 갖고 싶다던 티토프를 위해 섬의 이름을 티토프라고 명명했다고 한 다. 티토프는 사망하기 전인 1997년에 하롱베이를 다시 방문했다고 한다.

하롱베이 크루즈 보트가 정박하는 섬

깟바 섬 & 란하베이 Cat Ba Island | Đảo Cát Bà ★★★★

깟바 섬은 하롱베이 일대에서 가장 큰 섬이다. 행정구역이 달라서 하롱베이에 속하지 않았지만 풍경은 동일하다. 깟바 타 운에 호텔들이 많아서 2박 이상의 하롱베이 투어를 참여할 경우 깟바 섬을 들르게 된다. 깟바 섬 앞쪽으로는 400여 개의 섬들이 바다를 수놓은 란하베이Lan Ha Bay가 펼쳐진다. 자세한 정보는 P.248 참고.

ĐẢO CÁ

깟바 섬

깟바 섬은 주변의 366개 섬을 함께 아우르는 깟바 군도에서 가장 큰 섬이다. 깟바 섬은 석회암으로 이루어진 바위산들과 청정한 바다가 절묘하게 조화를 이룬다. 현지인들은 푸른 옥빛의 섬이라 하여 응옥 섬Ngoc Island(Đảo Ngọc)이라고 부르기도 한다. 주변 섬들은 하롱베이와 남쪽 경계를 이루는 란하베이Lan Ha Bay(Vịnh Lan Hạ)를 이루는데, 하롱베이와 맞먹

는 수려한 풍광을 자랑한다. 깟바 섬의 절반 이상은 국립공원으로 지정되어 야생 생태계를 관찰하며 트레킹도 즐길 수 있다. 대부분 하노이에서 출발하는 하롱베이 투어와 연계해 깟 바 섬을 방문하지만, 대중교통을 이용한 자유 여행도 가능히디. 지럼한 숙소가 많아서 사유 여행자들에게 하롱베이 여행의 거점으로 부각되고 있다.

BEST COURSE | 추천 코스

COURSE 1
깟바 섬 관광 코스

① 깟바 타운 → ② 깟바 국립공원 → ③ 깟바 타운 → ④ 대포 요새 → ⑤ 깟꼬 해변

COURSE 2
깟바 섬+하롱베이 코스

① 깟바 섬 → ② 하롱베이 → ③ 란하베이 → ④ 키 섬 (멍키 아일랜드) → ⑤ 깟바 섬

INFORMATION | 여행에 유용한 정보

인구와 면적

행정구역으로는 하이퐁 직할시Thành Phố Hải Phòng 깟바 현Huyện Cát Bà에 속해 있다. 면적 285㎢, 인구 3만 명이다. 시외국번(국내 전화 지역번호)은 0225번이다.

날씨

5~9월은 덥고 습한 편으로 평균 기온이 30~33°C이며, 최고 기온은 38°C 이상 오른다. 다만 12~2월엔 평균 기온이 20°C, 밤 기온이 10°C 밑으로 내려가 선선해진다. 비교적 덜 덥고 맑은 날씨를 보이는 가을(10~11월)이 여행하기 가장 좋다. 여름 휴가철인 7~8월에는 베트남 관광객이 많다.

은행·환전

해변 도로에 있는 농업은행Agri Bank에서 환전이 가능하다. ATM도 설치되어 있다.

여행사 투어

깟바 타운에 있는 대부분의 호텔이 여행사 업무를 겸하고 있다. 투어는 깟바 국립공원 트레킹과 하롱베이 보트 크루즈에 중점을 둔다. 란하베이 1일 보트 투어(US$15~20), 깟바 국립공원 1일 트레킹 투어(US$20~36), 하롱베이 1일 보트 투어(US$29~35)가 인기 있다. 보트에서 숙박하는 1박 2일 투어(US$90~135)도 가능하다. 1일 투어는 대부분 08:30에 출발해 17:30에 돌아온다.

ACCESS | 깟바 섬(깟바 타운) 가는 방법

깟바 섬은 하이퐁에서 동쪽으로 45㎞, 하롱 시에서 남쪽으로 25㎞ 떨어져 있다. 깟바 섬에는 선착장이 세 곳 있다. 보트 회사에 따라 이용하는 선착장이 달라서 헷갈린다. 여행자들에게 가장 편리한 곳은 까이비엥 선착장Bến Tàu Cái Viềng이다. 육지와 가장 가까운 곳으로 섬 서쪽(깟바 타운 서쪽)으로 25㎞ 떨어져 있다. 하이퐁 또는 하노이에서 출발할 경우 이곳을 거쳐 섬으로 들어가게 된다. 섬 북쪽으로 22㎞ 떨어진 자루언 선착장Bến Phà Gia Luận은 하롱 시(뚜언쩌우 선착장)까지 오가는 대형 페리가 출발한다. 깟바 타운 동쪽으로 2㎞ 떨어진 벤베오 선착장Bến Bèo은 크루즈 보트들이 주로 이용한다. 모든 보트 노선은 성수기(7~8월)와 비수기에 따라 운항 편수가 달라지고, 날씨에 따라 변동이 심하기 때문에 정확한 출발 시간을 미리 확인해 두는 게 좋다.

• 하노이 ▶ 깟바 섬(깟바 타운)

버스+보트+버스로 갈아타야 하기 때문에 여행사 버스(오픈 투어 버스)를 타는 게 편하다. 깟바 익스프레스Cat Ba Express(홈페이지 www.catbaexpress.com)와 깟바 디스커버리Cat Ba Discovery(홈페이지 www.catbadiscovery.com)에서 운행한다. 깟바 타운까지 5시간 정도 소요된다. 자세한 내용은 P.59 참고.

• 깟바 섬(깟바 타운) ▶ 하노이

깟바에서 하노이로 직행할 경우 가장 편리한 교통편이다. 깟바 익스프레스Cat Ba Express는 1일 3회(09:30, 12:30, 15:30) 출발하며, 편도 요금은 28만 VND이다. 깟바 디스커버리Cat Ba Discovery에서도 동일한 노선을 운행한다. 매일 3회(07:30, 12:30, 15:30) 운행하며, 편도 요금은 30만 VND이다. 종점은 하노이 구시가에 있는 버스 회사 사무실이다.

• 하이퐁 ▶ 깟바 섬(깟바 타운)

깟바 섬과 가장 가까운 도시는 하이퐁Hải Phòng이다 하노이에서 기차를 타고 하이퐁 역까지 갔거나, 한국에서 직

항편을 타고 하이퐁 국제공항으로 입국했을 경우 이 방법으로 이동해야 한다. 하이퐁 시내에 있는 벤빈 거리(옛 벤빈 선착장)Bến Bính에서 버스가 출발한다. 벤빈 ▶ 깟하이 섬(동바이 선착장) ▶ 깟바 섬(까이비엥 선착장) ▶ 깟바 타운까지 버스와 보트를 연계해서 이동해야 한다. 벤빈은 선착장이 있던 곳인데 이곳에서 더 이상 보트는 출발하지 않는다. 벤빈 거리로 들어가면 버스 회사 사무실(주소 27 Bến Bính)과 간이 매표소가 보인다. 두 개 회사에서 경쟁하며 호객하기 때문에 출발 시간과 요금을 확인하고 예매하도록 하자. 매일 6회(06:00, 07:40, 09:00, 12:10, 14:10, 15:50) 출발하며, 깟바 타운까지 편도 요금은 14만 VND이다.

하이퐁에서 깟하이 섬에 있는 동바이 선착장Bến Phà Đồng Bài까지는 버스를 타고 이동한다. 이곳에서 보트(페리)를 타는데, 바다 건너 눈앞에 보이는 깟바 섬(까이비엥 선착장)Bến Tàu Cái Viềng에 10여 분 만에 닿는다. 선착장에서 다시 버스를 갈아타고 깟바 타운까지 이동하는데, 보트 도착 시간에 맞추어 버스가 대기하고 있기 때문에 오래 기다릴 필요는 없다. 중간중간 교통편을 바꿔 탈 때마다 표를 보여줘야 한다. 전체적으로 하이퐁에서 깟바 타운까지 2시간 정도 걸린다.

• 깟바 케이블카

선 월드 깟바Sun World Cat Ba(홈페이지 www. catba. sunworld.vn)에서 만든 케이블카다. 총 길이 3,955m로 깟하이 섬(깟하이 역Cat Hai Station, Ga Cáp Treo Cát Hải) 에서 깟바 섬(푸롱 역Phu Long Station, Ga Cáp Treo Phù Long)까지 10분 만에 연결한다. 운행시간은 하루 6번으로 정해져 있는데, 한번에 15분씩 운행하기 때문에 정확한 운행 시간을 미리 확인해야 한다(마지막 운행 시간 주중 15:30분, 주말 16:00시). 케이블카는 바다만 건너는 것에 불과하며, 깟바 타운까지는 22㎞ 떨어져 있다. 깟바 타운까지 가려면 케이블카+셔틀 버스가 포함된 콤보 티켓One Way Cable Car Combo Plus(편도 요금 10만 VND)을 구입하면 된다.

하이퐁 시내에서 케이블 타는 곳까지는 그랩(또는 택시)를 타고 가야한다. 하이퐁 공항에서 23㎞(그랩 편도 요금 25만 VND), 하이퐁 시내에서 26㎞(그랩 편도 요금 30만 VND) 떨어져 있다.

©Sun World Cat Ba

• 깟바 섬 ▸ 닌빈 ▸ 땀꼭

하노이를 거치지 않고 닌빈(땀꼭)으로 직행할 경우 깟바 디스커버리(홈페이지 www.catbadiscovery.com) 버스를 이용하면 된다. 1일 3회(09:00, 13:00, 16:00) 출발하며, 편도 요금은 32만 VND이다. 닌빈 시내를 거쳐 땀꼭까지 운행된다.

• 깟바 섬(자루언 선착장) ▸ 하롱 시(뚜언쩌우 선착장)

차와 오토바이를 싣고 이동하는 대형 카페리가 운항된다. 깟바 섬 북쪽 끝에 있는 자루언 선착장Bến Phà Gia Luận에서 출발해 하롱 시와 인접한 뚜언쩌우 선착장Bến Phà Tuần Châu까지 1시간 정도 이동한다. 하롱베이를 지나기 때문에 이동하며 풍경을 감상할 수 있다. 여름 성수기(4월 25일~9월 5일)에 1일 5회(09:00, 11:30, 13:00, 15:00, 16:00), 겨울 비수기(9월 6일~4월 24일)에 1일 3회(09:00, 13:00, 16:00) 운항된다. 보트 요금은 6만 VND으로 저렴하지만 선착장까지 오가는 대중교통이 없어 불편하다. 한마디로 택시비가 더 든다.

깟바 - 하롱베이

N
W E
S

0 2km 4km

하롱시(뚜언쩌우 선착장) 방면
항 티엔꿍
Hang Thiên Cung
항 더우고
Hang Đầu Gỗ

하롱베이
Vịnh Hạ Long

티포프 섬
Đảo Ti Tốp
항 루온
Hang Luồn
항 보너우
Hang Bồ Nâu
항 쏭쏮
Hang Sửng Sốt

자루언 선착장
자루언
Gia Luân

까이비엥 선착장
Bến Tàu Cái Viềng

까오봉
Cao Vọn(331m)

깟바 섬
Đảo Cát Bà

엑 호수
Ao Ếch

비엣하이
Việt Hải

바 짜이다오 섬
Ba Trái Đào

항짜이 섬
Đảo Hang Trai

푸롱
Phù Long

하이퐁 방면

국립공원 입구

깟바 국립공원
Vườn Quốc Gia Cát Bà

비엣하이 선착장

쭝장 동굴
Động Trung Trang

항꽌이
Hang Quân Y

Xuân Đám
Liên Hòa

란하베이
Vịnh Lan Hạ

더우베 섬
Đảo Đầu Bê

벤베오
Bến Bèo

깟바 타운

키 섬(멍키 아일랜드)
Đảo Khỉ

깟바 선착장
Bến Tàu Cát Bà

깟고 해변
Bãi Biển Cát Cò

하이퐁 방면

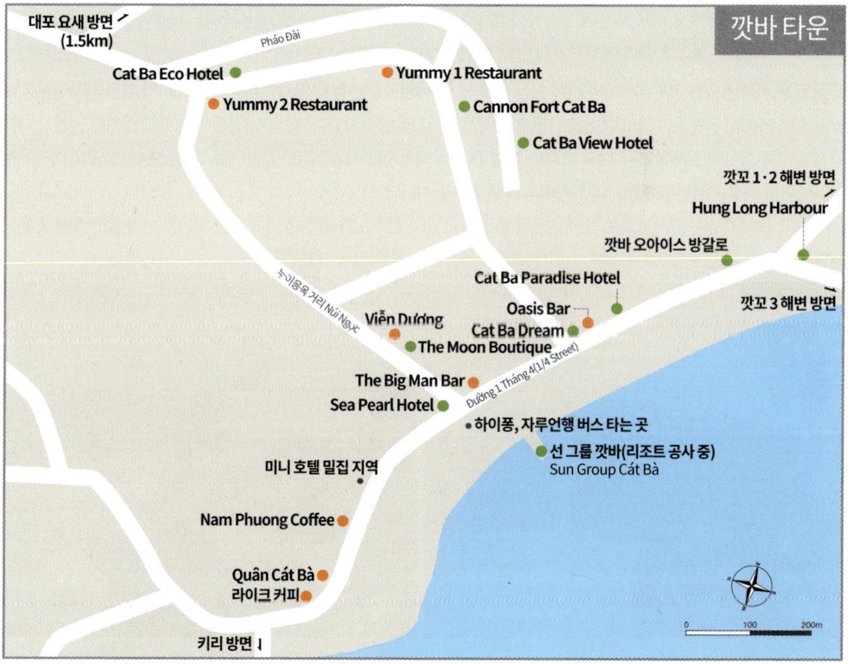

깟바 타운

대포 요새 방면
(1.5km)
Pháo Đài

Cat Ba Eco Hotel
Yummy 1 Restaurant
Yummy 2 Restaurant
Cannon Fort Cat Ba
Cat Ba View Hotel

깟꼬 1·2 해변 방면
Hung Long Harbour

깟바 오아이스 방갈로

누이응욱 거리 Núi Ngọc

Cat Ba Paradise Hotel

깟꼬 3 해변 방면

Viễn Dương
Oasis Bar
Cat Ba Dream
The Moon Boutique

The Big Man Bar
Sea Pearl Hotel

Đường 1 Tháng 4(1/4 Street)

하이퐁, 자루언행 버스 타는 곳

선 그룹 깟바(리조트 공사 중)
Sun Group Cát Bà

미니 호텔 밀집 지역

Nam Phuong Coffee

Quân Cát Bà
라이크 커피

키리 방면

N
W E
S

0 100 200m

ATTRACTION 깟바 섬의 볼거리

깟바 섬의 가장 큰 볼거리는 란하베이와 깟바 국립공원이다. 란하베이는 하롱베이와 마찬가지로 바위섬들이 바다를 가득 메워 독특한 풍경을 자랑한다. 깟바 국립공원은 트레킹에 적합하다.

깟바 섬의 중심지
깟바 타운 Cat Ba Town ★★

인구 9,000명이 사는 곳으로 깟바 섬의 중심이 되는 곳이다. 선착장을 따라 해변 도로가 잘 정비되어 있으며 카르스트 지형이 어우러져 평화로운 풍경을 제공한다. 해안선을 따라 호텔이 가득해 대분의 관광객이 이곳에서 머문다.

지도 P.253 하단 ▶ **주소** Cat Ba Town **가는 방법** 깟바 선착장 앞으로 해안선을 끼고 깟바 타운이 형성되어 있다.

전망대로 변모한 전쟁 유적지
대포 요새(캐넌 포트) Cannon Fort | Pháo Đài Thần Công ★★★☆

깟바 타운 뒤쪽에 있는 해발 177m의 산에 만든 대포 요새. 해발고도는 높지 않지만 바다를 통제하기 위한 최적의 위치에 있어, 베트남에서 오랫동안 국토 방어를 위해 전략적인 요충지로 중요시했다. 1940년대 들어 참호와 벙커를 만들고 대포와 방공포를 설치해 요새화했다. 대포 요새는 전쟁 관련 유적이지만 시원스러운 전망대로 각광받는다. 전망대 아래로는 란하베이를 이루는 섬들이 중첩되어 드라마틱한 풍경이 펼쳐진다.

현재 대포 요새 주변은 군사시설로 묶여 접근이 통제되고 있다. 관리자가 뒷돈을 받고 문을 열어주는 경우도 있는데, 원칙적으로는 접근 제한 구역Restricted Area이므로 입장 가능 여부를 미리 확인할 것.

지도 P.253 하단 ▶ **운영** 08:00~해 질 때 **요금** 4만 VND **가는 방법** 깟바 타운 뒤쪽 언덕길로 1.7㎞ 떨어져 있다. 깟바 타운에서 도보로 30~40분, 오토바이로 15분 정도 걸린다.

깟바 섬을 대표하는 해수욕장
깟꼬 해변 Cat Co Beach | Bãi Biển Cát Cò ★★★★☆

깟바 타운과 가까운 모래 해변이다. 독립된 3개 해변으로 이루어졌는데, 섬에 머무는 관광객들이 물놀이를 위해 즐겨 찾는다. 식당과 상점, 파라솔 대여가 가능해 여름철 주말에는 베트남 관광객들로 북적인다(쌀쌀한 겨울에는 한적한 편이다). 깟바 타운과 가장 가까운 해변은 깟꼬 1 해변으로 세 개의 해변 가운데에 있다. 가장 북쪽에 있는 깟꼬 2 해변은 5성급 호텔인 플라밍고 깟바Flamingo Cát Bà가 들어서면서 리조트 해변으로 변모하고 있다.

가장 남쪽에 있는 깟꼬 3 해변은 깟바 섬 남쪽으로 이어지는 해안도로를 따라가면 나온다. 해변 가장자리에 5성급 호텔 Hôtel Perle d'Orient Cat Ba MGallery이 들어서 있지만, 호텔 투숙객이 아니라도 해변을 자유롭게 출입할 수 있다. 깟꼬 3 해변에서는 해안선을 따라 만든 산책로가 이어진다. 바위산을 따라 이어진 둘레길을 걷다 보면 바다 앞으로 펼쳐진 란하 베이 풍경을 감상할 수 있다. 산책로를 따라가면 깟꼬 1 해변에 닿는다.

지도 P.253 하단 **주소** Bãi Biển Cát Cò **요금** 1만 VND **가는 방법** 깟꼬 1 해변은 깟바 타운에서 동쪽으로 1㎞ 떨어져 있다. 깟바 타운에서 오른쪽으로 이어진 포장도로를 따라가다가 나지막한 언덕을 넘으면 깟꼬 1 해변이 나온다. 깟바 타운에서 전동차(편도 요금 1만 VND)가 수시로 운행된다. 깟바 타운에서 도보 15~20분.

깟바 섬의 절반을 차지하는 자연보호구역

깟바 국립공원 Cat Ba National Park | Vườn Quốc Gia Cát Bà ★★★★

깟바 섬의 절반 이상을 차지하는 넓은 지역으로 1986년 국립공원으로 지정되었다. 109㎢에 이르는 내륙 지역과 52㎢의 섬 주변 해양 지역을 함께 묶어 해양생태계로 보호하고 있다. 깟바 국립공원은 해발 50~300m의 카르스트 지형이다. 해발 331m의 까오봉Cao Vọng이 가장 높다. 맹그로브 지대부터 석회암 바위산으로 이어지며 호수와 폭포, 동굴이 형성되어 지형이 다양하다. 울창한 산림지대는 30여 종의 포유류, 20여 종의 파충류, 70여 종의 조류가 서식한다. 830여 종에 이르는 식물군도 분포한다. 포유류 중에는 세계적인 희귀동물로 손꼽히는 랑구르 원숭이도 생활하고 있다. 특히 노란 머리털 랑구르 원숭이Golden-headed Langur는 깟바 섬에서만 발견되어 '깟바 랑구르 원숭이Cat Ba Langur'라고 불릴 정도다. 60여 마리가 서식하는데 해안 절벽 지대에서 생활하기 때문에 쉽게 눈에 띄지 않는다.

국립공원을 둘러보는 유일한 방법은 트레킹이다. 짧은 트레킹 코스는 해발 200m의 응으럼Ngự Lâm까지 가는 것으로 전망대에서 주변 경관을 볼 수 있다. 전망대까지 길이 하나뿐이라 가이드 없이도 등반이 가능하다. 국립공원 입구에서 왕복 2시간 정도 예상하면 된다. 국립공원을 가로지르는 1일 트레킹 코스는 국립공원 입구 ▶ 전망대 ▶ 엑 호수Ech Lake(Ao Éch) ▶ 비엣하이Việt Hải까지 이어지는 6㎞ 코스로, 5~6시간 걸린다. 되돌아올 때는 보트를 타고 란하베이를 지나게 된다. 1일 코스는 가이드를 동반한 여행사 투어를 이용하는 게 안전하다. 트레킹할 때는 운동화, 우의, 물과 간식거리를 챙겨가도록 하자. 우기에는 길이 미끄러우므로 주의해야 한다.

지도 P.253 상단 **주소** Đường Xuyên Đảo Cát Bà **전화** 0225-3688-138 **운영** 08:00~17:00 **요금** 12만 VND **가는 방법** 깟바 타운에서 섬 내륙 도로를 따라 북쪽으로 17㎞ 떨어져 있다. 투어를 이용하거나 오토바이를 빌려서 다녀오면 된다.

하롱베이와 견줄 만한 자연경관을 간직한 곳

란하베이 **Lan Ha Bay** | Vịnh Lan Hạ ★★★★

하롱베이 남쪽에 형성된 만(灣)으로 깟바 섬 동쪽을 이룬다. 오랜 침식과 해수면의 변화로 형성된 카르스트 지형이다. 400여 개의 섬으로 이루어져 하롱베이보다 규모는 작지만, 아름다운 풍경은 결코 뒤지지 않는다. 단지 행정구역이 다를 뿐이다. 하롱베이에 비해 투어 보트가 적게 드나들고 모래 해변을 간직한 이름 없는 섬들도 많다. 카약 타기와 수영을 함께 즐기며 여유롭게 크루즈를 즐길 수 있다. 란하베이 크루즈는 벤베오Bến Bèo 선착장을 출발해 키 섬Đảo Khỉ(Monkey Island)까지 다녀오는 하루 일정이다.

키 섬은 20여 마리의 야생 원숭이가 서식해 멍키 아일랜드로 알려져 있다. 3㎞ 정도 크기의 바위섬으로 두 개의 해변과 한 개의 리조트가 들어서 있다. 해변이 길고 아름다워 여름 성수기에는 물놀이를 즐기려는 사람들로 붐빈다. 섬 정상까지 올라가면 주변 경관이 한눈에 내려다보인다. 가파른 석회암 암벽을 30분 정도 올라야 하기 때문에 안전에 유념해야 한다.

지도 P.253 상단 **주소** Vịnh Lan Hạ **요금** 12만 VND **가는 방법** 깟바 타운에서 보트 투어(P.250)를 이용해야 한다.

해변 도로를 따라 레스토랑이 즐비하다. 대부분 숙소에서 레스토랑을 함께 운영하며, 분위기나 메뉴가 비슷하다. 섬인 탓에 신선한 해산물을 이용한 시푸드 요리가 발달해 있다.

꽌깟바 Quân Cát Bà ★★★☆

해변 도로에 있는 아담한 로컬 식당이다. 베트남 가족이 운영하는 곳으로 도로에도 테이블을 내놓고 장사한다. 외국 관광객들이 부담 없기 먹기 좋은 해산물 요리로 인해 인기가 있다. 마늘과 버터를 넣은 조개·오징어·새우구이가 유명하다. 스프링 롤, 모닝 글로리 볶음, 볶음밥을 곁들여 식사하면 된다.

지도 P.253 하단 **주소** 180 Đường 1 Tháng 4(1/4 Street) **영업** 08:00~21:00 **메뉴** 영어, 베트남어 **예산** 12만~20만 VND **가는 방법** 선착장 앞 삼거리에서 해변 도로 왼쪽으로 300m.

야미 1 레스토랑 Yummy 1 Restaurant ★★★☆

해변에서 멀찌감치 떨어져 있는 투어리스트 레스토랑이다. 여행자 숙소 1층에 식당을 운영하는데, 외국 관광객을 상대하기 때문에 영어가 통하고 친절하다. 도로에도 테이블이 놓여 있어 로컬 식당 분위기다. 저렴하고 푸짐한 식사를 할 수 있어 인기 있다. 쌀국수, 스프링 롤, 분짜, 바게트 샌드위치, 팬케이크, 볶음밥, 볶음국수, 각종 볶음요리, 핫팟(전골 요리), 해산물까지 다양한 음식을 제공한다.

지도 P.253 하단 **주소** 140 Núi Ngọc **홈페이지** www.facebook.com/yummycatba **영업** 07:00~22:00 **메뉴** 영어, 베트남어 **예산** 5만~15만 VND **가는 방법** 내륙 도로 안쪽으로 이어지는 누이응옥 거리에 있다. 선착장에서 북쪽으로 500m.

야미 2 레스토랑 Yummy 2 Restaurant ★★★☆

장사가 잘돼서 야미 레스토랑에서 같은 거리에 2호점을 냈다. 본점보다 해변에서 더 멀리 떨어져 있으며, 더 현지 식당다운 분위기를 낸다. 하지만 손님은 대부분 외국인 관광객이다. 서양식 아침 식사, 쌀국수, 볶음밥, 두부 요리, 팟타이, 똠얌(태국 요리), 해산물까지 다양하다.

지도 P.253 하단 **주소** 102 Núi Ngọc **영업** 08:00~22:00 **메뉴** 영어, 베트남어 **예산** 5만~18만 VND **가는 방법** 누이응옥 거리에 있는 야미 1 레스토랑에서 왼쪽으로 200m.

라이크 커피 Like Coffee ★★★☆

커피 전문점다운 간판을 달았지만, 관광지인 깟바 섬의 특성상 커피만 팔지 않고 레스토랑을 겸한다. 도시에서 대할 수 있는 에어컨 시설의 카페는 아니다. 해변 도로에 있는 여느 레스토랑과 비슷한 분위기로 도로에도 테이블이 놓여 있다. 빵과 오믈렛을 곁들인 브렉퍼스트 메뉴뿐만 아니라 팬케이크, 아보카도 토스트, 바게트 샌드위치, 버거, 샐러드 등 브런치 메뉴가 다양하다. 스프링 롤, 볶음밥, 볶음국수 같은 간단한 아시안 음식도 요리해 준다. 외국인(유럽인) 관광객이 많이 찾는 편이라 비건 메뉴도 별도로 구비하고 있다.

지도 P.253 하단 ▶ 주소 177 Đường 1 Tháng 4(1/4 Street) **전화** 0902-474-274 **영업** 08:00~21:00 **메뉴** 영어 **예산** 커피 5만~6만 VND, 브런치 7만~15만 VND **가는 방법** 해변 도로 왼쪽 끝에 있다.

키리 Quiri Pub Cocktail & Restaurant ★★★☆

외국 여행자를 겨냥한 레스토랑으로 펍과 칵테일 바를 겸한다. 해변을 끼고 있진 않지만 신축한 건물이라 시설과 분위기가 좋다. 여행자 숙소를 함께 운영하고 있는데, 1·2층을 레스토랑으로 운영한다. 샌드위치, 버거, 피자, 파스타, 치킨윙, 바비큐, 스테이크 등 관광객이 선호하는 음식 위주로 요리한다. 베트남 음식은 신선한 해산물을 이용한 음식이 많다. 쌀쌀한 겨울에는 핫팟(전골 요리)도 잘 어울린다. 수제 맥주와 칵테일도 다양하다.

지도 P.253 하단 ▶ 주소 135 Tùng Dinh **홈페이지** www.quiripubcocktailrestaurant.com **영업** 08:00~23:00 **메뉴** 영어, 베트남어 **예산** 맥주 4만~8만 VND, 메인 요리 12만~40만 VND **가는 방법** 깟바 타운 선착장에서 왼쪽(서쪽)으로 800m.

오아시스 바 Oasis Bar ★★★

해변 도로에 중심가에 있는 투어리스트 레스토랑으로 카페와 바를 겸하나 누전 카페 분위기로 외국(유럽인) 여행지들이 삼삼오오 모여 시간을 보낸다. 에어컨은 없고 길 건너 바다 풍경이 살짝 보인다. 베트남식 바비큐, 핫팟, 버거, 피자, 맥주, 커피, 칵테일, 위스키까지 다양한 식사와 술을 판매한다. 술집이다 보니 밤늦게까지 영업한다. 해변 도로 끝자락에 있는 오아시스 방갈로Oasis Bungalows와 혼동하지 말 것.

지도 P.253 하단 ▶ 주소 228 Đường 1 Tháng 4(Một Tháng Tư) **영업** 07:00~01:00 **메뉴** 영어 **예산** 8만~22만 VND **가는 방법** 깟바 타운 선착장 오른쪽의 해변 도로에 있다. 깟바 파라다이스 호텔 Cat Ba Paradise Hotel을 바라보고 왼쪽.

호찌민 시(사이공), 하노이에 이어 베트남에서 세 번째로 큰 도시다. 하노이에서 동쪽으로 100㎞ 떨어져 있으며, 항구 도시로 국제 무역이 활발하게 이루어진다. 하이퐁은 한자로 쓰면 해방(海防)인데 '해안의 방어기지'라는 뜻이다. 프랑스가 베트남을 식민 지배하는 동안 인도차이나의 무역항으로 개발해 교역의 중심지가 되었다. 하노이로 통하는 관문이었기 때

문에 베트남 전쟁 동안 미국 해군·공군의 공격으로 인해 엄청난 피해를 입기도 했다. 콜로니
얼 건축물들이 남아 있지만 볼거리가 많지 않아 여행자들의 발길은 적다. 깟바 섬으로 가기
위해 보트를 타려는 여행자들이 간간이 기쳐 간다.

COURSE 1
하이퐁 관광 코스

① 하이퐁 기차역 ② 오페라 하우스 ③ 땀박 시장 ④ 디엔비엔푸 거리 ⑤ 하이퐁 박물관

COURSE 2
**하롱베이+깟바 섬
1박 2일 코스**

① 하이퐁 ② 깟바 섬 ③ 깟바 타운 ④ 깟꼬 해변

⑤ 하롱베이 크루즈 ⑥ 란하베이 크루즈 ⑦ 깟바 타운

행정구역과 면적

행정구역은 하이퐁 직할시Thành Phố Hải Phòng로 면적 1,527㎢, 인구 202만 8,514명이다. 시외 국번(국내 전화 지역번호)은 0225번이다.

날씨

하노이와 가까워 베트남 북부 도시와 비슷한 일기 분포를 보인다. 5~9월은 덥고 습한 편으로 평균 기온이 30~33°C이며, 최고 기온이 38°C 이상으로 오른다. 다만 12~2월엔 평균 기온이 20°C 아래로 내려가 선선해진다. 날씨가 덜 덥고 비도 적게 내리는 봄(2~4월)과 가을(10~11월)이 여행하기 좋다.

은행·환전

비엣콤은행Vietcom Bank, BIDV은행, 비엣인은행 Vietin Bank을 포함해 시내 곳곳에 주요 은행들이 지점을 운영하고 있다.

우체국

하이퐁 중앙 우체국은 응우옌찌프엉 거리(주소 5 Nguyễn Tri Phương)에 있다. 1864년에 만든 건물로 노란색 콜로니얼 건축물이라 눈에 쉽게 띈다.

지리 파악하기

도시 규모는 크지만 기차역(하이퐁 역)을 중심으로 지리를 파악하면 된다. 벤빈(깟바 섬 가는 버스 타는 곳)까지는 1.5㎞, 공항에서 시내 중심가까지는 7~8㎞ 떨어져 있다. 시내 중심가는 디엔비엔푸 거리Điện Biên Phủ로, 도시 앞쪽으로 껌 강Cấm River이 흐른다.

ACCESS | 하이퐁 가는 방법

하노이에서 하이퐁까지 100㎞ 떨어져 있으며, 버스와 기차가 수시로 운행된다. 항공은 호찌민 시와 다낭을 연결한다. 인천에서 하이퐁까지 국제선도 운항된다.

• 항공

베트남 3대 도시이지만 하노이와 인접하고 있어 항공 노선은 많지 않다. 국제선은 비엣젯 항공(www.vietjetair.com)에서 하이퐁↔인천, 하이퐁↔방콕 노선을 운항한다. 국내선은 호찌민 시, 다낭, 냐짱, 달랏 노선이 운항된다. 취항하는 항공편이 적어서 공항은 한산한 편이다. 공항에서 시내까지 7㎞ 정도도. 택시 요금은 8만~10만 VND 정도 예상하면 된다.

참고로 하이퐁 공항의 공식 명칭은 깟비 국제공항Cat Bi International Airport(Sân Bay Quốc Tế Cát Bi)이다. 항공기의 출발과 도착 시간은 공항 홈페이지(www.vietnamairport.vn/catbiairport)를 통해 확인이 가능하다.

• 기차

1902년에 완공된 하이퐁 기차역Ga Hải Phòng(주소 75 Lương Khánh Thiện)은 옛 모습을 고스란히 간직하고 있다. 시내 중심가에 있는 하이퐁 역에서는 하노이(롱비엔 역)를 연결하는 기차가 운행된다. 매일 4회(06:10, 09:10, 15:00, 18:40) 운행되는데, 대부분의 열차는 구시가와 가까운 롱비엔 역Long Bien Station(Ga Long Biên)까지만 운행된다. 편도 요금은 15만 VND이며 2시간 30분 소요된다. 하노이를 제외한 다른 도시들은 하노이까지 간 다음 다른 기차로 갈아타야 한다. 모든 기차표는 하이퐁 역에서 예매가 가능하다. 롱비엔(하노이) ▶ 하이퐁 기차 정보는 P.59 참고.

• 버스

하이퐁은 버스 터미널이 분산되어 있어 불편하다. 시내에서 남쪽으로 5㎞ 떨어진 빈니엠(빙니엠) 버스 터미널Bến Xe Vĩnh Niệm (홈페이지 www.benxevinhniem.vn)에서 장거리 버스가 출발한다. 하이퐁의 메인 버스 터미널로 버스 노선도 다양하다. 하이퐁 ▶ 하노이(자럼 버스 터미널 Gia Lâm) 노선은 20분 간격으로 출발한다. 편도 요금은 10만~14만 VND이며, 2~3시간 정도 걸린다. 참고로 하노이까지 갈 때는 시내 중심가에 있는 기차역을 이용하는 게 편리하다.

• 하이퐁 ▶ 깟바 섬(깟바 타운)

도로 사정이 좋아지면서 하이퐁에서 깟바 섬(깟바 타운)으로 직행하는 스피드 보트는 더 이상 운항되지 않는다. 하이퐁에서 깟바 섬을 가려면 버스+보트+버스로 갈아타야 한다. 시내 중심가와 가까운 벤빈(벤빙)Bến Bính에서 출발한다. 하이퐁(벤빈) ▶ 동바이 선착장Đồng Bài ▶ 깟바 섬(까이비엥 선착장)Cái Viềng ▶ 깟바 타운으로 이동하게 된다. 보트 타는 시간이 10분에 불과하며, 보트 도착 시간에 맞추어 버스가 대기하기 때문에 오래 기다릴 필요는 없다. 깟바 타운까지 2시간 정도 걸린다. 자세한 내용은 P.251 참고.

하이퐁의 볼거리는 콜로니얼 건축물들이다. 오페라 하우스를 시작으로 하이퐁 박물관, 중앙 우체국, 기차역 등을 둘러보면 된다.

콜로니얼 건축물이 남아 있는 구도심
하이퐁 시내 Hai Phong Downtown ★★

하노이와 마찬가지로 프랑스령 인도차이나 시절에 건설된 콜로니얼 건축물이 많다. 디엔비엔푸 거리Điện Biên Phủ와 쩐흥다오 거리Trần Hưng Đạo 일대는 프랑스 식민 지배 시절에 건설된 건물이 많아서 콜로니얼 쿼터Colonial Quarter로 불린다. 빛바랜 파스텔 톤 건물이 많지만, 세월의 흔적과 독특한 색감이 어우러진다. 땀박 시장Tam Bac Market(Chợ Tam Bạc)도 남아 있지만 현지인을 위한 재래시장이라 큰 볼거리는 못 된다.

지도 P.265 ▶ **운영** 24시간 **가는 방법** 쩐흥다오 거리는 하이퐁 기차역에서 400m, 디엔비엔푸 거리는 하이퐁 기차역에서 800m 떨어져 있다.

하이퐁 역사를 전시한 박물관
하이퐁 박물관 Hai Phong Museum | Bảo Tàng Hải Phòng ★★

1919년에 건설된 고딕 양식의 콜로니얼 건축물을 박물관으로 사용하고 있다. 하이퐁의 자연과 역사에 관련된 내용이 주를 이룬다. 하이퐁의 옛 모습을 담은 흑백 사진이 눈길을 끌지만 대부분의 전시물은 호찌민의 업적에 초점을 맞췄다. 1945년의 8월 혁명, 인도차이나 전쟁과 베트남 전쟁에 관한 내용을 포함해 모두 14개 전시실로 구분된다. 방문객이 거의 없어 한산한 편이다. 토~일요일은 오전에만 입장이 가능하고, 월요일은 문을 닫는다.

지도 P.265 ▶ **주소** 66 Điện Biên Phủ **전화** 031-3823-451 **운영** 수~금요일 08:00~10:30, 14:00~16:30, 토~일요일 08:00~10:30 **휴무** 월요일 **요금** 5,000VND **가는 방법** 디엔비엔푸 거리 66번지에 있다.

기념사진 한 장 찍기 좋은 곳

오페라 하우스 Opera House | Nhà Hát Lớn Hải Phòng ★★☆

프랑스 식민 정부에 의해 1904년에 건설되었다. 중세 시대 프랑스 극장을 모델로 해서 프랑스 건축가가 디자인했다. 규모는 작지만 모든 건축 자재를 프랑스에서 공수해 와서 완성했다고 한다. 하노이, 호찌민 시(사이공)와 더불어 베트남에 남아 있는 3개의 오페라 하우스 가운데 하나다. 현재는 시민극장으로 운영된다. 특별한 행사가 있을 때만 내부 입장이 가능하다.

지도 P.265 ▶ 주소 56 Đinh Tiên Hoàng 운영 24시간 요금 무료(내부 입장 불가) 가는 방법 딘띠엔호앙 거리 56번지에 있다.

하이퐁

 ## 하이퐁의 먹거리

하노이처럼 다양하진 않지만 베트남 음식점은 부족하지 않다. 에어컨 시설의 카페는 스타벅스 커피, 하일랜드 커피, 커피 하우스를 이용하면 된다.

꽌바꾸 Quán Bà Cụ ★★★☆

하이퐁의 명물 국수인 반다꾸아(바잉다꾸아)Bánh Đa Cua 전문점이다. 하이퐁 시민들이 즐겨 찾는 대중적인 레스토랑이다. 규모는 크지만 식당 입구에서 국수와 스프링 롤을 만들기 때문에 로컬 식당 분위기를 풍긴다. 게를 넣고 우려낸 육수에서 바다 향이 느껴지는 쌀국수, 반다꾸아 베Bánh Đa Cua Bể가 대표 메뉴다. 게살을 넣어 만든 두툼한 스프링 롤 넴꾸아베Nem Cua Bể를 곁들이면 된다.

지도 P.265 ▶ **주소** 179 Cầu Đất **영업** 07:00~22:00 **메뉴** 영어, 베트남어 **예산** 5만 VND **가는 방법** 기찻길을 지나서 꺼우덧 거리 179번지에 있다.

넘버 1986 커피 No 1986 Coffee ★★★★

하이퐁 시내에서 가장 인기 있는 카페. 건축적인 디자인이 돋보이는 3층 건물로 층고 높은 넓은 공간을 활용해 여유롭게 꾸몄다. 층마다 분위기를 조금씩 달리하는데, 글라스하우스처럼 만든 옥상은 식물원을 연상시킨다. 커피 전문점답게 원두를 직접 로스팅해서 사용한다. 베트남 커피, 코코넛 커피, 아이스 아메리카노, 아포가토, 에티오피아 라테, 티라미수 라테 등 다양한 커피를 선보인다.

지도 P.265 ▶ **주소** 33 Đinh Tiên Hoàng **전화** 0908-801-986 **홈페이지** www.facebook.com/no1986cafe **영업** 07:00~22:30 **메뉴** 영어 **예산** 4만~11만 VND **가는 방법** 딘띠엔호앙 거리 33번지에 있다.

남자오(남야오) Nam Giao ★★★☆

하이퐁 시내에 있는 찻집을 겸한 베트남 음식점이다. 목조 가옥 분위기의 레스토랑 내부는 고가구를 이용해 고풍스럽게 꾸몄다. 마늘과 버터로 요리한 새우 요리Tôm Sú Nướng Bơ Tỏi, 매콤한 사테 소스를 이용한 오징어 요리Mực Nướng Sa Tế, 소고기 죽순 볶음Bò Xào Măng Trúc 등 해산물과 베트남 전통 음식 몇 가지만 엄선해 요리한다. 메인 요리에 스프링 롤과 채소 볶음, 베트남식 찌개 요리를 곁들여 식사하면 된다. 참고로 '남자오'는 응우옌 왕조의 황제들이 하늘에 제를 올리던 곳이다.

지도 P.265 ▶ **주소** 22 Lê Đại Hành **전화** 0225-3810-600 **영업** 10:00~23:00 **메뉴** 영어, 베트남어 **예산** 메인 요리 12만~30만 VND **가는 방법** 레다이한 거리 22번지에 있다.

하노이 여행 준비
Trip Preparation

한국에서 출국하기

베트남행 직항편은 인천 국제공항, 김해 국제공항 2곳에서 출발한다. 집에서 공항까지의 이동 수단, 이동 시간, 공항에서의 수속 시간(2시간 정도)을 고려해 비행 시간에 늦지 않게 출발하자. 여기에서는 대부분의 여행자들이 이용하는 인천 국제공항 중심으로 설명한다.

T1과 T2이 한눈에 보이는 인천 국제공항 전경

01 │ 공항으로 출발하기

수도권이나 경기권 주요 도시에서 인천 국제공항으로 가는 편리한 방법으로는 크게 두 가지가 있다. 공항버스를 타거나 공항철도를 타는 것. 홈페이지를 통해 미리 노선을 확인한다.

- **인천 국제공항** www.airport.kr
- **공항 철도** www.arex.or.kr
- **김해 국제공항** www.airport.co.kr/gimhae/main.do
- **공항 리무진** www.airportlimousine.co.kr

02 │ 공항 도착

인천 국제공항은 두 개의 터미널로 구분되어 있다. 각기 다른 항공사들이 취항하기 때문에, 공항으로 가기 전에 본인이 타고 가는 비행기가 어떤 터미널을 이용하는지 반드시 확인해야 한다. 대부분의 항공사는 기존에 사용하던 제1여객터미널을 이용하고, 대한항공과 진에어 포함해 8개 항공사는 제2여객터미널을 이용한다.

03 │ 항공사 카운터에서 탑승 수속 및 보딩 패스 발급

공항에 도착하면 항공사 카운터 위치(알파벳)를 확인한다. 카운터에 여권과 항공권(E-ticket)을 제출하면 비행기 좌석번호와 탑승구 번호가 적힌 보딩 패스(탑승권)Boarding Pass를 건네준다. 원하는 자리(창가석, 통로석)를 요구해서 배정받을 수 있다. 주요 소지품 등을 넣은 보조가방만 휴대하고 트렁크는 위탁 수하물로 처리한 뒤 수하물 표Baggage Claim Tag를 받는다. 수하물 표는 짐을 찾을 때까지 잘 보관한다.

04 │ 보안 검색대 통과하기

기내 반입 제한 물품을 휴대하고 있는지 확인하는 검색대를 통과한다. 안내에 따라 주머니 소지품을 포함해 모든 휴대 물품을 X-Ray 검색 컨베이어에 올려놓자.

05 | 출국 심사(자동 출입국 심사)

심사대에서 여권, 탑승권을 심사관에게 제출하면 여권에 출국 도장을 찍은 후 항공권과 함께 돌려준다. 무인으로 진행되는 자동 출입국 심사대를 이용해도 된다.

06 | 면세점 쇼핑 뒤 탑승구 이동

보딩 패스에 적힌 탑승구(Gate No.)를 확인한다. 제1여객터미널의 경우 여객 터미널 탑승구(1~50번 게이트)와 탑승동 탑승구(101~132번 게이트)로 나뉜 다. 탑승동에 위치한 탑승구는 셔틀 트레인Shuttle Train을 타고 가야 한다. 탑 승구 27번과 28번 게이트 사이에 있는 에스컬레이터를 타고 지하 1층으로 내 려가면 셔틀 트레인 승강장이 나온다. 새롭게 생긴 제2여객터미널에서 출발하 는 항공기의 탑승구(Gate No.)는 200번대로 시작된다.

07 | 탑승

항공기 출발 40분 전까지 지정 탑승구로 이동해 탑승한다.

● 하노이 취항 항공 노선과 시간

베트남항공, 대한항공, 아시아나항공, 제주항공, 비엣젯항공에서 인천→하노이 국제선을 취항한다. 대부분의 항공편이 인천공항에서 오후에 출발해 하노이에 밤늦게 도착한다. 베트남항공, 대한항공, 아시아나항공의 경우 성수기에 1일 2 회 취항한다. 비행시간은 약 4시간 30분 소요된다.

● 하이퐁 취항 항공 노선과 시간

하이퐁 국제공항으로 가는 국제선도 있다. 비엣젯항공에서 매일 1회 직항편이 취항한다. 깟바 섬으로 직행할 경우 이용하면 편리하다. 비행시간은 약 4시간 30분 소요된다. 하이퐁 입국, 하노이 출국(또는 그 반대 방향으로)도 가능하므 로 일정에 따라 항공편을 예약하면 된다.

인천 ▶ 하노이

항공사	편명	출발 시각	도착 시각
베트남항공	VN0417	10:05	12:30
베트남항공	VN0415	18:05	20:30
대한항공	KE0441	08:10	10:55
대한항공	KE0455	18:45	21:30
아시아나항공	OZ0729	10:35	13:10
아시아나항공	OZ0733	19:30	22:00
제주항공	7C2803	21:10	23:45
비엣젯항공	VJ0963	06:25	08:55

인천 ▶ 하이퐁

항공사	편명	출발 시각	도착 시각
비엣젯항공	VJ0925	07:15	10:40

기내 반입 불가 물품

창·도검류(칼과 가위, 칼 모양의 장난감 포함), 총기류, 인화성 물질, 스포츠 용품, 무술·호신용품, 공구, 100ml가 넘는 액체·젤·스프레이·화장품도 기내에 반입할 수 없다.

탑승구 안내판

국제선 탑승

도심공항 터미널 이용하기

도심공항 터미널에서 미리 출국 수속, 항공 체크인, 수하물 탁송을 할 수 있다. 공항 터미널은 서울역과 삼성동 2곳에 있다. 당일 출국자만 이용할 수 있고, 이용하는 항공사의 카운터가 있는지 확인해야 한다. 탑승 수속을 마치면, 공항에서는 전용 통로를 통해 보안 검색 후 바로 출국 심사대를 통과할 수 있다.

- **서울역 공항 터미널**
  전화 032-745-7861
  홈페이지 www.arex.or.kr
- **삼성동 도심공항 터미널**
  전화 02-551-0077~8
  홈페이지 www.calt.co.kr

하노이로 입국하기

하노이 공항의 정식 명칭은 노이바이 국제공항Noi Bai International Airport(Sân Bay Quốc Tế Nội Bài)이다. 국제선과 국내선 2개의 공항 터미널로 구분되어 있다. 국내선 청사는 T1(현지어로 Nhà Ga Hành Khách T1), 국제선 청사는 T2(현지어로 Nhà Ga Hành Khách T2)라고 불린다. 하노이 공항의 도시 코드는 HAN. 국제공항치고는 규모가 작아서 입국 절차도 어렵지 않다. 항공기 이착륙에 관한 정보는 하노이 공항 홈페이지(www.hanoiairportonline.com)를 참고하자.

01 | 비행기 도착

외국인도 입국 카드를 작성할 필요가 없다. 비행기에서 내리면 도착Đến, Arrival이라고 적힌 안내 표시를 따라 입국 심사대로 간다.

02 | 입국 심사대

외국인 심사대Foreigner에 줄을 선다. 입국 카드 없이 여권만 제출하면 된다. 별도로 작성할 서류는 없다.

03 | 입국 스탬프 확인(무비자 45일)

여권에 입국 스탬프를 찍는데, 체류 기간이 정확한지 반드시 확인하자. 베트남은 무비자로 45일 체류가 가능하다.

04 | 수화물 수취

입국 심사가 끝나면 1층으로 내려가서 수화물을 찾으면 된다. 안내판에서 타고 온 항공편의 컨베이어 벨트 번호를 확인하면 된다. 수화물이 분실됐다면, 배기지 클레임Baggage Claim 카운터에 수하물 표Baggage Claim Tag를 보여주고 안내를 따르자.

05 | 환전, SIM 카드 구입하기

입국장(공항 1층)에 환전소와 ATM이 설치되어 있다. SIM 카드 판매 데스크도 여러 곳 있는데, 패키지 요금제(데이터+국내전화)는 17만~25만 VND이다. 대표적인 통신회사로 비엣텔Viettel, 비나폰Vinaphone, 모비폰Mobifone이 있다.

06 | 하노이 공항에서 시내로 이동하기

공항에서 하노이 시내로 이동할 때는 택시 또는 공항버스를 이용하면 된다. 자세한 내용은 P.57 참고.

07 | 굿바이 베트남, 하노이에서 출국하기

하노이 국제공항 출국장(3층)에 도착하면, 해당 항공사 카운터에서 탑승 수속을 밟는다. 보딩 패스(탑승권)를 받으면, 출국Departure이라고 적힌 출국장으로 가서 출국 심사를 받는다.

베트남 비자(무비자 45일 체류 가능)

01 │ 무비자 45일

베트남은 비자 없이 45일 여행이 가능하다. 무비자로 입국하려면 규정상 왕복 항공권Return Ticket이나 다른 나라로 가는 항공권One-ward Ticket이 있어야 하지만 실제로 항공권을 확인하는 경우는 드물다.

❶ 베트남을 무비자로 입국하기 위해서는 여권 유효기간이 반드시 6개월 이상 남아 있어야 한다.
❷ 무비자 조항은 공항으로 입국하든 육로 국경으로 입국하든 한국 여권 소지자에게 동일하게 적용된다.
❸ 무비자 입국은 제한사항 없이 베트남에 입국할 때마다 자동으로 45일 체류가 가능하다.
❹ 장기 여행할 계획이라면 입국하기 전에 비자 관련 변동 사항을 미리 확인해두자.

변경된 출입국 관리법은 대사관 홈페이지(http://overseas.mofa.go.kr/vn-ko/index.do)를 통해 확인이 가능하다.

02 │ e비자

45일을 초과해 여행할 경우 비자를 미리 발급 받아야 한다. 온라인으로 e비자 신청 및 발급이 가능하다. 대사관이나 여행사를 동하지 않고 직접 비자를 받을 수 있어 편리하다. e비자는 최대 90일까지 체류 가능하다. 단수 비자(입출국을 1회로 제한하는 비자)와 복수 비자(입출국이 여러 번 가능한 비자)로 구분해 신청할 수 있다. 베트남 이민국에서 운영하는 e비자 신청 사이트(https://evisa.gov.vn)를 이용하면 된다.

❶ e비자 수수료는 단수 비자 US$25, 복수 비자 US$50다. 온라인으로 신청할 때 카드로 선결제하면 된다. e비자 발급은 통상 3일이 소요된다. 온라인으로 발급된 e비자는 직접 프린트해서 입국할 때 소지하고 있어야 한다.
❷ e비자를 신청할 때 영문 이름, 생년월일, 여권 번호, 여권 만료일 등 입력 내용이 틀리지 않도록 유의해야 한다.
❸ 비자 유효 기간은 비자 발급일로부터 개시되므로 입국 예정일을 맞추어 비자를 발급받도록 하자.

베트남 입국일로부터 90일이 아니고, 비자 발급일로부터 90일간 유효하다. e비자 신청서를 작성할 때 '입국 예정일Intended Date of Entry'에 비행기 타는 날짜를 적으면 그날부터 유효한 베트남 비자가 발급된다. 베트남 입국 도시Allowed to Entry through Checkpoint와 출국 도시Exit through Checkpoint를 적는 항목도 있으므로 여행 일정과 맞게 주의를 기울여 기입해야 한다.

03 │ 도착 비자

절차가 복잡하지만 공항으로 입국할 경우 도착 비자를 받는 방법도 있다. 현지에서 발행한 초청장과 여권 정보를 출입국 사무소(이민국)에 보내 미리 승인을 받아야 한다. 개인이 하기에는 불편하기 때문에 대부분 여행사를 통한다. 허가증 발급에 5일 정도 걸리는데, 급행으로 처리할수록 대행 수수료가 비싸진다.

비자가 미리 발급된 게 아니므로, 베트남 공항에 도착하면 입국 심사대가 아니라 도착 비자 받는 창구로 먼저 가야 한다. 도착 비자 서류(입국 신청서Application for Entry And Exit Vietnam)도 이곳에서 직접 작성해야 한다. 영문으로 작성하고 사진 2장을 첨부해 제출하면 된다. 잠시 후 여권에 비자를 붙여 발급해준다. 이때 비자 수수료(30일 비자 US$25, 90일 비자 US$50)를 추가로 내야 한다.

베트남의 역사

힌두교를 믿었던 참파 왕국의 미썬 유적

베트남 부족 국가의 탄생(B.C. 2879~B.C. 258년)

베트남 최초의 부족 국가는 홍방 왕조Hồng Bàng Dynasty (B.C. 2879~B.C. 258년)로 여겨진다. 베트남 건국의 아버지로 추앙받는 훙브엉(雄王)Hùng Vương에 의해 건립되었으며, 국호를 반랑(文郎)Văn Lang이라고 했다. 진시황이 중국 진나라를 건설(B.C. 221년)하면서 영토를 확장하자 베트남 북동부에 있던 어우비엣족Âu Việt이 남하하면서 홍방 왕조를 무너뜨리고 새로운 나라를 건설했다(B.C. 257년). 국왕이 된 안즈엉브엉(安陽王)An Dương Vương은 국호를 어우락Âu Lạc이라고 칭했다. 꼬로아Cổ Loa(오늘날의 하노이에서 북쪽으로 35㎞)에 방어에 용이한 축성도시 형태의 수도를 건설했으나 얼마 못가 찌에우다(趙佗)Triệu Đà 군대에게 함락되었다(B.C. 207년). 찌에우다는 중국 남방(오늘날의 광둥성, 광시성, 윈난성)과 베트남 북부를 장악해 남비엣(南越)Nam Việt을 개국했다(중국 역사에는 남월국 南越國으로 기록되어 있다). 찌에우다는 초대 국왕인 부브엉(무왕 武王)Vũ Vương이 되었으며, 5명의 왕을 배출했으나 중국 한나라에 멸망했다(B.C. 111년).

중국의 지배(B.C. 111~A.D. 938년)

중국 한나라(한무제 漢武帝)가 남비엣을 정벌하며 오랜 중국 지배가 시작되었다(B.C. 111년). 중국(한나라)으로부터의 일시적인 독립은 쯩 자매(하이바쯩Hai Bà Trưng)에 의해 이루어졌다(A.D. 40년). 하지만 A.D. 43년에 후한(後漢)의 광무제((光武帝)가 3만 명의 병력을 보내 베트남을 다시 복속시킨다. 당나라 때에는 안남도호부(安南都護府)를 설치해 베트남을 통치했다.

참파 왕국(192~1832년)
Cham Pa Kingdom

오늘날의 베트남 중남부 지방에 들어섰던 힌두교 국가다. 한자를 사용하고 유교, 불교를 믿었던 베트남(다이비엣)과는 전혀 다른 문화와 종교를 갖고 있었던 왕국이다. 중국보다는 인도의 영향을 더 많이 받았던 왕국으로 해상 교역을 통해 부를 축척했다. 후에(훼), 다낭, 냐짱, 무이네에 이르는 넓은 지역에 걸쳐 오랫동안 번영을 누렸다.

힌두교를 믿었던 주변 국가인 크메르 제국과의 오랜 패권 싸움에서 패해 세력이 약화되었고, 베트남의 남진 정책에 따라 1471년 레 왕조의 레탄똥 황제에 의해 참파 왕국의 마지막 수도였던 비자야Vijaya(오늘날의 꿰년)가 정복당한다. 참파 왕국의 후손인 참족들은 베트남의 소수민족으로 전락해 베트남 남부와 캄보디아 일대에 흩어져 생활하고 있다.

응오 왕조(939~967년)
Ngô Triều(吳朝) / Ngô Dynasty

중국에서 당나라가 망하고 5대 10국으로 분열되는 동안, 중국 남방을 통치하던 남한(南漢)으로부터 독립해 세운 베트남의 봉건 왕조다. 응오 왕조는 응오꾸옌Ngô Quyến(재위 939~944년)을 시작으로 다섯 명의 왕이 교체되면서 28년 만에 멸망했다.

딘(딩) 왕조의 수도 호아르

딘(딩) 왕조(968~980년)
Đinh Triều(丁朝) / Đinh Dynasty

12사군의 난(967년)으로 인해 응오 왕조가 멸망했다. 나라가 분열되어 있던 혼란한 정국을 딘보린(딩보링)이 통일하면서 딘(딩) 왕조를 창시했다. 딘보린은 스스로를 딘 띠엔호앙(丁先皇)Đinh Tiên Hoàng이라고 칭하며 황제가 되었다. 오늘날 닌빈(닝빙)과 인접한 호아르Hoa Lư에 수도를 정했으며, 국호를 다이꼬비엣(大瞿越)Đại Cồ Việt으로 정했다. 딘보린의 막내아들에게 왕권을 계승했으나 왕조의 역사는 오래가지 못했다.

전기 레 왕조(980~1009년)
Nhà Tiền Lê(前黎朝) / Early Lê Dynasty

딘(딩) 왕조의 장군 출신인 레호안(黎桓)Lê Hoàn이 설립했다. 어린 나이에 황제에 오른 딘 왕조의 2대 황제를 폐위하고 레 왕조의 초대 황제인 레다이한(黎大行)Lê Đại Hành(재위 980~1005년)이 되었다. 계속해서 호아르를 수도로 삼았으며, 중국 송나라 군대의 침략을 막아냈다. 하지만 아들들의 왕권 계승 다툼과 폭정으로 인해 급격한 쇠퇴의 길을 걸었다. 레러이 장군이 건설한 후기 레 왕조(1428~1788년)와 구분하기 위해 전기 레 왕조라고 부른다.

리 왕조(1009~1225년)
Lý Triều(李朝) / Lý Dynasty

베트남의 리(李)씨 왕조다. 리 왕조를 창시한 리꽁우언(李公蘊)Lý Công Uẩn은 초대 황제인 리타이또(이태조 李太祖)Lý Thái Tổ(재위 1009~1028년)가 되었다. 집권한 지 1년 만에 호아르에서 탕롱(오늘날의 하노이)으로 천도해 국가의 기틀을 마련했다. 리 왕조는 216년간 9명의 황제를 배출하며 국가를 안정적으로 통치했다. 종교적으로 불교를 숭상했고, 관개시설과 수로 시설을 성비해 농경문화가 정착되었다. 외교적으로는 중국 송나라와 대등한 관계를 유지했다.

2대 황제인 리타이똥(이태종 李太宗)Lý Thái Tông은 국호를 다이비엣(대월국 大越國)Đại Việt으로 바꾼다. 다이비엣은 응우옌 왕조에 의해 베트남으로 개명된 1804년까지 국호로 쓰였다. 이를 통해 리 왕조가 북부 베트남에 기반을 둔 베트남 역사의 근간을 이루었음을 알 수 있다. 3대 황제인 리탄똥(이성종 李聖宗)Lý Thánh Tông은 문묘(1070년)를 건설하며 유교 사상을 국가 통치 이념으로 받아들인다. 4대 황제인 리년똥(이인종 李仁宗)Lý Nhân Tông 때는 국자감(1076년)도 설립해 과거 시험을 통해 관료를 선발했다. 리년똥 시절에는 송나라와의 두 차례 전쟁에서 승리해, 중국의 재가를 받지 않고 독자적으로 황제를 책봉하며 국가의 전성기를 열었다. 문묘와 탕롱 황성(하노이 고성)에 관한 정보는 하노이 볼거리 P.169, P.174 참조.

쩐 왕조(1225~1400년)
Trần Triều(陳朝) / Trần Dynasty

리 왕조 후반기에 황제 집안과 쩐씨 집안의 딸이 결혼하면서 득세하기 시작했다. 결국 1225년 쩐씨 집안이 권력을 장악해 쩐 왕조를 열었다. 국호는 다이비엣, 수도는 탕롱(하노이)을 그대로 유지하며 전대 왕조의 체계를 유지했다. 불교와 유교, 상공업과 화폐 경제의 발달, 군사력을 바탕으로 13명의 황제가 175년간 통치했다. 이 기간 동안 베트남 문자(한자에 바탕을 둔 쯔놈Chữ Nôm)가 완성되었고, 베트남의 역사를 기록한 다이비엣쓰끼(대월사기 大越史記)Đại Việt Sử Ký도 편찬했다. 또한 몽골(원나라)의 침략을 세 차례나 물리쳐 국가 주권을 확고히 했다. 쩐흥다오 Trần Hưng Đạo 장군이 이끌었던 박당 전투(P.244)는 역사에 오랫동안 기록되고 있다.

호 왕조(1400~1407년)와
명나라의 지배(1407~ 1427년)

쩐 왕조에서 호 왕조(Hồ Triều 胡朝)Hồ Dynasty로 교체되면서 탕롱(하노이) 남쪽의 탄호아Thanh Hóa로 수도를 이전했다. 당시는 중국 명나라 영락제(재위 1402~1424년)가 통치하던 시절로, 베트남의 혼란을 틈타 군대를 파견해 베트남을 정벌했다(1407년). 이로써 호 왕조가 7년 만에 멸망하고, 중국의 4번째 베트남 지배가 시작되었다.

후기 레 왕조(1428~1788년)
Nhà Hậu Lê(後黎朝) / Later Lê Dynasty

레러이Lê Lợi 장군이 명나라를 물리치고 1427년 독립을 이루며 후기 레 왕조를 건설한다. 레러이는 레 왕조 태조(초대 황제)가 되면서 레타이또(여태조 黎太祖)Lê Thái Tổ(재위 1428~1433년)가 되었다. 탕롱(오늘날의 하노이)을 동낀(동낑)Đông Kinh으로 개명해 수도로 삼았다. 레러이 장군과 관련된 일화는 호안끼엠 호수(P.128)와 연관되어 있다.

레 왕조는 토지·군사·조세·지방 제도를 개혁해 국가의 기초를 다졌고, 국자감을 통해 관료를 선발했다. 종교적으로 불교가 쇠퇴하고 유교를 통치 이념으로 택했다. 4대 황제인 레탄똥(여성종 黎聖宗)Lê Thánh Tông(재위 1460~1497년) 시절에는 문묘에 진사제명비를 세워 과거 합격자들의 이름을 새겼다고 한다. 또한 남벌 정책을 실시해 참파 왕조의 수도인 비자야를 점령하고 참파 왕국을 복속시켰다(1471년). 이전까지 베트남 역사는 하노이를 중심으로 한 북부에 한정되어 있었다.

후기 레 왕조 중반기에 무관이었던 막당중Mạc Đăng Dung이 군사 쿠데타를 통해 레 왕조를 폐하고 스스로 황제의 자리에 오르면서 막 왕조(Mạc Triều 莫朝)Mạc dynasty를 열었다(1527년). 하지만 찐(찡)Trịnh 가문과

오늘날의 하노이 호안끼엠 호수

응우옌Nguyễn 가문이 힘을 모아 레 왕조를 다시 옹립했다(1533년). 이후 후기 레 왕조는 1788년까지 이어졌지만, 실질적인 권력은 응우옌 가문과 찐 가문이 나눠 갖고 있었다.

찐(찡) 가문과 응우옌 가문의 대립과
분할 통치(1627~1788년)

1592년에 막 왕조를 축출하고 수도(하노이)로 복귀해 레 왕조가 재건되었지만, 실질적인 권력은 군사력을 바탕으로 한 찐 가문과 응우옌 가문이 가지고 있었다. 황제만 레 씨 집안에서 배출됐을 뿐이다. 찐 가문은 북부 지방을 장악했고, 응우옌 가문은 중남부 지방을 장악했다. 두 권력은 1627년부터 1673년까지 끊임없이 대립했으나 어느 한쪽이 승리를 거두지 못하고 휴전 협정을 맺는다. 이로써 100년간 남북이 서로 다른 집안에 의해 통치되었다. 이때는 황제가 통치하는 찌에우Triều(朝)가 아니라 군주가 통치하는 쭈어Chúa(主)라고 부른다. 북부는 찐쭈어(鄭主)Trịnh Chúa(1545~1787년), 중남부는 응우옌쭈어(阮主 Nguyễn Chúa(1558~1777년)로 분할되었다.

찐 가문이 실권을 장악한 북부는 여전히 레 왕조가 왕권을 유지했다. 레 왕조는 1788년에 멸망하기까지 360년간 명맥을 유지했는데, 베트남 역사에서 가장 길었던 왕조다. 응우옌 가문은 남하 정책을 지속해 사이공(오늘날의 호찌민 시)에 최초로 베트남 사람을 정착시켰다(1623년).

문묘에 세워진 진사제명비

떠이썬 왕조(1778~1802년)
Tây Sơn(西山) / Tây Sơn Dynasty

성씨가 아닌 지역 이름을 따서 만든 유일한 왕조다. 떠이썬은 오늘날의 베트남 중부 지방인 빈딘Bình Định이다. 당시 베트남은 북부와 중남부로 분할돼 통치되고 있었는데, 관료의 부패와 토지 수탈, 홍수와 가뭄에 의한 기근이 이어지면서 농민들의 반란이 빈번하게 발생했다. 떠이썬 지방의 민중 봉기는 응우옌 3형제(당시 권력을 갖고 있던 응우옌 가문과는 아무 상관없다)가 중심이 되었다. 무술이 뛰어났던 응우옌후에Nguyễn Huệ를 지도자로 삼았다. 1771년부터 민중의 지지를 받아 시작된 떠이썬 운동은 중남부 지방을 통치하던 응우옌 가문을 먼저 무너뜨린다(1776년). 여세를 몰아 북부의 찐 가문과 후기 레 왕조마저 무너뜨리고 떠이썬 왕조를 창시한다(1778년). 후기 레 왕조의 마지막 황제는 중국 청나라에 도움을 요청했으나, 응우옌후에는 진군한 청나라 군대와 전투에서도 승리를 이끈다. 그는 1788년 꽝쫑(光中)Quang Trung 황제(재위 1788~1792년)가 되었다.

떠이썬 왕조는 남북을 통일했을 뿐만 아니라 베트남 역사상 최초로 민중 봉기를 성공시켜 만들어진 왕조다. 봉건 영주제 폐지, 해외 교역과 문물 개방, 종교의 자유 인정, 농민과 상민을 위한 제도 개혁을 단행하려 했지만 꽝쫑 황제가 집권 4년 만에 39세의 나이로 갑자기 사망하며 역사는 다시 원점으로 되돌아갔다.

꽝쫑 황제는 응우옌 가문의 생존자인 응우옌푹안Nguyễn Phúc Ánh을 제거하기 위해 자딘Gia nh(사이공의 옛 이름, 오늘날의 호찌민 시)을 공격할 준비를 하고 있었다고 한다. 날씨 때문에 공격을 늦추고 있었는데, 결국 응우옌푹안이 살아남아 응우옌 왕조를 건설하며 자롱Gia Long 황제가 되었다. 이로써 베트남의 봉건 왕조가 재건되었고 유교 사회로 복귀하게 되었다. 많은 베트남 역사학자들은 꽝쫑 황제가 요절하지 않았다면 베트남 역사가 확연하게 달라졌을 것이라고 한다.

응우옌 왕조(1802~1945년)
Nguyễn Triều(阮朝) / Nguyễn Dynasty

싸얌(오늘날의 태국)으로 피신해 있던 응우옌푹안Nguyễn Phúc Ánh은 프랑스 성직자와 프랑스 군대의 도움을 받아 자딘(사이공)을 되찾았다(1788년). 떠이썬 왕조가 동낀(오늘날의 하노이)으로 권력 기반을 옮기면서 베트남 남부에 공백이 생긴 틈을 노린 것이다. 응우옌푹안은 프랑스 군대의 도움으로 무기를 현대화하고 해군 전력을 보강해 1789년부터 반격에 나섰다. 1792년에 떠이썬 왕조의 꽝쫑 황제가 급작스레 사망하면서 행운의 여신은 응우옌푹안의 편에 섰다.

1802년에 베트남 전역을 통일하고 자롱 황제가 되면서 응우옌 왕조를 열었다. 수도를 후에(훼)Huế로 삼았으며, 국호를 비엣남(越南)Việt Nam으로 칭했다. 응우옌 왕조는 바오다이 황제가 퇴위한 1945년까지 13명의 황제를 배출했다.

프랑스 식민 지배(1862~1954년)

자롱 황제를 도왔던 프랑스는 동아시아 진출에 대한 야심을 보이며 베트남 식민 지배를 가시화하기 시작했다. 응우옌 왕조는 쇄국 정책과 가톨릭 선교사들의 활동을 금하며 유교에 기반을 둔 봉건 왕정을 유지하려 노력했다. 하지만 1858년에 프랑스 해군이 다낭을 점령했고, 그다음 해에는 자딘(사이공)을 점령하며 식민지배를 시작했다. 뜨득

황제(응우옌 왕조 4대 황제) 시절인 1862년에 프랑스와 베트남의 불평등 조약이 체결되어 프랑스는 남부 베트남 3개 성(省)을 통치하게 된다. 이로써 프랑스령 코친차이나가 성립되었다. 프랑스는 통킹(하노이를 중심으로 한 베트남 북부)마저 무력으로 점령하며 베트남 전역을 식민지화했다. 이 과정에서 베트남 영유권을 확보하기 위해 중국 청나라와 전쟁을 벌였다(1884~1885년).

1887년 10월 17일에 프랑스령 인도차이나가 설립되었다. 프랑스는 베트남을 코친차이나Cochinchina, 안남Annam, 통킹Tonkin으로 분할해 통치했는데, 응우옌 왕조의 황제들은 프랑스의 지배를 받는 인도차이나 연방의 하나인 안남의 꼭두각시로 전락하게 되었다. 프랑스에 반기를 들었던 응우옌 왕조의 황제들이 폐위되거나 망명하는 시련을 겪었다. 프랑스령 인도차이나는 1893년에 라오스까지 합병하며 오늘날의 베트남, 라오스, 캄보디아를 통치했다.

일본의 베트남 점령, 8월 혁명과 베트남의 독립 (1940~1945년)

제2차 세계대전을 계기로 프랑스의 인도차이나 지배는 약화된다. 이 틈을 노려 일본은 중일전쟁을 빌미로 베트남에 주둔하고(1940년), 응우옌 왕조는 일본의 도움을 받아 프랑스로부터의 독립을 모색한다. 이와는 별도로 호찌민이 이끄는 비엣민(베트민)Việt Minh(베트남 공산당과 민족주의 세력이 연합한 반[反] 프랑스 동맹Việt Nam Độc Lập Đồng Minh Hội의 약자로 베트남 독립동맹회 越南獨立同盟會를 줄여서 부르는 말. 한국에서는 '월맹 越盟'이라고 부르기도 한다)이 결성되었다(1941년).

일본이 프랑스 식민 지배를 종식시키고 베트남을 지배(1945년 3월)한 것도 잠시, 1945년 8월에 일본이 연합군에 항복하면서 패전국이 된다. 일본을 등에 업고 황제의 신분을 유지하던 바오다이 황제(응우옌 왕조의 마지막 황제)는 호찌민이 주도한 8혁 혁명(전국적인 민중 봉기)에 의해 후에(훼) 왕궁에서 퇴위했다(1945년 8월 25일). 이로써 베트남 봉건 왕조는 역사에서 사라지게 되었다. 호찌민은 하노이의 바딘 광장에서 1945년 9월 2일 베트남의 독립을 선포하며 베트남 민주공화국(越南民主共和國)Việt Nam Dân Chủ Cộng Hòa의 주석에 오른다.

인도차이나 시절에 건설된 호찌민 시 노트르담 성당

베트남 공산당 창당

인도차이나 시절에 건설된 하노이 오페라 하우스

호찌민의 독립 선포

인도차이나 전쟁(1946~1954년)

소련과 중국의 공산화 이후 동남아시아까지 공산화되는 것을 원치 않았던 미국과 베트남을 재지배하려던 프랑스의 욕구가 맞물리면서 베트남 현대사의 기나긴 고난이 시작된다. 동남아시아 최초로 사회주의 정권이 들어서자 일본 군대의 무장 해제를 빌미 삼아 연합군이 베트남에 주둔한다(1945년 9월). 북쪽은 장제스(蔣介石)가 이끄는 중국 국민당이, 남쪽에는 영국군이 주둔한다. 하지만 이것은 프랑스 군대가 베트남에 올 때까지의 임시 조치였을 뿐이다. 베트남 남부에 재주둔한 프랑스는 1946년 11월에 하이퐁(하노이 인근)을 공격하면서 전쟁은 전면전으로 변모한다. 당시 베트남의 상황은, 소련과 중국은 비엣민Việt Minh이 이끄는 베트남 민주공화국을 국가로 인정했고(1950년), 미국과 영국은 프랑스가 지원하는 바오다이(퇴위한 응우옌 왕조의 마지막 황제)를 국가 수반으로 둔 남부 베트남만 국가로 인정하고 있었다.

소련과 중국 공산당의 지원을 받은 비엣민과 아프리카의 프랑스 식민지에서 군대를 파병해 전력을 보강하고 미국의 도움을 받은 프랑스 군대가 8년에 걸친 인도차이나 전쟁을 치른다.

디엔비엔푸 전투(1953~1954년)

인도차이나 전쟁의 하이라이트는 베트남 북서부 변방 산악지대인 디엔비엔푸Điện Biên Phủ에서 벌어졌던 전투(1953년 11월 20일~1954년 5월 7일)다. 프랑스 군대는 디엔비엔푸를 거점으로 하여 비엣민Việt Minh(호찌민이 이끄는 북부 베트남 세력)을 격퇴시킬 계획이었다. 당시 비엣민은 베트남 독립을 선포하고 베트남 북부를 장악하고 있었다. 프랑스는 제2차 세계대전 이후 남아돌던 무기와 미군의 항공 지원을 받아 대규모 군사작전을 감행했다. 베트남을 다시 지배하려는 프랑스의 야욕은 공산화가 인도차이나로 확산되는 것을 방지하려는 미국의 계획과도 일맥상통했기 때문이다. 군사력의 우위를 바탕으로 항공 정찰과 공중 폭격을 통해 비엣민을 쉽게 제압할 것으로 판단했으나, 전면전이 아닌 게릴라전으로 전개되면서 프랑스 군대의 의지와는 전혀 상관없는 방향으로 진행됐다. 몬순(우기) 기간에는 항공을 이용한 군사 지원이 힘들어졌고, 좁은 협곡 사이에서 방어에 치중하던 프랑스 군대는 고립되어 갔다. 결국 1954년 5월 7일 17:30에 프랑스 군사령부가 함락되며 전투가 끝났다. 디엔비엔푸 전투에서 프랑스 군대가 패하며 8년간의 인도차이나 전쟁도 막을 내렸다. 디엔비엔푸 전투는 유럽 식민 지배 국가에 맞서 피지배 국가가 승리한 최초의 전쟁으로 세계사에 기록되고 있다.

당시 비엣민 군대를 이끌던 베트남 측 지휘관은 보응우옌잡Võ Nguyên Giáp(1911~2013년) 장군이다. 호찌민 주석과 더불어 중요한 역할을 했던 인물로 베트남 전쟁 기간 동안에는 베트남 인민군 총사령관으로 군사작전을 지휘했고, 베트남 통일 이후에는 국방장관을 역임했다. 그는 베트남 전쟁 이후에도 살아남아 103세의 나이로 하노이에서 사망했다.

베트남 전쟁 기간 중 하노이의 작전본부

베트남의 영웅, 호찌민

제네바 협정과 남북 분단(1954년)

프랑스가 패전국이 되었는데도 1954년 7월에 진행된 제네바 협정에 의해 베트남을 일시적으로 분할하기로 결정한다. 북위 17도선을 경계로 공산주의 정권인 북부 베트남(베트남 민주공화국Democratic Republic of Vietnam)과 친서방 정권인 남부 베트남(베트남국State of Vietnam)으로 분리된다. 제네바 협정에 정해진 대로 선거를 실시할 경우 호찌민이 이끄는 북부 베트남이 승리할 것이 예상되자, 미국이 지원하는 남부 베트남의 응오딘지엠 대통령Ngô Đình Diệm(임기 1955년 10월 26일~1963년 11월 2일)이 선거를 거부(1956년)하며 분열을 가속화했다.

남부 베트남에서는 응오딘지엠 정권의 독재와 불교 탄압이 심해지면서 정부에 저항하는 무장 투쟁이 본격화되었다. 1960년에 결성된 남베트남 민족해방전선National Liberation Front(NLF)이 남부 베트남에서 세력을 확장했고, 응오딘지엠 대통령은 군사 쿠데타로 실각해 처형되었다(1963년). 응오딘지엠 이후 대통령이 10년 동안 9번이나 교체되며 극심한 혼란을 겪었다. 마지막 대통령인 즈엉반민Dương Văn Minh(임기 1975년 4월 28일~4월 30일)은 겨우 3일간 대통령 자리에 머물렀을 뿐이다.

베트남 중부 최대의 격전지 케산 기지

남베트남 대통령궁을 점령하면서 베트남 전쟁은 끝난다.

베트남 전쟁과 베트남의 통일(1955~1975년)

미국은 1950년부터 프랑스 군대를 지원하며 군사작전을 수행하고 있었다. 북부 베트남과 비엣꽁(베트콩)에 의해 베트남이 공산화되는 것을 꺼렸던 미군은 통킹만 사건(1964년 8월 2일)을 빌미로 전쟁을 공식화했다. 1965년 2월부터 미군이 북부 베트남에 폭격을 가하며 2차 인도차이나 전쟁이 발발한다. 프랑스와 전쟁을 벌였던 1차 인도차이나 전쟁이 끝난 지 불과 11년 만이다. 미국과 베트남의 전쟁은 어떻게 보느냐에 따라 전쟁의 이름도 다르다. 베트남 독립전쟁의 연속성에서 볼 때 2차 인도차이나 전쟁으로 불리며, 미국과 베트남과의 전쟁만을 떼어서 보면 '베트남 전쟁'이 된다. 베트남의 시각에서 보면 베트남 내에서 벌어진 내전이 아닌 미국에 대항하던 '항미 전쟁'의 성격을 띤다.

베트남이 분단되면서 북위 17도선을 흐르는 벤하이 강Bến Hải River을 따라 군사분계선이 그어졌고, 완충지대인 비무장 지대 DMZ(Demilitarized Zone)가 만들어졌다. 군사 요충지로 변모한 DMZ를 사이에 두고 남쪽으로 내려가려는 북베트남과 이를 봉쇄하려는 미군(남베트남 연합군) 간의 치열한 전투가 벌어졌다.

베트남 중부 전선 최대 격전지였던 곳은 케산Khe Sanh이다. DMZ 남쪽 25㎞ 지점으로 9번 국도상에 위치해 전략적으로 매우 중요했던 지역이다. 해발 861m에서 950m에 이르는 케산은 주변 지역 관찰과 방어에 필요한 군사 거점이었다. 미군이 군수 물자 보급을 위한 활주로를 만들고 케산 기지를 요새화하자 북베트남군의 국경 도발도 잦아졌다. 1967년부터 소규모 전투가 벌어지다가 1968년 1월 들어 북베트남군이 2개 사단 병력을 투입하면서 전면전으로 확대되었다. 미국은 다낭Đà Nẵng(베트남 중부 지방 최대 도시)에 주둔하던 3만 명의 해병대 병력을 케산 기지로 파견했다. 수송기를 이용한 무제한적인 군수 물자 지원과 전투기를 이용한 엄청난 폭격이 동시에 이루어졌다. 미군 전투기는 1주일에 300회 이상 출격했으며 14만 톤에 달하는 폭탄을 투하했다고 한다. 1968년 1월 21일부터 77일간 벌어졌던 치열한 전투는 미군의 승리로 끝났다. 미군은 사망 274명(부상 2,541명)이란 인명 피해를 냈고, 북베트남군은 1만 5,000명 이상 사망한 것으로 예상되고 있다. 하지만 미군의 승리에도 불구하고 전쟁 무용론이 대두되며 반전 운동의 불을 지폈다.

미군이 케산 기지 방어에 전투력을 집중하는 동안, 북베트남 군대는 구정 대공세(1968년 1월)를 감행해 후에(훼)

Huế를 점령하는 쾌거를 얻었다. 후에는 응우옌 왕조의 수도였던 곳으로, DMZ 남쪽 지역인 후에가 함락됐다는 것은 베트남 전쟁의 판도가 바뀌는 일이기도 했다. 남쪽에서는 남베트남 민족해방전선으로 알려진 비엣꽁(베트콩) Việt Cộng(베트남 공산당을 뜻하는 비엣남 꽁싼Việt Nam Cộng Sản을 줄여 말한 것)이 활동하고 있었다. 사이공(오늘날의 호찌민 시) 인근의 꾸찌 Củ Chi에 땅굴을 파고 게릴라 작전을 수행했는데, 지하 10m까지 파 내려갔던 꾸찌 터널(땅굴)의 전체 길이는 250km에 이른다.

이후 이어진 남베트남 임시 혁명정부 수립(1969년 6월), 호찌민 주석 서거(1969년 9월), 프랑스 파리에서 휴전(평화)협정 조인과 미군 철수(1973년 1월)까지 일련의 과정을 거쳐 북베트남의 총공세(1975년 3월)로 다낭이 함락(1975년 3월 26일)되고, 마지막으로 사이공이 함락(1975년 4월 30일)되면서 베트남이 통일된다. 남베트남 대통령이 머물던 대통령궁(미군의 마지막 헬기가 급박하게 철수하던 곳이기도 하다. 현재는 통일궁으로 불린다)을 북베트남군 탱크가 밀고 들어오며 전쟁은 끝났다. 베트남 통일 이후 사이공은 민족의 영웅 호찌민의 이름을 따서 호찌민 시Thành Phố Hồ Chí Minh로 개명되었다.

베트남 통일과 사회주의 공화국(1975년~현재)

1975년 사이공이 함락되고 이듬해인 1976년 7월 2일에 베트남 사회주의 공화국Cộng Hòa Xã Hội Chủ Nghĩa Việt Nam(Socialist Republic of Vietnam)이 수립되었다. 베트남 공산당이 통치하는 사회주의 국가로 공산당 서기장인 레 주언Lê Duẩn(1907~1986년)이 초대 국가원수를 지냈다. 통일된 베트남은 사회주의 급진 개혁 추진과 기업의 국유화, 중국과의 갈등, 미국의 경제 봉쇄 등으로 인해 어려움을 겪는다. 크메르 루주(캄보디아 공산당)가 집권한 캄보디아와 국경 문제로 마찰을 빚다가 캄보디아를 침공해 프놈펜(캄보디아의 수도)을 점령했고(1978년 10월), 크메르 루주를 지원하던 중국은 이에 대한 반발로 베트남 북부를 공격하며 베트남-중국 국경 분쟁도 일어났다(1979년 2월).

베트남은 1986년 제6차 공산당 전당대회를 기점으로 변화를 맞는다. 개방과 쇄신을 골자로 한 '도이 머이 Đổi Mới' 정책을 추진하기로 한 것이다. 캄보디아에서 베트남 군대가 철수하면서(1989년 9월) 중국과의 국교를 정상화했다(1991년). 1994년에는 미국이 베트남의 경제 봉쇄 조치를 해제했고, 1995년에는 베트남-미국이 수교하면서 적대 관계를 청산했다. 베트남은 같은 해에 ASEAN(동남아시아 10개국 연합)에 가입했고, 1996년에는 APEC에 가입했다. 2007년 1월에는 WTO에 가입하며 150번째 회원국이 되었다.

비엣꽁(베트콩) 모형

통일궁을 점령(사이공 함락)했던 북부베트남군

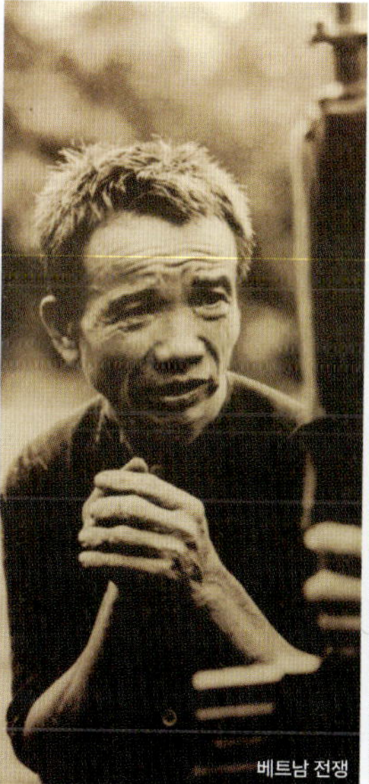
베트남 전쟁

오늘날의 베트남 사회주의 공화국

베트남에 주둔한 미군 부대

베트남어 여행 회화

베트남의 공식 언어는 베트남어다. 베트남의 봉건 왕조 시대에는 한자를 이용해 만든 글자를 표기하는 쯔놈 Chữ Nôm을 베트남어로 사용했으나, 프랑스가 베트남을 식민 지배하는 동안 로만 알파벳으로 표기가 교체되었다. 현재의 베트남어는 국어(國語)라는 뜻으로 꿕응으Quốc Ngữ라고 부른다. 베트남어는 6성으로 이루어진 성조가 있어서 같은 글자라고 해도 성조에 따라 전혀 다른 뜻이 된다. 수도인 하노이를 중심으로 한 북부 베트남어를 표준어로 삼고 있으나, 호찌민 시를 중심으로 한 남쪽 사람들은 표준어 발음을 전혀 개의치 않는다.

01 | 숫자

0 không ◀) 콩

1 một ◀) 못

2 hai ◀) 하이

3 ba ◀) 바

4 bốn ◀) 본

5 năm ◀) 남

6 sáu ◀) 싸우

7 bảy ◀) 바이

8 tám ◀) 땀

9 chín ◀) 찐

10 mười ◀) 므어이

100 một trăm ◀) 못 짬

1,000 một ngàn(nghìn)
◀) 못 응안(응인)

10,000 mươi ngàn(nghìn)
◀) 므어이 응안(응인)

100,000 một trăm ngàn(nghìn)
◀) 못 짬 응안(응인)

1,000,000 một triệu ◀) 못 찌에우

02 | 기본 여행 어휘

공항 sân bay ◀) 썬 바이

여권 hộ chiếu ◀) 호 찌에우

화장실 nhà vệ sinh ◀) 냐 베 씬

싱글 룸 phòng đơn ◀) 퐁 던

더블 룸 phòng đôi ◀) 퐁 도이

경찰 công an ◀) 꽁안

은행 ngân hàng ◀) 응언 항

신용카드 thẻ tín dụng ◀) 테 띤 중

달러 đô la ◀) 돌라

거스름돈 tiền trả lại ◀) 띠엔 짜 라이

병원 bệnh viện ◀) 벤 비엔

약국 hiệu thuốc ◀) 히에우 투옥

감기약 thuốc cảm ◀) 투옥 깜

설사약 thuốc tiêu chảy
◀) 투옥 띠에우 짜이

소화제 thuốc tiêu hóa
◀) 투옥 띠에우 호아

03 | 기본 여행 회화

예 vâng ◀) 벙

아니요 không ◀) 콩

좋다 tốt ◀) 똣

나쁘다 xấu ◀) 써우

안녕하세요(일반적인 인사)
◀) Xin chào 씬 짜오

여보세요(전화) Á-lô ◀) 알로

감사합니다 Cảm ơn ◀) 깜언

죄송합니다 Xin lỗi ◀) 씬 로이

괜찮습니다(천만에요)
Không có chi(Không sao)
◀) 콩 꼬 찌(콩 싸오)

다음에 만나요. Hẹn gặp lại.
◀) 헨 갑 라이.

나는 한국 사람입니다.
Tôi là người Hàn Quốc.
◀) 또이 라 응으어이 한꿕.

이건 뭐예요? Cái này là cái gì?
◀) 까이 나이 라 까이 지?

~는 어디 있나요? ~ ở đâu?
◀) ~ 어 더우?

얼마예요? Bao niêu?
◀) 바오 니에우?

계산서 주세요! Tính tiền! ◀) 띤 띠엔!

영수증을 주십시오.
Xin cho tôi hóa đơn.
◀) 씬 쪼 또이 호아 던.

너무 비싸요. Đắt quá. ◀) 닷 꽈.

더 싼 거 있나요?
Có loại rẻ hơn không ạ?
◀) 꼬 로아이 제 헌 콩 아?

세워주세요. Xin dừng lại.
◀) 씬 증 라이.

오토바이/자전거를
빌리고 싶습니다.
Tôi muốn thuê xe máy/xe đạp.
◀) 또이 무온 투에 쎄 머이/쎄 답.

택시 불러 줄 수 있어요?
Nhờ gọi xe taxi cho tôi?
◀) 녀 고이 쎄 딱씨 쪼 또이?

04 | 긴급 상황 회화

도와주세요! Hãy giúp tôi!
◀) 하이 줍(웁) 또이!

길을 잃었어요. Tôi bị lạc.
◀) 또이 비 락.

지갑을 잃어버렸어요.
Tôi bị mất cái ví.
◀) 또이 비 멋 까이 비.

아픕니다. Tôi bị bệnh. 🔊 또이 비 벤.

다쳤어요. Tôi đã bị thương.
🔊 또이 다 비 트엉.

귀찮게 하지 마!
Đừng làm phiền tôi!
🔊 등 람 피엔 또이!

만지지 마! Đừng đụng tôi!
🔊 등 둥 또이!

속도를 줄여주세요! Đi chậm lại!
🔊 디 쩜 라이!

도둑이야! Ăn trộm! 🔊 안 쫌!

경찰을 불러주세요.
Xin gọi công an giúp tôi.
🔊 씬 고이 꽁 안 줍(윱) 또이.

경찰서가 어디 입니까?
Công an địa phương nằm ở đâu?
🔊 꽁 안 디어 프엉 남 어 더우?

05 | 식당

▶ 음식 재료

❶ 고기

닭고기 Gà 🔊 가

소고기 Bò 🔊 보

돼지고기(남쪽 지방) Heo 🔊 헤오

돼지고기(북쪽 지방) Lợn 🔊 런

오리고기 Vịt 🔊 빗

달걀 Trứng 🔊 쯩

> **알아두세요**
>
> 고기 종류들은 고기를 뜻하는 '팃 Thịt'을 붙여서 팃가Thịt Gà(닭고기), 팃보Thịt Bò(소고기), 팃헤오Thịt Heo(돼지고기)라고 표기합니다.

❷ 해산물

시푸드 Hải Sản 🔊 하이싼

생선 Cá 🔊 까

새우 Tôm 🔊 똠

오징어 Mực 🔊 믁

장어 Lươn 🔊 르언

게 Cua 🔊 꾸어

꽃게 Ghẹ 🔊 게

❸ 채소

채소 Rau 🔊 자우(라우)

두부 Đậu Phụ 🔊 더우푸

버섯 Nấm 🔊 넘

오이 Dưa Chuột 🔊 즈아쭈옷

가지 Cà Tím 🔊 까띰

당근 Cà Rốt 🔊 까롯

배추 Bắp Cải 🔊 밥까이

토마토 Cà Chua 🔊 까쭈어

❹ 면

Phở 쌀국수(넓적한 면발) 🔊 퍼

Bún 쌀국수(가는 면발) 🔊 분

Miến 당면 🔊 미엔

Mì 노란색 달걀면 🔊 미

▶ 조리 방법

무침(샐러드) Gỏi 🔊 고이

볶다 Xào 🔊 싸오

굽다 Nướng 🔊 느엉

졸이다 Kho 🔊 코

튀기다(북부 지방) Rán 🔊 잔

볶다·튀기다(남부 지방) Chiên
🔊 찌엔

말다 Cuốn 🔊 꾸온

찌다 Hấp 🔊 헙

데치다 Luộc 🔊 루옥

볶나 Rang 🔊 랑(장)

통째로 굽다 Quay 🔊 꿰이

삶다 Nấu 🔊 너우

▶ 향신료·소스

생선소스 Nước Mắm 🔊 느억맘

굴소스 Dầu Hào 🔊 저우하오

간장 Nước Tương 🔊 느억뜨엉

칠리소스 Tương Ớt 🔊 느억 엇

소금 Muối 🔊 무오이

설탕 Đường 🔊 드엉

고추 Ớt 🔊 엇

마늘 Tỏi 🔊 또이

후추 Tiêu 🔊 띠에우

생강 Gừng 🔊 긍

양파 Hành 🔊 한

피망 Ớt Chuông 🔊 엇 쭈옹

레몬그라스 🔊 Sả 싸

타마린드 Me 🔊 메

고수·허브 Rau Thơm
🔊 자우텀(라우텀)

> **알아두세요**
>
> 한국인 여행자 중에서는 고수가 입맛에 맞지 않을 수 있어요. "고수를 빼주세요"는 "Không cho rau mùi 콩 쪼 자우 무이"라고 말하면 됩니다.

▶ 베트남 음식

소고기 쌀국수 Phở Bò 🔊 퍼보

닭고기 볶음국수 Mì Xào Gà
🔊 미싸오가

새우 볶음국수 Mì Xào Tôm
🔊 미싸오똠

해산물 볶음밥 Cơm Chiên Hải Sản 🔊 껌찌엔 하이싼

해산물 전골요리 Lẩu Hải Sản
🔊 러우 하이싼

망고 셰이크 Sinh Tố Xoài
🔊 신또 쏘아이

> **알아두세요**
>
> **베트남 음식 이름**
>
> 베트남의 음식 이름은 '재료+조리 방법'으로 붙여져요. 예를 들어, 닭고기 볶음국수는 주재료인 국수(미 Mì) + 조리 방법은 볶음 (싸오Xào) + 부재료인 닭고기(가Gà)로 이름 지어져요.

인덱스

프렌즈 시리즈 **38**

프렌즈 **하노이**

발행일 | 초판 1쇄 2024년 3월 29일
　　　　개정 2판 1쇄 2025년 11월 25일

지은이 | 안진헌

발행인 | 박장희
대표이사·제작총괄 | 신용호
본부장 | 이정아
파트장 | 문주미
책임편집 | 장여진
기획위원 | 박정호
마케팅 | 김주희, 이현지, 이나경, 한륜아
디자인 | 김성은, 김미연, 변바희

발행처 | 중앙일보에스(주)
주소 | (03909) 서울시 마포구 상암산로 48-6
등록 | 2008년 1월 25일 제2014-000178호
문의 | jbooks@joongang.co.kr
홈페이지 | jbooks.joins.com
인스타그램 | @friends_travelmate

ⓒ안진헌, 2025

ISBN 978-89-278-8127-8 14980
ISBN 978-89-278-8063-9(세트)

중앙books는 중앙일보에스(주)의 단행본 출판 브랜드입니다.